国家出版基金项目

中华美学全史

第十卷

陈望衡 著

人民出版社

目　录

第　十　卷
近　代　编

第 十 卷

近代编

导　语

　　1840 年，西方列强的大炮轰开了清帝国的大门，天朝帝国从梦中惊醒，一批睁眼看世界的人在痛感大清丧权辱国的同时，惊诧西方之发达，愧恨中国之落后，决心发愤图强，于是，洋务运动、戊戌维新等种种具有变革性质的运动相继开展，中国社会进入一个反思传统、变革求新的时期。这个时候，西方的种种文化狂潮般地涌入中国，中西文化发生激烈的碰撞。保守者死守中国传统，反对种种学习西方的行为；进步者则努力学习西方，革故图新。时代大潮挟进步之力，顺民众之心，滚滚向前，顺之者昌，逆之者亡。清王朝还没有完结，然而中国已经进入近代。

　　通常说的中国近代，以 1840 年鸦片战争为起点，到 1919 年五四运动而结束。这种断代，主要是政治上的，文化上的断代不可能具体到某一年。本书的断代主要是从美学观念变化上考虑的，它与政治上的断代只是相关，不会完全一致。从美学观念变化考虑，中华美学史的近代以 1840 年开始至 1949 年前为宜。中国近代的主题是现代化，前期是推翻清政府封建统治，后期是宣扬科学与民主。五四运动以后，现代化的主题继续保持旺盛的战斗力。此时，马克思主义进入中国，中国社会问题的解决进入无产阶级革命的新阶段。

　　中国的近代是一个对传统进行批判的时代，一个向西方学习的时代，一个构建适合中国国情的新国家、新社会、新文化的时代。在美学领域，近代的主题同样在四个方面进行着：一是以新的观点反思中国传统美学，总结其精华，批判其糟粕；二是介绍传播西方美学；三是努力构建新时代的中国美学；四是重视美育。

近代虽然只有短短的几十年，但美学很活跃。一是参与人多，比较著名的文化人差不多都接触过美学，其中最重要的是王国维、梁启超、蔡元培、鲁迅。伟大的革命家毛泽东早年在湖南一师求学，他从德国人泡尔生的《伦理学原理》中接触到了美学。他留下的读书笔记中有非常可贵的美学思想。二是社会普遍重视美育，音乐、美术这样与审美直接相关的艺术教育雨后春笋般在中国蓬勃发展，出现了中国最早的艺术专科学校，造就了中国第一批具有现代艺术观念的艺术大家。蔡元培的"以美育代宗教"是近代最重要的美学命题，其意义不啻时代的美学宣言。三是以朱光潜为代表的一批作家所写的具有美学普及性质的著作和文章在社会上广受欢迎。

近代中国与现代中国相交的美学代表是朱光潜。朱光潜的美学有着西方美学的学术框架，但其基础、其生命力是中国的。朱光潜是中国新美学的奠基人。

进入20世纪50年代，按我们关于中华美学史的分期，已经进入现代了。中国美学研究进入新的时期，众多美学家在马克思主义的指引下，努力地构建既与全球美学接轨又属中国特色的新时代的美学。中国美学不仅在为建设美丽中国而且也在为建设美丽世界奉献着智慧、理论、方案和实践，中国美学已经成为中国新时代文化建设一面鲜亮的旗帜，日益引起全球的关注与重视。

第 一 章

走向世界

　　1840年,英帝国主义的大炮打开了中国的大门,西方文化借着武力汹涌而入,号称天朝的帝国大梦从此惊醒。鸦片战争不只是使中国成为半殖民地半封建的悲惨境地,也是新中国浴火重生的开始,从此,中国人开始反思传统,学习西方。中国向西方的学习可以分为两个阶段:第一个阶段,主要学习西方的资本主义制度、工业文明带来的先进的科技文明,这个过程大概自1840年延续到1919年;第二个阶段,马克思主义传入中国,进步的知识分子高举马克思主义的大旗,在中国共产党的领导下,开始轰轰烈烈的反帝反封建革命,这个过程,自1919年五四运动始,直到1949年中华人民共和国成立。

　　近代中国向西方学习的过程,大致可以分为三个阶段:第一个时期,"先从器物上感觉不足",于是向西方学习制造先进的武器和其他器具;第二个时期,"是从制度上感觉不足",于是进行制度上的改革,戊戌变法就是这样的改革;第三个时期,"是从文化上感觉不足",于是广泛地学习西方的学术文化,包括哲学、文学、美学等,大量的西方学术文化著作,或直接从原文翻译或从日文转译,介绍到中国来。[①]

---

① 　参见梁启超:《饮冰室诗话》,转引自《中国历代文论选》第四册,上海古籍出版社1980年版,第136页。

　　鸦片战争从根本上改变了中国，虽然此后六七十年仍然是清统治着中国，中国的基本政治制度没有大的变化，但是，由于帝国主义的强力侵入，中国的经济基础、意识形态都出现了新的因素，此种因素对于封建主义具有颠覆性的意义。先进的中国人开始关注外面的世界了。走出国门，走向世界成为先进中国人精神觉醒的开始。走出去的中国人所看到的世界完全不同于拥有 5000 年历史的中华帝国，旧观念发生了改变，学习西方，接受西方，成为新潮。审美视界的开展，为西方美学的进入创造了良好条件。

第一节　魏源：睁眼看世界

　　魏源（1794—1857），字默深，湖南邵阳人，清道光进士，官至高邮知州。魏源是中国近代"睁眼看世界"第一人。

　　道光二十年（1840）鸦片战争爆发，是年八月，侵华英军军官安突德侵扰浙江时为清军俘虏，魏源应旧友黄德之邀，审讯安突德，根据供词以及其他见闻，魏源于 1841 年写成《英吉利小记》，这是中国第一篇全面系统地介绍英国情况的文章。此文，后来收入《海国图志》一书。

　　道光二十一年（1841）正月，钦差大臣裕谦奉命赴浙江攻剿沿海而上的英军，魏源为裕谦延至幕府。定海之役，魏源向裕谦提供"坚壁清海"的建议，未被采纳。

　　二月，因父亲有病，魏源从裕谦幕府辞归扬州，作《自定海归扬州舟中》四首，表达出强烈的爱国情怀。

　　三月，魏源再赴裕谦军中，裕谦拿出定海修城图给他，他发现此图与他所拟的初稿全不相符，惊愕不已，于是向裕谦提出，而裕谦不予采纳。魏源深为忧虑，他认为，英军若攻城，此城定不可守。

　　四月，与林则徐一起在裕谦处帮办军务，根据襄赞军务所掌握的材料，开始写《夷艘寇海记》。

　　六月，与被革职即发往新疆充军的林则徐在京口会面，彻夜长谈。林

林风眠:《侍女图》

则徐详尽地陈述鸦片战争的全过程,为魏源撰写《夷艘寇海记》提供珍贵的材料;又将自己组织翻译的《四洲志》译稿及其在粤奏稿等资料赠予魏源,嘱撰《海国图志》。

魏源与林则徐同为"睁眼看世界的人"。体现这一点的,在林则徐主要是组织翻译了《四洲志》。"四洲"为英国、法国、葡萄牙、西班牙;在魏源主要是撰写了《海国图志》。《海国图志》以《四洲志》为基础,将当时能搜集到的材料全部纳入,为50卷,初刻于道光二十二年(1842),道光二十七年(1847)增补刊刻为60卷,道光二十八年(1848)又辑录了徐继畬的《瀛环志略》及其他资料,为100卷。全书详细叙述了世界地理和各国历史、政治体制、文化艺术、科学技术、风土人情。这是中国最早的全面介绍世界的历史文献,是一部词典性质的百科全书。

这部书的巨大意义主要有:

第一,极大地拓展了中国人的视野。中国人对于世界的认识,大体上有三个阶段:第一个阶段,先秦时,阴阳家有"大九州"说,中国所在的赤县神州为九州之一，然而，中国之外的八州，中国人其实是不了解的。那个时候，中国人说的"天下"，实际上只有中国。第二个阶段，汉唐，由于张骞通西域、丝绸之路的开辟、佛教、伊斯兰教、景教的传入、唐玄奘取经以及其他各种经济文化的交流，使中国人知道有印度、波斯、大秦（罗马）的存在。第三个阶段，元明，意大利人马可·波罗的访问中国、西方基督教的传入、郑和下西洋等，中国人对世界的认识扩大了，但疏于了解。清代中晚期，英国鸦片商船的到来，仍然不足以引起中国人对于了解世界的兴趣，直至鸦片战争战败，割地赔款，中国人中的先进者才开始警醒，思考号称天朝的中国何以一再失败，产生强烈了解世界的愿望。林则徐、魏源为他们中最为突出的两位。《海国图志》集中当时中国所有的对世界的了解、认识的成果，而由魏源集大成。

第二，提出"师夷长技以制夷"的思想，基于两次鸦片战争的失败，《海国图志》偏重于从军事上阐述西方的长技。它认为长技主要有三：战舰、火器、养兵练兵之法。魏源提出要向西方学习，制造坚船利炮，训练出具有现代武器装备，擅长现代战争的军队来。

第三，全面介绍西方文化，对中国全面结束封建制度，走向工业文明做了最好、最切实的思想启蒙。

第四，强调视界开阔的重大意义。魏源在《海国图志》的后叙中说：

> 不披海图海志，不知宇宙之大，南北极上下之浑圆也。惟是诸志多出洋商，或详于岛岸土产之繁，埠市货船之数，天时寒暑之节，而各国沿革之始末、建置之永促，能以各国史书志富媪山川纵横九万里，上下数千年者，惜乎未之闻焉。①

这里，谈到三个视界：一是空间视界，要求具全球意识。识"宇宙之大"，懂"南北极上下之浑圆"。二是时间视界，要求各国上下数千年的历史，知道各国历史沿革。三是综合视界，所谓"综合"，一是时空综合，二是多维

① 魏源：《海国图志后叙》，见夏剑钦编：《中国近代思想家文库·魏源卷》，中国人民大学出版社2013年版，第451页。

综合。它指出：有些志书只是立足于商业叙述各地之物产以及交通气候，这是不够的。应该有更多的维度，如政治的、文化的、艺术的等。

虽然强调多维综合，但任何志书均有它的主题，《海国图志》虽然主要还是地理志，但它还是可以做到让人视界开阔的。它赞扬外国一些志书写得好，如布路国（葡萄牙）人玛吉士的《地理备考》、美里高里国（美国）人高理文（通译为裨治文）写的《合省国志》"皆以彼国文人留心丘索，纲举目张"。它特别夸奖《地理备考》中的《欧罗巴洲总记》"上下两篇尤为雄伟，直可扩万古之心胸"①。

《海国图志》重在地理、疆域、军事、科技，对于艺术注重不够，但是，它对于西方艺术进入中国人视野，起到了开门、拓道的重要作用。中国人的审美视野一下子就拓宽了。也就在清朝末期，西方的美学观念，通过梁启超、蔡元培等传到了中国，而当中华民国成立，作为教育总长，蔡元培竟然还提出"以美育代宗教"这样石破天惊的观点。如果没有《海国图志》动摇封建的思想基础，中国美学凤凰涅槃式的剧变，是完全不可能的。

《海国图志》中对西方国家生活方式的介绍，对开阔中国人的文化视野具有重大意义，比如，对于英国的介绍：

> 国中女子之权胜于男子。宝贵贫贱，皆一妻无妾。妻死乃得继娶，虽国王止有一妃。……王子名雅那博，年与女主同。左右侍从皆宫女，无男子。每临朝听政，二王子亦坐女主之后，国中宗室大臣皆坐而议政。凡国王临朝，手执金镶象牙杖，群臣进谒，屈一膝，以手执国王手而嗅之，是为其国中见君父最敬之礼。……其女王之出，戴金丝冠，四面缀珠；身衣红色多罗呢长袍，或羽毛为之；胸前系金珠为饰。……国人见王不跪，惟免冠。手拔额毛数茎，投地为敬。

此种介绍对于当时的中国人来说，定然惊愕不已！真个大开了眼界，其意义之大不可估量。

---

① 魏源：《海国图志后叙》，见夏剑钦编：《中国近代思想家文库·魏源卷》，中国人民大学出版社 2013 年版，第 452 页。

第二节　曾纪泽：西方的游乐与礼仪

　　曾纪泽（1839—1890），湖南湘乡人，曾国藩次子，以自学通英文，1878—1886 年间出使英、法、俄，曾与俄人谈判改约，维护国家权益，作出重大贡献。他出使英、法、俄三国，写有日记。日记展示了许多异国生活方式，其中，于审美方面，对国人具有震撼力的主要有这样几个方面。

一、赛马会

　　赛马是英国人重要的体育兼娱乐项目，此项目具有极强的观赏性、娱乐性，同时也能体现出英国人的绅士风范。

　　曾纪泽的日记中写道：

　　　　初二日　晴。……巳正，同至莲花池马场，观赛马会，登楼坐极久。午正，西人骑马者相竞二次。……初三日　晴。……饭后，偕静弟复出城观赛马会。午初二刻登车，午正二刻至莲花池，与周小堂等谈甚久。观赛马四次。①

　　曾纪泽没有详细介绍赛马的情景，但他连续两天去看赛马，足见此项活动具有吸引力。日记中，曾纪泽特别提到"登楼坐极久"，可见这赛马会进场很早，赛马前的准备活动多。坐极久而观众耐心等待，没有烦躁、喧哗，没有人四处走动，见出英人绅士风度与文明习惯。

　　第一次赛马只"相竞二次"；第二次赛马，也只相竞四次。均不多，看来这赛马更多的为礼仪行为，它需要时间。正是它需要时间，所以一个单元时间，也只赛二次至四次。

二、舞会

　　西方喜欢交谊舞，这种舞对于中国人也是很稀奇的。曾纪泽在日记中

---

　　①　曾纪泽：《出使英法俄国日记》，岳麓书社 2008 年版，第 73 页。

写道:"……夜饭后,至兰亭家赴席。亥正,至吏部尚书马勒色尔处赴茶会,始见男女跳舞之礼。华人乍见,本觉诧异,无怪刘云生之讥笑也。"①

这种男女近距离贴身跳舞,在强调"男女授受不亲"的中国人看来实在是大逆不道,然在国外,不能以此名斥之,就只能感到"诧异"了。

晚清出国使臣写的日记多写到舞会,其中张德彝②写得最详细。他在日记中详细地记述跳舞的规矩、舞单乐单、舞会请帖、舞会礼节、各种舞式、舞场布置等,字数长达两三千,现择其中有关礼节的文字摘录之:

> 青年妇女,跳毕一次,或用小食,皆入本屋,不得在外逗留,亦不得与同跳之男携手同行,往来楼下舞堂之间。当跳瓦拉自及戛大力时,男女不得紧搂。③

> 跳舞会多由亥初至子丑寅卯之间。女主接客,立于梯尾大厅门首,相与问候,或握手,或鞠躬。男女上楼入门,女先男后,不得携手并行。女主必同男客之第一品高位尊者跳头场戛大力,一以为礼,一以为荣。……④

> 宫中跳舞虽奉君主召入内,皆自觅相识,无人介绍,亦无人酬应。至太子与妃所设在马柏立宫者,则与君主在卜静宫所设不同。因所请皆世爵国戚、大臣名儒,故男女入者皆报名,彼此握手、屈膝。太子与妃请待来客,与平家无异。⑤

仅从摘录的文字看,西方的舞会是极为讲究的。这种审美方式,充分体现西方文化的重要性质,它是讲究等级,但不是唯等级,看场合,看对象;它是浪漫的、活泼的,但绝不是非礼的、胡来的,一切都有规矩,一切都透显出庄重。这是一种艺术,也是一种娱乐,更是一种社交,它的本质是高雅的。

---

① 曾纪泽:《出使英法俄国日记》,岳麓书社2008年版,第166页。
② 张德彝(1847—1918),汉军镶黄旗人,1876年随郭嵩焘使英任翻译。1878年复随崇厚往俄国议界修约。
③ 刘锡鸿、张德彝:《英轺私记　随使英俄记》,岳麓书社2008年版,第440页。
④ 刘锡鸿、张德彝:《英轺私记　随使英俄记》,岳麓书社2008年版,第441页。
⑤ 刘锡鸿、张德彝:《英轺私记　随使英俄记》,岳麓书社2008年版,第443页。

(清) 郎世宁:《乾隆皇帝大阅图》

三、蜡人馆

蜡人馆是西方艺术的一道亮丽的风景线。曾纪泽的日记也有记叙:

  ……又至蜡人馆,纵观极久。以蜡塑诸名人及各国君王之像,多能乱真。①

虽然只有这一句话,但给予中国读者的心灵震撼是强烈的。中国没有这样的蜡人馆,但有凌烟阁,凌烟阁藏有开国功臣的画像。为了突出人物的英雄气概,不管真人实际的模样如何,均要画得高大、威武,因而,它不具个体性,只具类型性。西方的蜡人馆讲究的是真实,而且能够做到以假乱真。这显示了中国绘画与西方绘画的重要区别。中国绘画是象征的,具类型性、概括性;西方绘画是写真的,具个体性、真实性。

---

① 曾纪泽:《出使英法俄国日记》,岳麓书社 2008 年版,第 179 页。

英国的蜡人馆,在郭嵩焘的日记也有介绍。郭嵩焘特别提到蜡人馆中有林则徐的塑像,"形貌皆酷肖"。

四、戏剧

戏剧在西方也是人们重要的生活方式之一。曾纪泽的《出使英法俄日记》,也多处写到了观剧,下面几条写的是在法国观剧:

> 二十日……戌初二刻,偕内人率儿女至萨德勒观剧,演法、奥之战……①
>
> 廿一日……戌初一刻,偕内人率儿女至桑马丹园观剧,演俄与蒙古互遣侦探之剧……②

西方的戏剧与中国的戏剧有着不同的风采。中国戏剧均为歌剧,作为戏曲的歌有类型的规定,因而有一定的范式,演唱也有很多讲究。演员的动作表演也有范式。是一种范式中的故事表达,有人称之为"戴着镣铐的舞蹈"。虽然范式来自生活,是生活的艺术化、模式化,但经艺术化、模式化后,与生活实际就有了一定的距离,它是生活的象征,而不是生活的模仿。西方的戏剧有歌剧,也有话剧。作为艺术,也有一定的模式,但它们与生活的距离比较近,其表演不是生活的象征,而是生活的模仿。西方戏剧多表演历史故事,这一点与中国戏剧是一样的。但对于历史题材的处理上有着种种不同。大体上,西方的历史剧,重在史实本身,在史实真实性的基础上刻画人物;而中国的历史剧,重在人情,直接表达某段历史的戏剧也有,但更多的,以史实为背景,虚构出人物的故事来,人物是重要的,背景是不重要的。曾纪泽没有说到他观剧的感受,但他的这样简单的介绍,已足以引起中国读者的兴趣了。

法国人对于戏剧的喜爱,曾纪泽从政治的维度给予理解:

> 酉初,归途中见大戏馆,规模壮阔逾于王宫。昔者法人为德人所败,

---

① 曾纪泽:《出使英法俄国日记》,岳麓书社 2008 年版,第 578 页。
② 曾纪泽:《出使英法俄国日记》,岳麓书社 2008 年版,第 578 页。

德兵甫退，法人首造大戏馆。既纠众集资，复蠲国帑以成之，盖所以振起国人靡苶愞怯之气也。①

这种理解是否正确？各人有各人的看法。在笔者看来，主要还是因为法国人特别喜爱戏剧，观剧是法国人生活中的重要一部分。法国文化中，戏剧以及戏剧评论占据重要地位，文艺复兴之后，法国出现一股名之曰"新古典主义"的文化思潮，来自戏剧的"三一律"成为这股思潮中的金科玉律，影响不只是戏剧，还有其他艺术如建筑。18 世纪的法国启蒙运动的领袖人物之一狄德罗在文艺方面，最关心的是戏剧。他有关戏剧的理论是启蒙运动的重要组成部分。

五、加冕

曾纪泽的日记涉及面很宽，可以说全方位地展现西方的生活，其中他介绍的俄国皇帝加冕的场景，让中国读者大开眼界：

> ……俄皇更银鼠金黄袍，袍之前称身之长，后则长二丈余。御前大臣数人以手承之。大教士以香油抹俄皇之头，又诵经良久，进金刚石镶成之冠，制如兜鍪，俄皇自取着之。又进金剑、金球，球有十字架，俄皇次第受之。俄后跪于俄皇之前，俄皇取冠后，仍戴于首。侍臣别进一冠，形制减小，俄皇取而加于后首。……已，俄皇扶后起立，皇与后执手亲嘴为礼。太子、公主、诸亲王公，皆至御座前亲嘴为礼。各国王太子以次至御座前，姻娅则亲嘴为礼，否则鞠躬为礼。……②

俄皇加冕的典礼上，如此频繁的亲嘴，让中国人不可理解。在西方文化和中国文化中，亲嘴的意义不啻天壤之别。

曾纪泽对于西方文化的认识是混乱的。不错，他在一定程度上真实地介绍了西方文化，在介绍之中，也流露出倾慕与有限的赞赏。但是，仍然以中国为天朝上国，盲目地认为中国是西方文明之源。他说：

---

① 曾纪泽：《出使英法俄国日记》，岳麓书社 2008 年版，第 164 页。

② 曾纪泽：《出使英法俄国日记》，岳麓书社 2008 年版，第 632 页。

余谓欧罗巴洲,昔时皆为野人,其有文学政术,大抵皆从亚细亚逐渐西来,是以风俗文物,与吾华上古之世为近。……西人一切局面,吾中国于古皆曾有之,不为罕也。至于家常日用之器物,无一不刻镂绘画,务求精美,则亦吾华尊、罍、斝、槭、玷(坫)、洗之遗意也。①

对于西方机器之巧,曾纪泽予以承认,但对其重要意义的认识以及它的来源,仍然是非常糊涂的。他说:"或者谓火轮舟车、奇巧机械,为亘古所无,不知机器之巧者,视财货之赢绌为盛衰。财货不足,则器皆苦窳,苦窳,则巧不如拙。中国上古,殆有无数机器,财货渐绌,则人多偷惰而机括失传。观今日之泰西,可以知上古之中华;观今日之中华,亦可以知后世之泰西,必有废巧务拙,废精务朴之一日。"② 按此种说法,中国上古倒是进步的,现今是落后的,历史不是让人走向进步,而是让人走向落后。曾纪泽断言,西方的今日,是中国的上古,而西方的未来,则是今日的中国。这样说来,就不必向西方学习,也不必自强,等待着西方走向落后好了。这全是一派胡言,不值一驳。

第三节　郭嵩焘:西方的科技与文博

郭嵩焘(1818—1891),湖南湘阴人,晚清著名的外交家。1876 年他任出使英国大臣,后兼任法国公使,此为清朝驻使欧洲之始。他的日记《伦敦与巴黎日记》中的一部分,以《使西纪程》为书名,抄寄清总理衙门,并自行刻板印行。这本不足两万字的小册子,顿时引来一片骂声。骂者均为保守人士。事件延续发酵一段时间,郭嵩焘终于因之而丢官。其实,日记所记不过是英国的政治制度、经济科技文化状况,在记述中表露出对于西方的民主和科学一定程度上的肯定,而这为清朝士大夫与朝廷之不容。

---

① 曾纪泽:《出使英法俄国日记》,岳麓书社 2008 年版,第 177—178 页。
② 曾纪泽:《出使英法俄国日记》,岳麓书社 2008 年版,第 178 页。

郭嵩焘无疑也是中国最早睁眼看世界的人士之一。他清楚地知道,清帝国已经没有资本称自己是天朝上国了,它所蔑视的西方资本主义国家已经大踏步地走到中国前面去了。如果还是要用"夏""夷"论进步与落后,那么,中国如今才是"夷",而西方的资本主义国家才是"夏"。

西方的先进,主要体现在民主制度与科学技术。对于民主制度,郭嵩焘的肯定是比较有限的,根深蒂固的中国传统文化,让他对于这种制度存有抵触情绪,而对于发达的科学技术,郭嵩焘却没有"奇技淫巧"这样腐朽的偏见。在《伦敦与巴黎日记》中,他以较多的篇幅记述这方面的观感,展现了绚丽多姿、神奇卓异的科学技术景观,让国人大开眼界。

一、科技运作

郭嵩焘在日记中记述了美国著名发明家爱迪生演示留声机的情景:

>……随赴罗苇得斯阿陀卫、洛克斯两处茶会。罗苇得斯阿陀卫邀视传声机器,美人格力音贝尔所创造也(本爱登柏里人也,迁居美都不及二十年),爱谛生为之演试。拆视之,式如三寸小碟,练[炼]薄铁片如竹萌嵌其中,安铁针其下,上施巨口筒高二寸许以收纳声。另为铜圆筒,环凿针孔,用轴衔之。右端安机爪,上树铜片相对,如两旗相比,下垂铁权。机爪上下转动,则机发而旗转,轮亦自转,推动传声机器近遍转轮,则针触筒孔,自然发声。

>询之爱谛生,云:凡声非在外也。人耳中自有声,触人声而成语言。盖所以成声者,由耳目[内]内有薄萌,感声而自动……爱谛生以此筒传语,数万里外无或爽者,真神技也。①

这里所介绍的留声机是19世纪的重大发明,留声机一直用到现在,它的产生对于音乐审美生活产生了巨大影响。当年留声机的发明不亚于当今手机的发明。郭嵩焘详尽地描述留声机运作,更可贵的是,这是发明者爱迪生的亲自演示,还有他的演讲。这种记载,具有极大的历史价值。

---

① 郭嵩焘:《伦敦与巴黎日记》,岳麓书社2008年版,第576—577页。

郭嵩焘与英国的科学家也有所接触,在他们的邀请下,郭嵩焘得以参观科学实验室。他在日记中记述曾获得科学家斯博得斯武的邀请,去看电气光。他详细地描写电气光迷人的景观:"其光分五色。云凡白光中皆含五色。以五色灰聚而和之,其色皆白,以白能含诸色故也。"① 这种实验室中的科学现象之美,既是自然美,也是人工美,可以说是人造自然景观美,它的重要意义是科学真理的显示。

二、科技机构

郭嵩焘不仅描绘了诸多的工厂、矿区的景观,而且还描绘了诸多的科技机构的景观,其中有著名的格林尼治天文台:

> 由车林噶罗司坐火轮车约半点钟,至格林叱换车。其地有小山,星台在山颠,屋甚小,而山下余地极宽,多古木。
>
> 先至观星显远镜,镜长丈六七尺(形如巨炮),旁设两轮,悬置一小屋中……每测一星,即发电报通知左屋坐钟处。前安转轮,每一点秒详注其上……
>
> 又一屋悬钟,通电报于伦敦四境……其上为圆屋,植竿屋顶,悬十字架竿端……
>
> 圆屋旁为测风圆屋二所。一定风向……一辨风力大小迟速……
>
> 门左为三层楼,上为圆屋,亦设显远大镜……
>
> 其下一层,则水师各营送时辰钟试验以取准,凡钟表数百具……
>
> 别至一高楼,列巨案十余,则西历一千八百七十四年十二月初八日(为同治十三年甲戌十月某日)金星过日,此间至今推测未尽……②

对于格林尼治天文台做这样详尽的描述,郭嵩焘的目的是很明确的,不只是让国人认识英国科学技术的发达,更要让国家认识到科学的重要性与独立性。与某些洋务派人士只是关注西方的坚船利炮不同,郭嵩焘关注

---

① 郭嵩焘:《伦敦与巴黎日记》,岳麓书社2008年版,第140页。
② 郭嵩焘:《伦敦与巴黎日记》,岳麓书社2008年版,第576—577页。

的是科学技术的全部。科学的一部分是直接联系到实用，它关系国家的经济、军事以及日常生活，还有一部分与实用没有多少直接的用处，比如太空的观测与研究。然而，它的重要性一点也不亚于直接联系到实用的那部分科技。格林尼治天文台作为观天、测时的科研机构，它的功能涵盖实用与非实用两部分。它是当时世界上最权威的天文研究机构之一，堪为大英帝国的标志。

三、科技讲演

郭嵩焘日记也记述了在大学或科研机构听讲及参观的情景。这些听讲与参观，郭嵩焘尽可能地将讲学的内容记上去。比如，他在矿业学校听讲地质学：

> 廿六日，赴斯古得阿甫买英斯听施密司谈藏学，其帮办立格斯亦陪同指示。所见石数万种，略为铜产、铁产、煤产、锡产、黑白铅产及宝石，宝石亦有五金化者，而石灰 [炭] 化者为多（其紫色蓝色及冰纹水晶，多石炭所化者），及烧磁瓦各土，及异色石不入五金产者。集小方石为圆桌、长方桌。数石中有似藤黄、赭石及寿山、青田各石者；亦有似玛瑙者；亦有白石起水波；白石黑纹，如小菊花丛聚，施密司云此石珊瑚所化。有巨盘大八尺，状似茄色。玛瑙巨瓶高二尺许，青黑色，遍烧赭色蛇纹，而起丝如毛。施密司云："此石出伦敦之北，天下所无。"①

显然，这样的陈述，是需要做功课的。郭嵩焘不是一般地看矿石，而是努力地学习矿业学。他对于矿石、宝石、玛瑙、珊瑚等石的描述，既是审美的，又是科学的。

四、玻璃温室

玻璃温室既是科研装置，又是生产装置，还是审美装置，然作为基础的是科研装置。在 19 世纪，西方社会多处可以见到玻璃温室，郭嵩焘介绍了

① 郭嵩焘：《伦敦与巴黎日记》，岳麓书社 2008 年版，第 246 页。

一座英国园林中的玻璃温室：

> 园纵横皆约十里，所植树木，皆标记之……所至玻璃屋四处，其一地坑内烘，极温热，其一铺铁板为空格，置铁管其中引火气，南洋热道花木皆置其中。粤产如霸王鞭、凤尾蕉、蒲叶、棕榈、南竹及盆景小花，凡数十种。其一中空为池，藤萝异种甚多。有红花累累然者，拆视之，叶也；每五六叶相聚如花，色浅红、而中出小花五六，色黄。……
>
> 别一玻璃屋，置各国所得木板片，或黄如蜡，或黑如漆，或花纹如云涌水腾，或细纹如丝，或光滑如镜，累千百种……①

郭嵩焘的介绍，显然持的是科技立场，不是文学立场。他介绍温室中的地坑，这是供热之处，讲得很具体，几乎是教科书的陈述。他介绍花，同样很具体，花色、花形、花叶，一丝不差。郭嵩焘写的不是文学日记，而是科学日记。他是有心人，他的出国，不仅是承担关乎国家主权的外交使命，而且承担着关乎国家发展的文化传播的使命。

五、植物园

欧洲 19 世纪就有植物园了，郭嵩焘详细地介绍了他所游览的一座植物园："初八日，与云生步至里占得巴尔克内波丹里尔戛尔敦。凡有花木蓄植，谓之戛尔敦，中国花园也。树木成林，谓之巴尔克，犹言囿也。里占得犹言监国；英主若尔日第三多病，其子监国，始创是园。"② 原来，这是英国一座皇家园林，也是最早的园林。园林中有各种各样的植物，不仅供观赏用，而且供研究用，供科学普及用。郭嵩焘说："每日有精习花木学者来此讲授。"另有一间屋，药品、食品满架，玻璃瓶贮藏各种果品，多达数百种。很多学者来此做研究，有植物学家，也有药学家。"男妇就学者常数十百人。"可见，这植物园不仅是观赏园林，还是植物学、药物学研究基地。

郭嵩焘也详细地记述了英国的动物园，这座园"为国家驯养鸟兽之

---

① 郭嵩焘：《伦敦与巴黎日记》，岳麓书社 2008 年版，第 168 页。
② 郭嵩焘：《伦敦与巴黎日记》，岳麓书社 2008 年版，第 200 页。

区"。不仅收养有欧洲的动物，而且收养有亚洲的动物，他特意提到四川之锦鸡、云南之孔雀、浙江之画眉鸟、奉天之鹿，此园都有。动物园主要供人们参观，但也是动物学家研究基地。

大英博物馆无疑是英国文化的第一标志，它贮藏着全世界宝贵的文物，其藏量之高、藏品之精均为世界之最。郭嵩焘在日记中详细地记载了他游览此馆所看到的藏品：

> 其书馆藏书数十万册，皆分贮之。古书有在罗马先者，有刻本，有写本，分别各贮一屋。……其余藏庋古器数十院，亦各分别门类。金石刻皆来自麦西、罗马，希腊次之。……其他金石、竹木、鸟兽虫鱼螺蚌，以及古磁瓦器，罗列数万种……其鸟、兽、虫、鱼，皆取其冒〔胃〕之塞絮其中，一皆如生……古铜、古器、碎片亦收贮之……有铜人首一具，甚巨，价七千磅。又小黑玉一件，大不逾寸，研为人首，价五首。馆人云："非玉，乃玻璃也。"问此物有何异，云："底面有字，为罗马古字，已逾二千年矣。"……①

郭嵩焘特别提到，此博物馆收藏有诸多中国文物，其中有一口古剑，青玉柄，剑端有刻字两行，疑为西汉宫中用物。

郭嵩焘对于西方的教育特别关注，他参观了不少西方的学校，他曾参观英国皇家医学院，对于显微镜的神奇很感兴趣："折光显微镜数十具，形制各异。所照皮血，皆医术也。足皮、肺膜及所患疮血无数。小虫大二分许，用水养之，盖水蛆之属也，四足，腹下有肉翅如悬乳。"② 这显微镜下的微生物样子让他惊愕不已！

郭嵩焘的日记重在记科技、记文化，在造就西方文化两大元勋"德先生""赛先生"，均在他的日记中有真实具体的描述，而且生动形象，既具科学性，又具审美性。

郭嵩焘坚持向西方学习的主张。他认为，"虽使尧舜生于今日，必急取

---

① 郭嵩焘：《伦敦与巴黎日记》，岳麓书社 2008 年版，第 136—139 页。
② 郭嵩焘：《伦敦与巴黎日记》，岳麓书社 2008 年版，第 233 页。

泰西之法推而行之，不能一日缓也。"[1] 他是中国现代化的一位前行者。

第四节　康有为：淘其粗恶与荐其英华

康有为（1858—1927），广东南海人，晚清戊戌变法运动的领袖，中国近代著名的政治家、思想家，他所领导的戊戌变法运动实质是一场革命，虽然这场运动并没有变更清王室的任何想法，但它将变更中国几千年承续下来的封建制度，而试图与西方的政治制度有着某种意义上的接轨。康有为所领导的戊戌变法与晚清的洋务运动有着实质的不同，洋务运动只是接受西方科学技术上的先进，以实现军事上的强大，而康有为更多是推崇西方的文明包括物质文明与精神文明，并希望部分地接受西方的文明，铸造一个新的中国。戊戌变法失败后，他逃亡国外，在欧洲各国游历，他将游历所看到的西方世界，用日记的形式记载下来。这就是后来成书的《欧洲十一国游记二种》。

康有为游历过的外国很多，他自己说："七年来，汗漫四海，东自日本、美洲，南自安南、暹罗、柔佛、吉德、霹雳、吉冷、缅甸、哲孟雄、印度、锡兰，西自阿刺伯、埃及、意大利、瑞士、澳地利、匈牙利、丹墨、瑞典、荷兰、比利时、德意志、法兰西、英吉利，环周而复至美。"[2]

参观了这么多的国家，他深感西方文明远远超过了中国文明。中国号称文明大国，疆域辽阔，然而"舟车不通，亦无由睹大九州而游瀛海"，而西方科技近百年突飞猛进，汽船有了，汽车有了，电线有了。他慨叹："万物变化之祖为瓦特之机器，亦不过先我生八十年。凡欧美之新文明具，皆发生我生百年内外耳。萃大地百年之英灵，竭哲巧万亿之心精，奔走荟萃，发扬飞鸣，磅礴浩瀚，积极光晶，汇百千万亿之泉流而成江河湖海，以注于康有

---

① 郭嵩焘：《养知书屋文集》卷二八《铁路议》，见郭嵩焘：《伦敦与巴黎日记》，岳麓书社2008年版，第59页。

② 康有为：《欧洲十一国游记二种》，见《康有为：欧洲十一国游记二种；梁启超：新大陆游记及其他，钱单士厘：癸卯旅行记归潜记》，岳麓书社2008年版，第56页。

为之生世,大陈设以供养之,俾康有为肆其雄心,纵其足迹,穷其目力,供其广长舌,大饕餮而吸饮焉。"①

康有为珍惜这样的机会,他要努力地多观察、多学习,"无所不入,无所不睹,俾我之耳目闻见,有以远轶于古之圣哲人",而目的在为诊治中国贫弱落后寻找良法,他说:

> 天其或哀中国之病,而思有以药而寿之耶?察其宜否,制以为方,采以为药,使中国服食之而不误于医耶?则必择一耐苦不死之神农,使之遍尝百草,而后神方大药可成,而沉疴乃可起耶?②

康有为将自己的这番远游,看成"天责之大任"。而他所要做的就是:"将大地万国之山川、国土、政教、艺俗、文物,而尽揽掬之,采别之,掇吸之……凡其政教、艺俗、文物之都丽郁美,尽揽掬而采别掇吸之,又淘其粗恶而荐其英华焉。"③

康有为的欧游日记突出特色就是事事联想到中国。主体部分是说西方优于中国,中国要向西方学习,但也有一些部分认为中国优于西方,中国在向西方学习的过程中不要将自己强项丢掉了。

对于欧洲文明,最为震撼的主要是科技,但不仅于此,他会联系到治国的理念,联系到国家的建设等诸多问题。

一、交通

欧游途中,经过苏伊士运河。康有为简略地描写苏伊士的壮观,而着重介绍运河带来的巨大利益。由此,慨叹道:"运河乃兴水利交通第一大业。"联系到中国,他说,虽然中国自秦国始,就有开运河之事,但由于科技落后,

---

① 康有为:《欧洲十一国游记二种》,见《康有为:欧洲十一国游记二种;梁启超:新大陆游记及其他;钱单士厘:癸卯旅行记归潜记》,岳麓书社 2008 年版,第 56 页。
② 康有为:《欧洲十一国游记二种》,见《康有为:欧洲十一国游记二种;梁启超:新大陆游记及其他;钱单士厘:癸卯旅行记归潜记》,岳麓书社 2008 年版,第 57 页。
③ 康有为:《欧洲十一国游记二种》,见《康有为:欧洲十一国游记二种;梁启超:新大陆游记及其他;钱单士厘:癸卯旅行记归潜记》,岳麓书社 2008 年版,第 55 页。

每次均举全国之力，费时费力，运河其实并不多。但"欧人以开运河为寻常必然之事业"。他特举德国为例，德国近年已开运河三条，长数百数十里不等，但还"日议开通他河不止"。由此，他大受启发：

> 盖通者，为人身治血脉第一法，亦治国便民第一法。其地塞者，国不治，民不富而弱。其地通者，国治，民富而强。其文野、弱强、贫富之等差，即视其交通之等差为比例。①

这一看法无疑是深刻的。康有为还举汽车、火车为例，说明交通愈发达，国力愈强盛。

二、城市道路

康有为游览法国，对于巴黎的林荫道最有感触：

> 道广近廿丈，中为马车，左道为人行，右道为人马行。此外二丈许杂植花木处，碧荫绿草，与红花白几相映。花木外左右又为马车道。马车道内近人家处，铺石丈许为人行道，又植花木荫之。全道凡花树二行，道路七行。道用木填，涂之以油，洁净光滑。其广洁妙丽，诚足夸炫诸国矣。②

介绍如此详细，康有为是希望为国内的城市道路建设提供范本的。他明言："道路之政，既壮国体，且关卫生。吾国道路不修，久为人轻笑。"这一认识在当时应该是空谷足音。洋务大臣们考虑的均为富国强兵，几乎没有人会想到整修城市道路。

康有为承诺，一旦变法成功，必着手整修城市道路，他深情地描绘他的城市"绿道"的理想：

> 必当比德、美、法之道，尽收其胜，而增美释回，乃可以胜。窃意以此道为式，而林中加以汉堡之花，时堆太湖之石，或为喷水池；一里

---

① 康有为：《欧洲十一国游记二种》，见《康有为：欧洲十一国游记二种；梁启超：新大陆游记及其他；钱单士厘：癸卯旅行记归潜记》，岳麓书社 2008 年版，第 64 页。

② 康有为：《欧洲十一国游记二种》，见《康有为：欧洲十一国游记二种；梁启超：新大陆游记及其他；钱单士厘：癸卯旅行记归潜记》，岳麓书社 2008 年版，第 204 页。

必有短亭，二里必有长亭，如一公园然；人行夹道，用美国大炼化石，加以罗马之摩色异下园林路之砌小石为花样，妙选嘉木如桐如柳者荫之；则吾国道路，可以冠绝天下矣。①

这一理想在当时是超前的，却完全有实现之可能，只是当时的中国，无论在观念上还是在财力上，都无法实现这一理想。这是时代的悲剧。

三、美术

康有为对中国的国粹如绘画，并不盲目自豪，他认为西方的绘画其实是胜过中国的。比如，他论"文艺复兴三杰"之一拉斐尔的画：

> 拉飞尔是意大利第一画家。在明中叶，当西千五百五年，至今四百年矣。……拉飞尔于今一画值数百万。游意大利遍见之，凡数千百幅，生气远出，神妙迫真，名不虚也。他名手为之，虽得其笔迹，无其生气秀彻。不知吾国之顾虎头、吴道之如何尔？②

没有明言，但实际上，他认为顾虎头、吴道之是远远赶不上的。

当然，中国水墨画与西方油画是两种不同美学性质的画，是不好比胜负的。西方油画主旨是写实，它尚真；中国水墨画主旨是写意，意是道，故它尚道。南北朝画家宗炳云：欣赏画需要"澄怀味道"。中国画表面上看，画的是山水人物，但实质是道。道为理念，直接画不出，借山水人物，间接出之。按才华，中国画家不是不能做到写实，是因为尚道的需要，不必做到写实。而且写实了，欣赏者就不去味道，而去观人、观物了。

康有为未必不知道这个道理，他这样说，只是表明：在艺术方面，西方并不弱于中国，它们的优点值得我们学习。

对于西方的雕刻，康有为也赞不绝口。他描述罗马彼得大教堂，其中，谈到雕刻："亭后正北处，供奉耶稣，左一石棺，乃一百八十九代教皇巴拿士

① 康有为：《欧洲十一国游记二种》，见《康有为：欧洲十一国游记二种；梁启超：新大陆游记及其他；钱单士厘：癸卯旅行记归潜记》，岳麓书社 2008 年版，第 204 页。
② 康有为：《欧洲十一国游记二种》，见《康有为：欧洲十一国游记二种；梁启超：新大陆游记及其他；钱单士厘：癸卯旅行记归潜记》，岳麓书社 2008 年版，第 98 页。

咽地者。……中石作教皇亚历山大坐像,皆以文石为之。中间神龛。以二神像托之。所有各像,手足筋骸,精妙入微,光动如生,真刻像之极品也。有一画耶苏故事者,以'摩色'为之,用五色小石,其精细微妙,与笔画同。此画为四名手所作,三人皆为作此画而死,第四人乃能成之。凡经十年,尤为绝技神异之品矣!"[①] 描述中,赞叹之情,溢于言表。在康有为,一是赞叹其写实之真;二是赞叹艺术家技术之精,敬业之诚! 他没有拿中国的雕刻与之比较,不知出于何心理。

中国的雕刻不缺精美者,如敦煌的某些雕刻、洛阳龙门的某些石雕,但总的来说,精品不是太多。主要原因可能在美学理念上,中国人审美崇尚一般性、类型性,西方则崇尚特殊性、个性。在人物雕塑上可能更多地注重人物的身份、所代表的意义,而忽视了作为它的个性。

四、建筑

康有为介绍了欧洲诸多著名的建筑,有王宫、教皇宫,也有教堂,均细细道来,一片赞叹之情。介绍完毕,在适当的地方,有一些中西比较。比如,他谈到建筑材料:

中国昔者古物之不存,因非石筑故。盖中国宫室之起,创于原野,皆为森林。在森林之地,必斩木为屋,乃其至便者也。[②]

我国宫室,自古皆用木为多。今之殿阁,皆以木为柱架结构,然后加砖瓦矣。……夫木者易火烧……一星之火,数百年之古殿巍构,付之虚无。……吾国人虽有保存旧物之心,而木构之义不去,不久必付之一烬,必不能垂长远。[③]

---

① 康有为:《欧洲十一国游记二种》,见《康有为:欧洲十一国游记二种;梁启超:新大陆游记及其他;钱单士厘:癸卯旅行记归潜记》,岳麓书社 2008 年版,第 94 页。

② 康有为:《欧洲十一国游记二种》,见《康有为:欧洲十一国游记二种;梁启超:新大陆游记及其他;钱单士厘:癸卯旅行记归潜记》,岳麓书社 2008 年版,第 120 页。

③ 康有为:《欧洲十一国游记二种》,见《康有为:欧洲十一国游记二种;梁启超:新大陆游记及其他;钱单士厘:癸卯旅行记归潜记》,岳麓书社 2008 年版,第 117 页。

　　此说确是。那么以后是不是可以向西方学习,也用石料做屋呢? 他说:"中国遍地皆山,处处有石。若星岩之石,尤为精美。比之刻像写经,可存久远。一切伐石筑室,皆为便易,费亦无多,此后新构广场、公所,皆为万国所观瞻,故国体攸关,当求壮丽,且使经营久远,以示将来。所有大工,宜开山伐石,以成巍构。其余民屋,皆宜崇尚石筑,以争光荣。"① 康有为站得很高,他从国家的体面角度,提出今后建筑,要尽可能地使用石材,让建筑不仅更经久,而且更崇宏、更壮丽,以"增进中国无量文明于大地上"。

五、文明

　　康有为对于罗马的交通、银行赞不绝口,说"罗马善政,以通道、银行为美矣"②。对于它的议会制,则有所保留。也就是说,他对于西方的经济肯定得多,而对于西方的政治肯定得不多。

　　从文明的高度来比较中西,康有为的局限性就凸显了。他将罗马与中国汉代进行比较,具体比较五个方面:"治化之广狭""平等自由之多少""乱杀之多寡""伦理之治乱""文明之自产与借贷"。五个方面主要涉及上层建筑、意识形态,只有少部分涉及经济。他得出的结论是:

> 罗马之政俗,实为北魏、辽、金、元之比例而已;虽号文明,未脱野蛮之本者也;非今欧人之比,亦非我中国之比也。③

　　这说明,康有为心中有一个根深蒂固的观念:夷夏之别,他俨然以"夏"自居,而将罗马看成与北魏、辽、金、元一样,是"夷"。

　　康有为也将法国看成夷狄。他说:"盖自十字军未兴以前,汉仅传北狄

① 康有为:《欧洲十一国游记二种》,见《康有为:欧洲十一国游记二种;梁启超:新大陆游记及其他;钱单士厘:癸卯旅行记归潜记》,岳麓书社 2008 年版,第 121 页。
② 康有为:《欧洲十一国游记二种》,见《康有为:欧洲十一国游记二种;梁启超:新大陆游记及其他;钱单士厘:癸卯旅行记归潜记》,岳麓书社 2008 年版,第 159 页。
③ 康有为:《欧洲十一国游记二种》,见《康有为:欧洲十一国游记二种;梁启超:新大陆游记及其他;钱单士厘:癸卯旅行记归潜记》,岳麓书社 2008 年版,第 196 页。

之旧俗,仅如吾匈奴、突厥、蒙古,无足道焉。"①

有意思的是,他也发现中国文明的问题:"我国虽号文明,所有宏丽之观,皆帝王自私之,否则士夫一家自私之,而与民同者反少焉。此则反不如罗马之治,俗私狭而能诞育耶?"② 能认识到这一点,也算难能可贵了。

康有为是一个集先进与保守的矛盾集合体。他的欧游日记所反映出来的心态,可以看作当时中国知识分子对待西方文明的代表。他们认为在物质层面西方先进,中国落后,但在精神层面,还是中国先进。他们主张学习西方,但必须守住中国的意识形态、政治制度。中学为体,西学为用,称之为"中体西用"。

第五节 梁启超:商业繁荣与城市美丑

梁启超(1873—1929),广东新会人。在中国近代史上,梁启超的名气仅次于康有为。中国从封建社会走向近代,戊戌政变是重要节点之一,这场政变的主角就是康有为和梁启超。梁启超一直对康有为执弟子礼,其实,他们的政治立场并不完全是一致的,他们一致的地方主要在都认为中国需要一场深刻的社会变革,这场变革就是向西方学习——资本主义化。康有为一直热衷于政治,而梁启超则对思想启蒙、学术研究更有兴趣。康有为主要是政治家,而梁启超则主要是启蒙思想家,是学者。

1903 年,梁启超到美国旅行,留下日记,后整理结集为《新大陆游记及其他》。这部游记的重点主要在它集中地表达了梁启超对新兴的资本主义国家——美国的看法,政治重于文化,游记中涉及美国政治的内容多。肯定的地方固然不少,但因为梁启超维护中国封建政体的立场,否定的地方

① 康有为:《欧洲十一国游记二种》,见《康有为:欧洲十一国游记二种;梁启超:新大陆游记及其他;钱单士厘:癸卯旅行记归潜记》,岳麓书社 2008 年版,第 293 页。

② 康有为:《欧洲十一国游记二种》,见《康有为:欧洲十一国游记二种;梁启超:新大陆游记及其他;钱单士厘:癸卯旅行记归潜记》,岳麓书社 2008 年版,第 196 页。

更多。比如,他说:"吾游美国,而深叹共和政体,实不如君主立宪者之流弊而运用灵也。"①

由于主旨是政治,梁启超整理游记时,有意删除了诸多艺术方面的具体描述,因而就美学视界来说,显得有些不够充实、不够形象,但其中于城市审美,他有一些重要的观点,值得注意。

一、城市繁荣与城市审美

在《新大陆游记及其他》第八节,他说到纽约:

> 纽约当美国独立时,人口不过二万余(其是美国中一万人以上之都市仅五处耳)。迨十九世纪之中叶,骤进至七十余万。至今二十世纪之初,更骤进至三百五十余万,为全世界中第二之大都会(英国伦敦第一)。以此增进速率之比例,不及十年,必驾伦敦而上之。此又普天下所同信也。今欲语其庞大其壮丽其繁盛,则目眩于视察,耳疲于听闻,口吃于演述,手穷于摹写,吾亦不知从何处说起。②

此段引文于美学的重要意义,在于它阐发了一种新的美学观:经济发达是城市审美的基础,经济发达必然带来城市繁荣,并且创造出一种新的城市美学,一种城市繁荣美——由"庞大""壮丽""繁盛"筑就的让人"目眩""耳疲"的美。

不能说这种发现是唯一的,或者说是最早的,但如此将两者直接地、紧密地联系起来,其观点就显得特别突出。

二、城市公园与城市审美

梁启超发现了纽约中央公园的独特价值:

> 纽约之中央公园从第七十一街至第一百二十三街上,其面积与上

---

① 梁启超:《新大陆游记及其他》,见《康有为:欧洲十一国游记二种;梁启超:新大陆游记及其他;钱单士厘:癸卯旅行记归潜记》,岳麓书社 2008 年版,第 494 页。

② 梁启超:《新大陆游记及其他》,见《康有为:欧洲十一国游记二种;梁启超:新大陆游记及其他;钱单士厘:癸卯旅行记归潜记》,岳麓书社 2008 年版,第 438 页。

海英法租界略相埒……基地在全市之中央,若改为市场,所售地价,可三四倍于中国政府之岁入。以中国人之眼视之,必曰弃金钱于无用之地,可惜可惜。①

从表面上看,他似是持中国人的立场感到纽约中央公园如此用地之可惜,但实际上不是,他是批评中国人这种立场的。

梁启超高度赞赏美国诸多城市:"芝加高(哥)之公园,风景冠绝全美,盖湖沼多,以水胜也。'林肯公园'清幽殊绝,'华盛顿公园'前临墨西哥湖,有气吞云梦波撼岳阳之概。余绝爱之。"②

城市公园是城市环境中的明珠,梁启超以慧眼发现它的美,非常有远见!

三、城市规划与城市审美

梁启超记述过的美国城市有纽约、芝加哥、波士顿、华盛顿等,他最为倾心的是华盛顿这座城市。华盛顿,美国原来没有这座城市,是美国独立后,为首都的安放而专门建造的一座城市。这座城市,梁启超总体评价是:

> 华盛顿——美国京都,亦新大陆一最闲雅之大公园也。从纽约、波士顿、费尔特费诸烦浊之区,忽到此土,正如哀丝豪竹之后闻素琴之音,大酒肥肉之余嚼鲈莼之味,其愉快有不能以言语形容者。全都结构皆用美术的意匠,盖他市无不有历史上天然之遗传,而华盛顿市则全出于人造者也。③

这里,它突出的一个中心——人造。人如何造?"美术的意匠"。也就是说,这是一座艺术城市,整个城市是一件艺术品。

---

① 梁启超:《新大陆游记及其他》,见《康有为:欧洲十一国游记二种;梁启超:新大陆游记及其他;钱单士厘:癸卯旅行记归潜记》,岳麓书社 2008 年版,第 460 页。

② 梁启超:《新大陆游记及其他》,见《康有为:欧洲十一国游记二种;梁启超:新大陆游记及其他;钱单士厘:癸卯旅行记归潜记》,岳麓书社 2008 年版,第 528 页。

③ 梁启超:《新大陆游记及其他》,见《康有为:欧洲十一国游记二种;梁启超:新大陆游记及其他;钱单士厘:癸卯旅行记归潜记》,岳麓书社 2008 年版,第 431 页。

华盛顿市也有大片的自然,因此,它也是一座大公园。

自然与艺术的完美统一,是这座城市成功的根本原因。

就品格而言,这座城市的品格为"闲雅",这就与纽约等商业城市的喧哗、嘈杂对立起来。

梁启超实际上在这里发现了一座最适合人类生活的理想的城市范型。

四、城市繁荣与城市丑陋

梁启超一方面描述美国城市审美中的正面现象;另一方面也揭露并批评美国城市审美中的负面现象:

(一)居住空间等级化及穷人的困顿

> 野蛮人住地底,半开人住地面,文明人住地顶。……住地底者,孟子所谓下者为营窟。……穴地为屋,凿漏其上以透光,雨则溜下也。……纽约之屋,则十层至二十层者数见不鲜,其最高者乃至三十三层,真所谓地顶矣。然美国大都会通常之家屋,皆有地窖一二层,则又以顶而兼底也。

> 纽约触目皆鸽笼,其房屋也。触目皆蛛网,其电线也。触目皆百足之虫,其市街电车也。[①]

这种揭露可能是最早的。

(二)城市交通拥挤所造成的恐怖

梁启超在赞赏街市繁华之同时也注意到了交通拥挤所带来的严重问题:

> 街上车、空中车、隧道车、马车、自驾电车、自由车,终日殷殷于顶上,砰砰于足下,辚辚于左,彭彭于右,隆隆于前,丁丁于后,神气为昏,魂胆为摇。[②]

---

① 梁启超:《新大陆游记及其他》,见《康有为:欧洲十一国游记二种;梁启超:新大陆游记及其他;钱单士厘:癸卯旅行记归潜记》,岳麓书社 2008 年版,第 460 页。

② 梁启超:《新大陆游记及其他》,见《康有为:欧洲十一国游记二种;梁启超:新大陆游记及其他;钱单士厘:癸卯旅行记归潜记》,岳麓书社 2008 年版,第 460 页。

梁启超认为，造成美国城市诸多弊病的原因，最主要的是贫富悬殊。梁启超说："美国全国之总财产，其十分之七属于彼二十万富人所有；其十分之三属于此七千九百八十万之贫民之所有。"① 梁启超无情地揭露了资本家的工厂残酷剥削工人之事实。他说："观各公司之制造工场，皆以人为机器，且以人为机器之奴隶者也。"② 不能不惊叹，梁启超还能有这样深刻的认识！在列举纽约种种黑暗之后，梁启超说：

天下最繁盛者莫过如纽约，天下最黑暗者殆亦莫如纽约。③

这个结论石破天惊，震撼人心。时至今日，仍然让人感到它巨大的思想力量。梁启超从美国社会所体现出来的严峻的贫富对立、分配不公的现象，"深叹社会主义之万不可以已也"④。梁启超此时已经读过马克思（梁的书中为"麦克士"）的书，并对他的观点表示一定程度上的肯定。

晚清与近代中国知识分子中先进者积极地走向世界，其中留下的日记、游记非常之多，1980年，湖南人民出版社著名编辑家钟叔河将其中一部分编辑成书，共36种，汇为《走向世界丛书》予以出版。重印，编成十册：书目如下：

第一册：《西游纪游草》（林鍼）、《乘槎笔记·诗二种》、《初使泰西记》（志刚）、《航海述奇·欧美环游记》（张德彝）

第二册：《西学东渐记》（容闳）、《游美洲日记》（祁兆熙）、《随使法国记》（张德彝）、《苏格兰游学指南》（林汝耀等）

第三册：《日本游记》（罗森）、《甲午以前日本游记五种》（何如璋等）、《扶桑游记》（王韬）、《日本杂事诗》（黄遵宪）

① 梁启超：《新大陆游记及其他》，见《康有为：欧洲十一国游记二种；梁启超：新大陆游记及其他；钱单士厘：癸卯旅行记归潜记》，岳麓书社2008年版，第462页。
② 梁启超：《新大陆游记及其他》，见《康有为：欧洲十一国游记二种；梁启超：新大陆游记及其他；钱单士厘：癸卯旅行记归潜记》，岳麓书社2008年版，第463页。
③ 梁启超：《新大陆游记及其他》，见《康有为：欧洲十一国游记二种；梁启超：新大陆游记及其他；钱单士厘：癸卯旅行记归潜记》，岳麓书社2008年版，第462页。
④ 梁启超：《新大陆游记及其他》，见《康有为：欧洲十一国游记二种；梁启超：新大陆游记及其他；钱单士厘：癸卯旅行记归潜记》，岳麓书社2008年版，第463页。

第四册：《伦敦与巴黎日记》（郭嵩焘）

第五册：《出使英法俄国日记》（曾纪泽）

第六册：《漫游随录》（王韬）、《环游地球新录》（李圭）、《西洋杂志》（黎庶昌）、《欧游杂录》（徐建寅）

第七册：《英轺私记》（刘锡鸿）、《随使英俄记》（张德彝）

第八册：《出使英法义比四国日记》（薛富成）

第九册：《李鸿章历聘欧美记》（蔡尔康等）、《出使九国日记》（戴鸿慈）、《考察政治日记》（载泽）

第十册：《欧洲十一国游记二种》（康有为）、《新大陆游记及其他》（梁启超）、《癸卯旅行记归潜记》（钱单士厘）

　　这些著作涉及西方的哲学、政治、经济、教育、科学、艺术、建筑、宗教、生活习俗等诸多方面，展现出对于中国人完全新奇且陌生的世界。随着清王朝的灭亡，具有西方民主色彩的政治制度在中国建立，中国大门打开，西方的文化源源不绝地进入中国，这中间就有西方的美学。中国的学者一方面对中国的传统美学做某种意义上的总结概括；另一方面开始建构新的理论框架，既来自西方，又吸取了中国文化因素的中国美学。这总结与拓新两个方面的工作同时进行，于 20 世纪之初取得了重大成就，领潮流之先的代表人物主要有梁启超、王国维、蔡元培与鲁迅。

第 二 章

康有为的美学思想[①]

　　康有为（1858—1927），原名祖诒，字广厦，号长素，又号明夷、更甡、西樵山人、游存叟、天游化人，广东省南海县丹灶苏村人，人称康南海，晚清时期著名政治家、思想家、教育家。公车上书和戊戌变法的领袖人物，政治上主张改良主义，文化上倡导革故鼎新，开风气之先，引领一时潮流。他反对共和，提倡君主立宪，主张向西方学习，却宣扬孔教，立孔教会，是一个颇受争议的人物。著作丰富，涉猎广泛，主要有《春秋董氏学》《孔子改制考》《俄彼得变政记》《日本变政考》《波兰分灭记》《大同书》《春秋笔削大义微言考》《中庸注》《大学注》《论语注》《孟子微》等，以及大量诗歌和游记。

　　返本开新是康有为美学思想的总特征。以儒家为主体，兼收佛教和西学，构成它的哲学基础，"元气"和"变易"是其核心范畴。

　　"以元为体，以阴阳为用"是康有为元气论世界观的高度概括。"以元为体"强调"万物一体"和"仁"的观念，"以阴阳为用"则强调"变易"和"礼"的观念。康有为的元气论继承了《易传》、汉代元气论、张载气化论的基本思想，并试图将西方的文化精神注入其中。"元"是"体"，是根本，属

---

① 　此章初稿由笔者的博士生伍永忠执笔。

于不变的因素;"阴阳"是"用",属于变化的因素。

第一节 人格美学思想

康有为的人格美学可名之曰:元气论美学,上承孟子的"浩然之气",朱熹的"气象论",代表儒家审美趣味在近代的一种转变。

"气"是中国哲学的核心范畴之一,在中国古代的宇宙论中,"元气论""气化论"一直占据统治地位,而宇宙论是世界观的基础。由于中国古典美学与中国哲学不可分割的关系,"气"自然就成为中国古典美学的核心范畴,有学者主张把"气"作为中国古典美学的"元范畴"①是不无道理的。很多中国古典美学范畴都与"气"有关,如文艺美学方面,曹丕的"文以气为主";谢赫所谓"气韵生动";还有人们经常用来作为评价文艺作品重要标准的"精""气""神"。在人格美学方面,有孟子的"浩然之气"、魏晋的"气度风神"、朱熹的"气象"等。此外,在一般意义上使用的带有审美意味的词汇,如气势、气机、生气、逸气、辞气、声气、清气、骨气、正气、志气、神气等,不胜枚举。总之,离开了"气"范畴,就难以构建中国古典美学的范畴体系,也无法真正理解中国古代的审美观念。

孟子的"浩然之气",描述的是一种"至大至刚","富贵不能淫,贫贱不能移,威武不能屈"的道德勇气。树立了一种顶天立地、英勇豪迈的人格形象,是道德境界的人格化、形象化。

"气象"是朱熹用来进行人物品评的范畴,带有浓厚的美学意味。是精神境界的感性表现。只有"圣贤"级别的人物,才用"气象"来形容,如孔、孟、周(敦颐)、程(程颐、程颢)、张子(张载)。

康有为的"元气论"人格美学思想表现了一种独特的时代精神。中国近代是一个天崩地解、民族危亡的时代,中国文化遭遇全方位的挑战。外部虎狼环伺,内部腐化堕落,维新派、革命派知识分子相继而起,欲挽狂澜

---

① 参见齐海英:《"气"——中国古代美学的元范畴》,《社会科学辑刊》2004 年第 3 期。

于既倒。他们以民族兴亡为己任，寻求改革的力量，呼吁民众的觉醒，承担起改革与启蒙的双重使命。这一代知识分子是伟大的，也是悲壮的。他们努力从传统文化中汲取力量，在现实中孤独前行。儒家的责任感，佛教的超越精神成为他们精神力量的源泉，熔铸成"仁""智""勇"兼备的人格理想。康有为通过"元气"这个古老的哲学范畴，将它们贯穿起来。

康有为"元气论"中树立起来的人格形象，既是时代的产物，也是时代的需要。这个时代需要的，不是"迂远而阔于事情"，满怀"浩然正气"，侈谈王道的士大夫；也不是以形而下之情欲为耻，追求形而上之"性""理"为职志的清高文人，而是要能够在乱象中开创新局面，既善于想象，又勇于投身现实的滚滚洪流，大雅大俗，元气淋漓之人。康有为的"元气论"树立起来的，正是这样的人格形象。从戊戌到"五四"涌现出来的一批又一批知识分子，不都带有这种风格吗？康有为的人格美学思想，对于近现代精英的人格塑造，产生了深远的影响。[1]

"元气淋漓"的人格具有鲜明的时代特征。第一，反对墨守成规，主张通达时变。康有为坚决反对因循守旧的腐儒思想，主张因时变通，活学活用儒家的仁爱主义。他说："天不能有阳而无阴，地不能有刚而无柔，人不能有常而无变。"[2] 他的得意门生梁启超亦云："不能创法，非圣人也，不能随时，非圣人也。"[3] 第二，勇于追求功利。义利之辨是儒家学说中一个重要的主题，长期以来，重义轻利的思想占据主流地位。康有为认为"崇义抑利"之说违背人的自然本性，应该满足人的合理欲望，转变"重义轻利"的价值观，勇敢追求物质利益。他说："民之欲富而恶贫，则为开其利源，原其生计，如农工商矿机器制造之门是也。"[4] 康有为比较中西文化之异同，认为中国

---

① 青年毛泽东很喜欢读康有为的书，并且明确地说："我崇拜康有为和梁启超。"（见《毛泽东自传》，解放军文艺出版社 2001 年版，第 15 页）

② 康有为：《变则通通则久论》，见卢正言、马洪林编著：《康有为集》（一），珠海出版社 2006 年版，第 46 页。

③ 梁启超：《饮冰室合集·文集之一》，中华书局 1989 年版，第 4 页。

④ 康有为：《孟子微》，中华书局 1987 年版，第 73 页。

社会讲究义理,压抑人性,违背人道,所以国势日趋衰微;西方社会讲究功利,解放人性,尊重人道,所以国势日益盛强。他指出,中国义理,先立三纲,君尊臣卑,男尊女卑,造成国家百弊丛生。相反,西方社会强调功利竞争,振奋精神,人人竞功争利,使国家日新月异。他说:"中国之教,所谓亲亲而尚仁,故如鲁之秉礼而日弱。泰西之教,我谓尊贤而尚功,故如齐之功利而能强。"[①] 他在许多文章中批评宋儒,因为他们鄙视功利和人欲。他主张引进竞争机制和功利原则,振奋民族精神,增强国家物力。他对清政府以利为恶的政策十分不满,痛斥他们"终日仰屋呼贫,乃至澎官开赌。夫以利息之正义,则认等作恶,以势官之大祸无耻,则视若当然,此真愚狂不可解者矣"[②]。这似乎受到了边沁功利主义思想的影响。[③] 第三,抛弃狭隘的华夷之辨等妄自尊大的思想,积极吸收西学中的优秀文化成果,改造传统观念,给儒家文化注入新的内涵。与康有为同属维新派阵营的严复认为,在当今时代,必须通晓西学,才可以为圣人。康有为 21 岁时,即开始对空疏无用之道学和"日埋故纸堆中,汩其灵明"的考据学,心生厌倦。他在《自编年谱》中说:

> 时读子书,知道术,因面请于先生,谓昌黎道术浅薄,以至宋明国朝文学大家钜名,探其实际,皆空疏无用。窃谓言道当如庄荀,言治当如管韩。……千年来文家颉颃作势自负,实无有知道者。先生素方严,乃笑责其狂。[④]

韩愈是唐代道学大师,广受后世儒生推崇,康有为斥其浅薄。说明他已经不囿于传统观念,站到一个新的高度,文化批判的视野更开阔了。这得益于西学。他又说:

> 于时舍弃考据帖括学。……既而得《西国近事汇编》《环游地球新

---

① 康有为:《戊戌变法前后康有为遗稿》,上海人民出版社 1986 年版,第 217 页。

② 康有为:《欧洲十一国游记》(一),湖南人民出版社 1980 年版,第 206 页。

③ 参见何金彝:《康有为的功利主义伦理文化观》,《社会科学》1995 年第 7 期。

④ 康有为:《我史》,见姜义华、张荣华编校:《康有为全集》第五集,中国人民大学出版社 2007 年版,第 62 页。

录》及西书数种览之，薄游香港，览西人官室之瑰丽，道路之整洁，巡捕之严密，乃始知西人治国有法度，不得以古旧之夷狄视之。乃复阅《海国图志》《瀛寰志略》等书，购地球图，渐收西学之书，为讲西学之基矣。①

康有为的人格美学思想产生于教育实践。在广州"万木草堂"办学和桂林讲学期间，他特别注重学生的人格培养，很多"康党"成员后来都成为叱咤风云的政治人物，展现出独特的人格魅力。他们大多学识渊博、忧国忧民、经世致用，坐而论道，起而能行。如远志奇才的陈千秋，深思好学的曹泰，还有梁启超、麦孟华、徐勤，等等，都是当时中国政坛举足轻重、影响深远的人物。

康有为的"元气论"还具有国民改造的意义。在儒佛结合的思想中，他意识到个体在社会历史中的渺小，精英人物的伟大在于其推动国民人格改造和国民智识提高，促进政治文明发展。很多维新志士都非常重视国民人格的改造。社会变革是一个复杂的系统工程，不是哪一个方面的单兵突进能够解决问题的，必须在经济、政治、文化各个方面齐头并进，方可成功。康有为认为，社会的变革不仅要发展物质、变革官制，还要改造国民人格。康有为指出，当时中国之革命，"非止革满洲一朝之命也，谓夫教化革命、礼俗革命、纲纪革命，道揆革命、法守革命，尽中国五千年之旧教、旧俗、旧学、旧制而尽革之"②。

第二节　宗教美学思想

宗教与美学之间的关联是显而易见的，不仅因为"艺术与宗教具有相

---

① 康有为：《我史》，见姜义华、张荣华编校：《康有为全集》第五集，中国人民大学出版社2007年版，第11页。

② 康有为：《中国以何方救危论》，见姜义华、张荣华编校：《康有为全集》第十集，中国人民大学出版社2007年版，第35页。

同的渊源、相同的题材和相同的内在体验"[1]，而且，宗教艺术源远流长的历史也证明了二者之间不可分割的关系。"宗教通过宗教艺术将其宗教理想美学化、艺术化"，[2] 从而加强其在世俗社会的传播，反之，由于宗教思想的注入，艺术也因此获得更加深刻的审美意味。

"宗教美学"的概念不止于宗教与美学的外在关联，而试图揭示宗教活动的审美维度和宗教范畴本身的感性意蕴。从某个角度来看，宗教活动本身即为审美活动，那么，宗教范畴也就成为美学范畴。如"朴素""观""妙""悟"等，它们是宗教范畴，也洋溢着美学意味。文学艺术则往往经由生命意义的追问而与宗教殊途同归，这些以丰富的感性经验为基础的宗教范畴，就在潜移默化之中影响到文艺的内容和形式，甚至直接成为纯粹的美学范畴。

审历史风俗之宜：康有为提出"审历史风俗之宜，人心之安"作为社会教化体系的标准，"宜"和"安"是宗教感性维度的体现，康有为重视宗教与"风俗""人心"之间的关系，体现了他揭示宗教美学意味的独特视角：从社会层面揭示宗教的审美性。康有为又以"去苦求乐"为宗教的根本目的。在他看来，审美和信仰是互为因果的：信仰带来精神上的愉悦，愉悦又有助于加强信仰。

在康有为看来，"风俗"与"礼俗教化"没有严格的区别，教化与风俗在现实生活中是融为一体的。但相对来说，"教化"与"风俗"在"礼俗教化"这个整体中的地位和作用，又有一定区别。他认为，"教"为风俗确立善恶的标准，是风俗的核心。宗教通过风俗感性化，转化为人们的行为习惯，影响人们情感上的好恶，从而将其义理灌输到人心。

康有为认为，风俗为人民之"身形魂神"，不可遽变。如果一种宗教为人们所信仰，并内化为思维方式，转化为行为习惯，就很难变化。如果强行

---

[1]　[美]保罗·韦斯、冯·沃格特：《宗教与艺术》，何其敏、金仲译，四川人民出版社 1999 年版，第 86 页。

[2]　[美]保罗·韦斯、冯·沃格特：《宗教与艺术》，何其敏、金仲译，四川人民出版社 1999 年版，第 86 页。

变革，则"人民彷徨，手足无措"，他说：

> 何以谓勿扰夺人民之身形魂神，而还其安宁幸福也？凡人之习惯也，安之若天性，其俗习之久者，安之若固然。古之为政者，务养之导成其善俗，故礼曰：君子行礼，不求变俗，谨修其故，而审行之。又曰：利不十，不变法。凡此皆我先民阅历极深，经验极审，而后为此言也。凡行变有渐，蜕化无迹，而后美成焉。今万国皆称英国之治，而师法之，英之为治也，以数百年蝉蜕递变而来，非以一日数议员所变法而成也。若法大革命之始，尽去旧章，而泛埽之，大搏大躏，则举国失常，中风发狂，大乱数更，民不聊生，此亦已然之效，得失之林，至可鉴矣！①

宗教与风俗之间的影响是双向的，宗教通过风俗将其义理感性化，风俗习惯也可能升华为宗教义理。久而久之，宗教与风俗高度融合，形成"礼教风俗"。不同的宗教与习俗之间，存在宜与不宜的问题。康有为曰："虽诸教并立，皆以劝善惩恶，然宜不宜则有别焉。"② 由于宗教和风俗之间的紧密关联，不可能凭借主观愿望，强行选择或废弃某种宗教。例如，中国人的风俗习惯中已经深深地融入孔教精神，如果废弃孔教，就势必扰动民俗，动摇其信仰，而一种新教化体系的确立，又非一朝一夕能完成，这样，就必然造成信仰真空。康有为以为，一个国家和一个民族如果没有信仰，而想富强，就是痴人说梦。他说："吾敢悬国门而言之曰：遍大地万国，弃教而立国者，未之前闻。"③ 而且，宗教并没有正确与错误之分，只有宜与不宜之分，没必要厚此薄彼，抛弃本有的宗教，而从他教。"舍本师而为人奴，尤非智也。"④

康有为主张继承和发扬孔教，以为物质改革、政治改革之本。

---

① 康有为：《中国还魂论》，见姜义华、张荣华编校：《康有为全集》第十集，中国人民大学出版社 2007 年版，第 158 页。

② 康有为：《以孔教为国教配天议》，见姜义华、张荣华编校：《康有为全集》第十集，中国人民大学出版社 2007 年版，第 91 页。

③ 康有为：《覆教育部书》，见姜义华、张荣华编校：《康有为全集》第十集，中国人民大学出版社 2007 年版，第 117 页。

④ 康有为：《覆教育部书》，见姜义华、张荣华编校：《康有为全集》第十集，中国人民大学出版社 2007 年版，第 117 页。

　　首先,孔教已经与中华民族之风俗习惯融为一体。如果可尽弃千百年来形成之风俗习惯,则可一旦废弃孔教,然而不能也。康有为曰:

　　　　佛教虽微妙,然多出世澶漫之言,行于蒙藏可也,若全行于中国未能也。基督尊天爱人,养魂忏恶,于欧美可也,若欲中国行之,其能令四万万人立舍祠墓之祭而从之乎? 夫教必协于民俗,而后形为法律,政治乃得其宜,若不宜于民俗,而可强行乎? 今吾国自有教主,宜于吾民俗,以为人心风俗之本,言奉以为法,行奉以为则,数千年中人心风俗,政治得失是非,皆在孔教中融铸冶化,合之为一,若一旦弃之,则举国四万万之人,彷徨无所依,行持无所措,怅怅惘惘,不知所之,若惊风骇浪,泛舟于大雾中,迷惘惶惑,不知所往也。①

　　在康有为看来,宗教—风俗—法律是一个整体,宗教的精神要在风俗和法律中体现出来,而风俗和法律必须以宗教为灵魂。他之所以提倡变法,并不是认为中国的文化已经过时,而是要让法律制度体现儒教精神,当时的制度已经妨碍孔教精神的落实。

　　而要弘扬孔教,必须保存它的感性形式,孔子之道才能深入人心。这种感性形式就是"祠墓之祭"。"祠墓之祭"既是儒家信仰体系的感性形式,也是中华民族由来已久的风俗习惯,是孔教区别于其他宗教的本质特征。"祠墓之祭"是孔教宣扬教义、感发人心的方式,康有为极力主张重建孔教的祭祀系统。在他看来,放弃祭祀这种感性形式,孔教的存在就是空洞的。

　　"祠墓之祭"应当包括三个方面的内容:第一是祭天。康有为认为,古时专制,祭天之权仅限于王者,这并不符合孔子真意。按孔子之意,人为天所生,"凡圆颅方趾之黔黎,莫不为天之子。"② 所以人人可以祭天。古时帝王为了神化自己,宣称只有王者为天之子,垄断祭天之权。康有为发明孔

---

①　康有为:《覆教育部书》,见姜义华、张荣华编校:《康有为全集》第十集,中国人民大学出版社 2007 年版,第 116 页。

②　康有为:《人民祭天及圣祔配祖先说》,见姜义华、张荣华编校:《康有为全集》第十集,中国人民大学出版社 2007 年版,第 200 页。

子人人可以祭天之说，乃孔教一重大改革。第二是祭教主。康有为以孔子为"文王"，为文明之始，故应祀文王以配上帝。第三是祭祖。祭祀者，义在行其报施其敬而已，人既为天所生，又为父母所生，故当祭祖以配天。帝王的祖先可以配天，百姓的祖先也可以配天。康有为认为，这种祭祀方式是传播人道、孝道、人文精神的感性形式。

对"祠墓之祭"的具体设施和制度，康有为有详细设计。他说：

> 自京师城野省府县乡，皆独立孔子庙，以孔子配天。听人民男女，皆祠谒之，释菜奉花，必默诵圣经。所在乡市，皆立孔教会。公举士人通六经四书者为讲生，以七日休息，宣讲圣经，男女皆听。讲生皆为奉祀生，掌圣庙之祭祀洒扫。乡千百人必一庙，每庙一生，多者听之。一司数十乡，公举讲师若干，自讲生选焉。一县公举大讲师若干，由讲师选焉。以经明行修者充之，并掌其县司之祀，以教士人。或领学校，教经学之席，一府一省，递公举而益高尊，府位曰宗师，省曰大宗师。其教学校之经学亦同，此则于明经之外，为通才博学者矣。合各省大宗师公举祭酒老师，耆硕明德，为全国教会之长，朝命即以为教部尚书，或曰大长可也。[①]

他为孔教设计了教堂（孔庙）、教会、教士（讲生、讲师、大讲师、宗师、大宗师、祭酒老师）、"圣经"（六经）、礼拜日（"以七日休息"）等，一般宗教之要件一应俱全。显然，康有为对孔教的改造是参照了基督教的经验的，但这种设计也并非异想天开，机械模仿，祭祀天地君亲师的风俗在我国民间由来已久。他认为，只要将这些形式稍加完善、规范，就可把孔教化为中国民众生活的一部分，以为安身立命之本，道德政治之基。

康有为对教化、风俗、道德、政治之间关系的论述，以及他对孔教仪式的重视，都表明他注意到了宗教感性要素的重要性。

去苦求乐：康有为以"去苦求乐"为宗教的根本目的，把宗教当作美化

---

① 康有为：《请尊孔圣为国教立教部教会以孔子纪年而废淫祀折》，见姜义华、张荣华编校：《康有为全集》第四集，中国人民大学出版社 2007 年版，第 98 页。

人生的手段之一。他认为,宗教不是以神或天为归宿,而是以人为归宿,人最终是在"乐"中获得解放的。宗教中的神、天堂、地狱、大同世界、诸天等等,也许是虚幻缥缈的,但"神道设教"所带来的却是实实在在的"乐"。他认为,信仰的内容是可以改变的,而"去苦求乐"的目的却从未改变。在中国古典美学中,"乐"的审美特性是不言而喻的。它作为一种感受,内涵丰富,既有功利性,也包含超功利性。

"乐"作为一个美学范畴,可以追溯到先秦时期。孔子多次论及"乐",如:"饭疏食饮水,曲肱而枕之,乐亦在其中矣。"[①] 这是"安贫乐道"之"乐"。"乐"是相对于"忧"而言的。儒家的"忧乐"观很有特点。孔子赞扬颜回,说他无论在什么情况下,都能保持快乐的心境。颜回以"道"的"乐"抗击因为欲望而产生的"忧",经由这种"内圣"功夫,直接获得"不忧"的心境。所谓"仁者不忧","乐而忘忧",直接对忧之所以为忧进行否定。《庄子》也讲"乐",他不以世俗之乐为乐,不以世俗之苦为苦,通过"齐物论"世界观,达到对于苦乐的双重否定,无苦无乐,是为至乐。

康有为赋予"乐"以新的时代内涵。他将"乐"作为"苦"的对立面提出来,"乐"是对于"苦"的克服和超越。第一,他所说的"苦",不是传统儒家所谓"忧道不忧贫"的苦,而是肉体和心理上的痛苦,是世人公认的"苦"。在《大同书》中,康有为列举了"人生之苦""天灾之苦""人道之苦""人治之苦""人情之苦""人所尊尚之苦"等总共二十八项"苦",无不基于普通人的肉体和心理感受。第二,康有为求"乐"的方式,不是用精神胜利法化苦为乐,而是通过改造社会铲除痛苦的根源,"行太平大同之道"。

康有为认为,宗教的发展有三个阶段:神道、人道、仙佛天游之道,其"乐"亦有三种情形。神道之乐:认为此世的苦痛是为来世的幸福做准备,因为有来世的福乐作为回报,此世的苦痛也是值得的,甚至因为有对幸福的期待,而感到快乐。仙佛天游之教,乃太平大同世之宗教。太平大同之世,

---

① 刘宝楠:《论语正义》(诸子集成本),上海书店 1986 年版,第 143 页。

人道诸苦尽除,故炼形养神、唯求长生。故有炼形之乐、灵魂之乐。至于诸天之教,乃视人之形神为渺小,视死生为宇宙间极平常之现象,不执着于生死,产生一种超越形神的快乐。人道之教,是最适于现阶段的宗教。孔教就属于这种宗教。它追求真正属人的快乐。这种快乐,通过去除"九界",达于大同而实现。去除"九界"之法,不外改善"治""教"二途,即通过发展经济、改革政治和教化,去苦求乐。

第三节　社会美学思想

礼学思想:康有为很重视"礼"在教化中的作用。关于"礼"的定义,康有为曰:"礼者,犹希腊之言宪法,特兼该神道,较广大耳。"①

关于礼产生的原因,康有为的解释与荀子相似,但有所发挥。荀子认为,礼起于群己权界。康有为也认为,人有喜、怒、哀、乐、爱、恶、欲,"受天而生,感物而发",人之所同然。不可"禁而去之",只可"因而行之"。人非独生,若听一人之自由,必然侵犯众人之权限,不可行也。故不能不"治之以节,饰之以文"。所以"礼为众设"。

礼的作用是"养人之欲",就是引导人们用文明的方式实现自己的欲望。从内容上满足它,从形式上美化它,要用形式去规定内容。康有为曰:"人道莫大于养,礼为人设,故礼之义在养人而已。"② 礼分"礼之质"与"礼之华"两个方面。所谓"礼之质",包括货、力、饮食。礼起于衣食住行所需的物质财富分配。"礼之华"指物质财富分配制度体现出来的精神,如平等、扶助弱者等。

综上所述,礼产生于生活。其本质在于"养人之欲",而人生之养,以饮食为先,因为人道之始,未有衣服、宫室,猎鸟兽之肉,采草木之实,先谋

---

① 康有为:《礼运注》,见谢遐龄选编:《变法以致升平:康有为文选》,上海远东出版社1997年版,第170页。

② 康有为:《礼运注》,见谢遐龄选编:《变法以致升平:康有为文选》,上海远东出版社1997年版,第190页。

饮食。所以,饮食之礼为礼之始。① 充分说明内容决定形式。然而,康有为特别强调形式的重要性。他认为在行礼过程中,可以激发人的思想情感,强化爱敬之心。

康有为强调,礼的形式应当随时推移,使适合于新的时代。他说:

> 人道无穷,岂能事为之完,曲为之制? 即使具备,礼以时为大,亦当因时变通,但使大义略著。因此推彼人道,可益文明。故后仓推礼,乃孔门传授之家法,但礼意不失,且可以义起,况于推致乎? ②

礼以别异,礼以养人之欲,礼因人情,这些基本原则不能变化,但如何别异,如何养人之欲,如何顺人情? 却要因时迁移,与时俱进。他说:"苟合于时义,则不独创世俗之所无,虽创累千万年圣王之所未有,益合事宜也。"③ 又说:"礼义无定,当随时讲而行之,而归宿于仁、乐、顺。"④"顺"就是顺人情,礼的形式必须产生情感上的愉悦,即美感,否则,这种形式就得改变了。

"礼以时为大",是说礼应当随时迁移,并不是说礼可以盲目改变,而是要以方便、简洁、合于民俗、具有美感为标准。康有为反对盲目崇尚欧美的礼仪,而鄙弃自己的传统。他关于礼仪的论述十分有趣。一是握手不如作揖。他说:"夫欧人握手者,始于方战而言和,乃军容非国容也。然且有病者,与之执手,即有传热之患。纽约一名医,曾语我以执手之无益,不若中国对揖之为恭矣。又云凡遇大会迎送者,千数百人,一一握手,费时失事,又不若中国一环揖即可了之。"⑤ 二是不必行免冠礼。他认为,免冠礼也来自欧洲18世纪以前之军礼,今天欧美之军人,也早已不行,改为"以手叩额"。三

---

① 参见康有为:《礼运注》,见谢遐龄选编:《变法以致升平:康有为文选》,上海远东出版社1997年版,第177页。

② 康有为著,楼宇烈整理:《论语注》,中华书局1984年版,第37页。

③ 康有为著,楼宇烈整理:《论语注》,中华书局1984年版,第193页。

④ 康有为:《礼运注》,见谢遐龄选编:《变法以致升平:康有为文选》,上海远东出版社1997年版,第194页。

⑤ 康有为:《中国颠危误在全法欧美而尽弃国粹说》,见姜义华、张荣华编校:《康有为全集》第十集,中国人民大学出版社2007年版,第139页。

是鞠躬不如点首。曰:"若相见点首,则万国通礼,与中国同,日本行中国俯首礼,而俯之甚下,遂曰鞠躬。此则欧美人施之君主者。吾国又何至法日本哉?"① 四是跪拜礼不必一概废弃。曰:"欧人废一切跪拜者,欲其敬于天与教主耳。今吾国乃至不拜教主孔子,而与教主鞠躬,狂谬如此,则失欧人制礼之本矣。试问留此膝何为乎?"②

礼乃"公理"与"时势"的辩证统一。公理者,太平大同、乾元用九、群龙无首之理也;君民平等、男女平等、众生平等之理也;为人道之鹄的,人民之理想,社会之归宿也。时势者,社会发展所处之现实阶段也。康有为认为,礼有理想性的一面,也有现实性的一面,是理想和现实的辩证统一。礼需要改革,又要宜于国情、民情。将"公理"融入"时势"之中。他说:"故礼时为大,势为大,时势之所在,即理之所在,公理与时势相济,而后可行。"③ 又曰:

> 仆言众生,皆本于天,皆为兄弟,皆为平等,而今当才智竞争之时,未能止杀人,何能戒杀兽。故仆仍日忍心害理,而食鸟兽之肉,衣鸟兽之皮,虽时时动心,曾斋一月而终不成,此阿难所以戒佛饮水,而佛言不见即可饮,孔子所以远庖厨也。④

人道就是人类远离自然状态,建造文明世界的过程,然而文明的发展不可一蹴而就。"若必即行公理,则必即日至大同,无国界、无家界而后可,必妇女尽为官吏而后可,禽兽之肉皆不食而后可,而今必不能行也。"⑤ 若强行之,则生大害,人道反遭灭绝也。

---

① 康有为:《中国颠危误在全法欧美而尽弃国粹说》,见姜义华、张荣华编校:《康有为全集》第十集,中国人民大学出版社 2007 年版,第 139 页。

② 康有为:《中国颠危误在全法欧美而尽弃国粹说》,见姜义华、张荣华编校:《康有为全集》第十集,中国人民大学出版社 2007 年版,第 139 页。

③ 康有为:《答南北美洲诸华商论中国只可行立宪不可行革命书》,见谢遐龄选编:《变法以致升平:康有为文选》,上海远东出版社 1997 年版,第 412 页。

④ 康有为:《答南北美洲诸华商论中国只可行立宪不可行革命书》,见谢遐龄选编:《变法以致升平:康有为文选》,上海远东出版社 1997 年版,第 419 页。

⑤ 康有为:《答南北美洲诸华商论中国只可行立宪不可行革命书》,见谢遐龄选编:《变法以致升平:康有为文选》,上海远东出版社 1997 年版,第 412 页。

　　大同理想：康有为提出的"大同"社会是至善的，也是至美的。人类社会本来就是自然界中所没有的东西，是人文化成的结果。人文，就是美化，艺术是人文的一部分。"大同"是一种社会蓝图、一种人文理想。它融合了儒家的仁爱、佛教的慈悲和耶教的平等精神。

　　"大同"这个词，是儒家社会理想的体现。"大同"意味着"大仁"、"大通"、"大和"、广泛的平等。儒家社会的终极理想，是"天地万物一体"，它的哲学基础就是"元气论"。它的美，让我们想起《易经》中的"元亨利贞"，"云行雨施，品物流行；大明终始，六位时乘；乾道变化，各正性命；保合太和，……万国咸宁"①，是一幅天地、人类、万物和谐的景象。

　　"大同"起于"仁"而成于"通"。天地万物相通才会和谐，否则，将陷入无休止的争斗之中。"大同"包含两个方面的内容：一是人人都认识到"天地万物一体"的道理，视他人、万物的痛苦为己之痛苦，即所谓"同体饥溺"。二是"万物相感"，人类的仁爱之情得到充分的培养，"天地万物一体"的观念转变为一种自觉的感受。大同之世，人类的感性得到彻底的解放，不再受私有观念限制，还原善良本性，不忍之心及于万物。一个国家上下相通，则国家强大："夫中国之病，首在壅塞，气郁生疾，咽塞致死，欲进补剂，宜除噎疾，必血脉畅通，气体乃强。"②变法改革就是要"通天下之气"。康有为认为"通天下之气"要循序渐进，遵循"亲亲、仁民、爱物"，齐家、治国、平天下的次序。

　　"通"与"仁"的意义相近。"仁"是"通"之本，只有推广仁爱之心，才有可能通于众生天地；"通"是推"仁"的结果，是仁爱之心所带来的美好境界。康有为曰：

　　　　故诚者，知此以元元为己，以天天为身，以万物为体。故自群生之伦，无有痛痒之不知，无有痿痹之不仁。山河大地，皆吾变现；翠竹黄花，皆我英华，遍满虚空，浑沦宙合。故轸匹夫之不被泽，念饥溺之在己，

----

① 《周易·乾卦》。
② 康有为：《上清帝第二书》，见谢遐龄选编：《变法以致升平：康有为文选》，上海远东出版社1997年版，第264页。

泽及草木,信孚豚鱼,皆以为成己故也。①

"大同"社会是一个"大通"的社会。

"大同"体现了佛教的超越精神。康有为自述早岁"读佛典颇多,上自婆罗门,旁收四教"②,梁启超亦谓康有为之哲学,借佛学者颇多,谓其"纯得力大乘,而以华严宗为归"③。在康有为的"大同"理想中,便体现了华严宗独特的超越精神。

华严宗的基本理论是"法界缘起",有四法界:事法界、理法界、理事无碍法界和事事无碍法界。事法界即现象世界;理法界指本体世界。华严宗的代表人物法藏用镜像来比喻理与事的关系:无论是干净还是污秽的事物,都可以在明镜中呈现出来,所呈现事物的净秽,无伤镜之明净。正因为镜子有如此之特点,所以能呈现事物的净秽之像。即事物之"染净",显示镜之明净;镜之明净,呈现事物之"染净"。这个比喻说明了两点:一是理、事一体,即本体寓于现象之中,不可分离;犹如镜中万象纷然,万象与镜为一体。二是理与事是一与多的关系;理像一面镜子,事物则是镜中各种各样的影像。概括起来,就是"理事无碍","事事无碍"④。康有为曰:

> 弃世界而为法界,必不得为圆满,在世苦而出世乐,必不得为极乐,故务于世间造法界焉。又以为躯壳虽属小事,如幻如泡,然为灵魂所寄,故不度躯壳,则灵魂常为所困,若使躯壳无憾,则解脱进步事半功倍。以是原本佛说舍世界外无法界一语,以专肆力于造世界。⑤

① 康有为:《中庸注》,谢遐龄选编:《变法以致升平:康有为文选》,上海远东出版社 1997 年版,第 222 页。

② 康有为:《我史》,见刘梦溪主编:《中国现代学术经典 康有为卷》,河北教育出版社 1996 年版,第 824 页。

③ 梁启超:《康南海传》,见姜义华、张荣华编校:《康有为全集》第十二集,中国人民大学出版社 2007 年版,第 436 页。

④ 参见杨邦宪主编:《中国哲学通史》第二卷,中国人民大学出版社 1988 年版,第 363—370 页。

⑤ 梁启超:《康南海传》,见姜义华、张荣华编校:《康有为全集》第十二集,中国人民大学出版社 2007 年版,第 436 页。

梁启超曰："先生常言，孔教者，佛法之华严宗也。何以故，以其专言世界不言法界，庄严世界即所以庄严法界也。"①康有为吸收华严宗世界观，同时把它与儒家的进取精神结合起来。不满足于从"静观"中得到解脱，希望改造现实世界，他认为，"大同"世界并非遥不可及，而是一个可以实现的人间天堂。大同世之人，人人有超越的世界观，却人人不离这个世界。这个世界本身就是一个超越的世界，它超越了人类的种种苦难，使躯体与精神同时得到解脱。"大同"社会是一个道德流行、精神丰富的社会，它实现了身体与精神、物质与文化的完美结合，实现了人类的全面解放。

"大同"社会还包括平等精神。康有为认为欲行大同，当去"九界"，其中"去家界"至为关键，欲去家界，则在明男女人权始。康有为明确提出"天赋人权，男女平等"原则，并将它作为实现"大同"的基本条件。他认为，全世界人欲去家界之累、私产之害，欲去国之争、种界之争，欲至大同之世、太平之境，欲至极乐之世、长生之道，欲炼魂养神、不生不灭、不增不减，欲神气遨游、行出诸天、不穷不尽、无量无极，全在明男女平等各有独立始，此天予人之权也。

康有为以为，一切人文教化的目的，皆在于去苦求乐。大同就是人间的天堂、世俗的净土，所有宗教的理想在这里变成现实。届时，九界既去，人之诸苦尽除，只有乐而已。大同世之种种快乐，是儒家"天地万物一体"，佛教华严之理事无碍、事事无碍，以及基督教自由平等博爱理想的感性表现，是一种社会之美。

康有为详细描述了太平大同世的种种快乐。如关于"居处之乐"，他认为，到了大同之世，消灭了私有财产，所有的人都住在公有的房屋中，"饮食之乐"，"器用之乐"，"净香之乐"，均以远离兽类为标准，体现了儒家的人文主义精神。

康有为的社会美学思想集中体现在"礼"和"乐"两个范畴。"礼"表现

---

①　梁启超：《康南海传》，见姜义华、张荣华编校：《康有为全集》第十二集，中国人民大学出版社 2007 年版，第 436 页。

的是现实社会之美,它的主要特征是"别";"乐"为"快乐"之"乐","去苦求乐"之"乐",其主要特征是"同",即差别消除之后达到的和谐。社会美的标准就是"和谐";差别条件下,或大同条件下的和谐。

社会是人与人之间的关系体系,按马克思的解释,人的本质属性就是社会性。所以,社会美就是一种关系之美,人只有在合理的社会关系中,才有可能实现其本质,从必然走向自由。在马克思看来,人与人之间的关系主要是生产关系。生产方式的变革带来人的解放。康有为也认识到了人的社会性,认为要通过社会关系变革才能实现人的幸福,他还认为社会变革过程是漫长的、循序渐进的。理想社会和现实社会都存在它们的美:变易中的和谐,和谐中的变易。无论是"礼",还是"乐",无论是存在阶级差异的据乱世和升平世,还是消除了阶级的大同世,人与人之间的关系都是内容与形式的统一,如果形式有利于实现相应的内容,它就是和谐的。和谐以人的感受为依据。康有为认为,并非只有大同社会才有和谐。"礼运"社会也有和谐。这种和谐观,是非常现实的。只要认真改革,当下就可以实现和谐,不必寄希望于遥远的未来。如果条件不成熟,强行大同之制,人们将反受其害。这也是康有为写成《大同书》之后,迟迟不肯公之于众的原因。

第四节　文艺美学思想

康有为的诗文和书画作品表现出丰富的美学思想。有学者认为,"康有为是中国近代美学研究的先导,他的美学思想为以后梁启超、王国维等的美学思想的形成打下了基础"[1]。这不无道理。早在 1897 年撰成的《日本书目志》中,康有为就把"美术"作为门类列举,有"美术书"五种,其中包括《维氏美学》。[2] 康有为还有以《美感》名篇的文章,该文论及审美主体与

---

[1]　钟贤培主编:《康有为思想研究》,广东高等教育出版社 1988 年版,第 242 页。

[2]　康有为:《日本书目志》,见姜义华、张荣华编校:《康有为全集》第三集,中国人民大学出版社 2007 年版,第 471 页。

客体,审美主体的共通感等命题,是我国近代最早的美学论著之一。

诗文论:康乾以降,清代文学受各种传统模式的束缚,出现了美学观念僵化,创造力萎缩的趋势。在诗歌领域,一味以"宗唐""宗宋"为标准,"神韵""格调""肌理""性灵""宋诗派""同光体"等诗派相继而起,也不能挽救诗歌的颓势;词则在传统的豪放与婉约中徘徊,毫无新意;散文则"桐城派"一统天下,文体程序化,失去活力。以康有为为代表的维新派,发扬"文以载道"的传统,拉开了清末民初文学兴盛的序幕。

首先,康有为以"元气"为文章的根本。在关于人格美学的讨论中,我们详细叙述了康有为的"元气"思想。"元气"是一个形上与形下贯通,理性与感性一体的范畴。"元气"有"天地万物一体"等儒家思想内涵,"元气"之"元"也有"源头""根本"等意义。"元气论"崇尚豪迈、洒脱的美学风格。

康有为的"元气论"美学观推崇"理直""气壮""情盛"。所谓"理直",就是文章必须说理,要有社会责任感,要言之有物,有的放矢。康有为的诗文,无不洋溢着忧国忧民之志,每篇文章都是有感而发,或言教化,或言政治,就是他的游记,也怀着为国为民寻找药方的目的。所谓"气壮",就是"心底无私天地宽",他的文章不局限于个人的小天地,视野开阔,立足于公理、公心,故能奋笔直书,无所顾忌,作品往往有"大飓风""火山喷火""大地震"般的壮美。所谓"情盛",乃因为对民族前途之忧患,情真意切,故言语常含深情,具有强大的感染力。

其次,康有为提出了文学应当"述国政,陈风俗"的主张,要求回归《诗经》,提倡"诗教""风义"传统,要求文学关注现实,批评政治,改造世道人心,"托圣人之意",关心国事民瘼。正是这种以天下为己任的豪情,使康有为的诗歌表现出沉郁悲愤、气势恢宏的壮美。1885年中法战争爆发,清朝政府屈从法国,康有为闻奉命查勘中越边界的邓承修被撤回,愤然作诗:

> 山河尺寸堪伤痛,鳞介冠裳孰少多?
> 杜牧罪言犹未得,贾生痛哭竟如何!

更无十万横磨剑，畴唱三千《敕勒歌》。

便欲板舆常奉母，似闻沧海有惊波。①

慷慨悲歌，雄浑高亢，表现了对国土丧失的痛心和期待为国效力的迫切心情。光绪十五年（1889），康有为上书不达，愤然离京，作诗云：

沧海金波百怪横，唐衢痛哭万人惊。

高峰突出诸山妒，上帝无言百鬼狞。

岂有汉廷思贾谊，拼教江夏杀祢衡。

陆沉预为中原叹，他日应思鲁二生。

天龙作骑万灵从，独立飞来飘渺峰。

怀抱芳馨兰一握，纵横宙合雾千重。

眼中战国成争鹿，海内人才孰卧龙？

抚剑长号归去也，千山风雨啸青峰。②

诗中充满了忧国忧民的情怀，也表现了作者壮志难酬的悲愤心情，诗歌意境开阔，想象奇特，词语瑰丽。

康有为强调文学的教化功能。作为儒学的推崇者和传播者，他排斥宋学，推崇汉学；推崇古文，排斥今文，有一种复古精神。但这种复古，不是为复古而复古，而是要从学术的源头寻找革新的原动力和新的生长点。在文学方面，他希望从《诗经》传统中寻找文学的本质，为文学革新找到立足点。他认为，教化是文学的使命，也是文学生命力的源泉，应该发扬《诗经》的"风教"传统，"美教化""厚人伦"。他说：

诗之所兴，始于风雅。大抵伤时感事，宣功德，通下情，美教化，厚人伦，义至美矣。自诗教废坠，沦为华藻，学诗之士，以纤秾为工，以绮靡为尚，于是诗道亡。若夫辞人才士，藻畅性灵，或叹老嗟卑，或

① 康有为：《闻邓铁香鸿胪安南画界撤还却寄》，见钟贤培等编：《康有为诗文选》，广东高等教育出版社 1988 年版，第 11 页。

② 康有为：《出都留别诸公（五首）》，见钟贤培等编：《康有为诗文选》，广东高等教育出版社 1988 年版，第 30 页。

销幽导滞,其辞虽工,亦不足道焉。①

反对沉迷个人情调,搞形式主义。他指出诗有五种病:一曰庸,二曰浅,三曰俗,四曰易,五曰淫。治这五种病,要有"三学":"掇搴诸史之华,宜有史学;管领万物之象,宜有物理之学;厚人伦教化,宜有经学。"② 只有学才兼备,才能做到文以载道。

最后,康有为主张改革文学形式,他的散文被视为"近代'新文体'的滥觞"③。有学者评价康有为的散文曰:"康有为的散文……也同诗歌一样,具有大笔淋漓的风格,内容时时要突破旧形式的束缚。后来梁启超所完成的'笔锋常带感情'的'新民体'正是从这里发展出来的。"④ 中国具有源远流长的散文传统,到了近代,中国社会进入"三千年未有之大变局",民族危机日益严重,国内矛盾异常尖锐,散文的形式也发生了深刻的变化。龚自珍、魏源等最先将散文引上"经世致用"的道路,给散文创作注入了新的内容。王韬、冯桂芬等早期维新派,在龚自珍、魏源等人"经世"散文的基础上,逐渐摆脱"桐城派"文体的束缚。他们用散文介绍西方物质文明,提倡变法维新,在语言和文体结构等方面推陈出新,力求叙事清楚,说理明白,平易晓畅。康有为、谭嗣同、梁启超等把散文改革引向深入,完全摆脱古文家法,创造出自由活泼,富于鼓动性的报章文体。康有为的散文,在传统古文向新文体的过渡中,起到了承前启后的作用。

康有为的散文,一是带有强烈的感情。这一特点尤其表现在他的政论文中。康氏为文,直率真诚,说到激愤处,不禁以"爰居""猿猱"譬之,读其文,仿佛看到义愤填膺的作者拍案而起,直指当事者,厉声苛责,义正词严,如雷霆、霹雳,如狮子吼,如怒海潮。

---

① 康有为:《自怡堂诗序》,见马洪林、卢正言编注:《康有为集》序跋卷,珠海出版社2006年版,第125页。

② 康有为:《自怡堂诗序》,见马洪林、卢正言编注:《康有为集》序跋卷,珠海出版社2006年版,第126页。

③ 钟贤培主编:《康有为思想研究》,广东高等教育出版社1988年版,第264页。

④ 简夷之编:《康有为诗文选》,人民出版社1958年版,前言。

二是说理透彻、深入浅出。康有为学识渊博，经史兼备，说理时，引经据典、纵横捭阖，因投身改革洪流，经三十一国，行程六十万里，游遍四洲，见多识广，故能比较各国政治制度得失，使人耳目一新。康有为对西方科学、人文也有一定的了解，加之思维敏捷，悟性极高，读一书，即能融会贯通，其世界观得益于西学不少，使他的文章强于思辨，富于逻辑，又能出入人文、科学之间，开辟新的视野。人生坎坷使他饱经世事沧桑，对人们的闭塞、偏执、狂热有深刻的认识，所以，他的文章充满耐心，能够循循善诱，反复说明，使读者涣然冰释。梁启超称赞康有为曰："论一事，片言而决，凡事物之达于其前者，立剖析之，釐然秩然。"[1]康有为1895年至1898年间先后致光绪皇帝的七篇上书，以及《法国革命论》《共和评议》《物质救国论》《中华救国论》《孔教会序》《不幸而言中不听则国亡》等著名篇章，都堪称近代议论文的典范。

三是语言独具一格。有学者评价曰："学杂佛耶，又好称西汉今文微言大义，能为深沉瑰玮之思；实思想革新者之前驱。而发为文章，则糅经语、子史语，旁及外国佛语、耶教语，以至声光化电诸科学语，而冶以一炉，利以排偶；桐城义法至有为乃残坏无余，恣纵不傥．厥为后来梁启超新民体之所由昉。"[2]康有为自认受其师朱次琦影响，而其评述朱文曰："先生之诗，精警雄奇，晚而淡雅，由杜、韩、陶、谢而上汉魏以溯风骚；先生之文，雄生雅健，深入秦汉之奥；为今所为文，皆受法于先生者。"[3]

书法论：康有为是晚清最重要的书法理论家，他的《广艺舟双楫》影响了整个一代书风。据张伯祯《万木草堂丛书目录》记载，该书1891年首印，中经1898年、1900年两次遭朝廷毁版，即便如此，也曾创7年重印18次的纪录。在康有为生前，日本就以《六朝书道论》为名翻印了6版。近代

① 梁启超：《康南海传》，见姜义华、张荣华编校：《康有为全集》第十二集，中国人民大学出版社2007年版，第438页。

② 钱基博：《现代中国文学史》，岳麓书社1986年版，第330页。

③ 康有为：《朱九江先生佚文叙》，见马洪林、卢正言编注：《康有为集》序跋卷，珠海出版社2006年版，第262页。

论书者都非常重视这部著作，赋予《广艺舟双楫》在书法史上相当重要的地位。

在《广艺舟双楫》中，康有为力斥书坛帖学萎靡之风，倡言学习六朝碑刻。他还系统总结了阮元、包世臣等的"尊碑抑帖"观，阐发自己的美学见解，使清代"尊碑"思潮获得理论支撑。有学者称赞《广艺舟双楫》"是当时最全面、最系统的一本书学著作"。该书"体例严整，论述广泛，从文字之始、书体之肇开始，详叙历史迁变，品评各代名迹，其间又考证指法、腕法，引之实用，故他对书学体系的建立和严密，具有相当重大的意义"①。

一是变易为美。"变易"是康有为书法美学的基本特征。《广艺舟双楫》的 6 卷 27 章，都是从不同角度阐述"变易"的道理。在他看来，"变易"既是书法艺术发展的客观规律，也是符合审美主体心理需求的美学原则。

康有为论书法本源，阐明"变易"是书法艺术发展的基本规律。他认为，书法是关于文字书写的艺术，书法艺术的演变和发展与文字的不断创新相伴随。对于人类来说，文字有两个方面的用途，一是用于记事交流，二是满足审美需要。康有为认为，实用和审美是任何事物都有的属性，几乎不存在纯粹实用、毫无审美价值的事物。文字从产生的那天起，就有实用价值和审美价值。无论是实用，还是审美，"变易"都是必然的，皆由于"人心之灵，不能自已也"。

人能造文字，乃因人之有智也。所以，凡人必有文字，而且，既然人的智慧"首出万物，自能制造"，则其制造之心，必然不能自已，必然要求文字不断改进，以符合实用和审美的要求。他认为，"变易"不仅是中国文字的规律，也是其他文字的规律。在《广艺舟双楫·原书》中，他列举了行草之外的 126 种书体，备极殊诡。以为其所以制作纷纭，亦由于"人心之灵，不能自已也"。变化的原因有两个方面：其一，因为人的创造天性；其二，因为

---

① 白沙：《康有为和他的〈广艺舟双楫〉（代序）》，见康有为著，崔尔平校注：《广艺舟双楫注·序言》，上海书画出版社 2006 年版，第 7 页。

人喜欢简易,文字朝着简易的方向变化,既是为了使用方便,也符合人的审美习惯。康有为说:"变者,天也。"①

二是尊碑抑帖。今人论清代书法,常常以"帖学"和"碑学"将其划分为前后两个时期,大致以嘉庆、道光之际为分野。即19世纪20年代以前为帖学时期,之后则为碑学时期。这种区分方式是否合理,尚有讨论的余地。不过,自宋元以来,以二王为尊尚的帖学时期,至此转入低潮,而学习汉魏以前篆隶书法的人,逐渐增多,竟成一时风气,却属无可否认的事实。②

有学者描述清代碑学的发展过程曰:"郑燮、金农发其机;阮元导其流;邓石如扬其波;包世臣、康有为助其澜,始成巨流。"③ 其中,阮元、包世臣、康有为有专门的碑学著作问世。

康有为发展了阮元、包世臣的碑学理论。第一,《广艺舟双楫》旁征博引,资料极为丰富,吸收了清代考据学、金石学的最新成果。尤其对北碑搜罗无遗,并加评论。"就康有为对北碑研究的广泛性和全面性来说,阮元的两篇文章和包世臣的《艺舟双楫》都是不能与之比肩的。"④ 第二,康有为修改了阮元一些不正确的看法,其中最重要的是他否定了阮元的南帖北碑论,反对以南北论帖碑,对于科学认识碑学和中国书法史,有重要意义。第三,他对包世臣的执笔法也有所指正,以"四指争力"纠正"五指齐力",否定了包氏的"以指运笔"说,提倡以腕运笔。

康有为从五个方面阐述了尊碑、尊南北朝碑的理由。第一点是碑刻(尤其是南北朝碑刻)保存完好,特点突出,容易从临摹中得益。在《尊碑》篇中,他指出了帖学在这方面的缺点,在《碑唐》篇中,康氏又比较南北朝碑与唐碑优劣云:"欧、虞、颜、柳诸家碑,磨翻已坏,名虽尊唐,实则尊翻变之枣木

① 白沙:《康有为和他的〈广艺舟双楫〉(代序)》,见康有为著,崔尔平校注:《广艺舟双楫注·序言》,上海书画出版社2006年版,第7页。
② 参见张光宾编著:《中华书法史》,台湾"商务印书馆"1981年版,第272页。
③ 朱仁夫:《中国古代书法史(第一版)》,北京大学出版社1992年版,第497页。
④ 白沙:《康有为和他的〈广艺舟双楫〉(代序)》,见康有为著,崔尔平校注:《广艺舟双楫注·序言》,上海书画出版社2006年版,第6页。

耳。"① 六朝拓本，"皆完好无恙，出土日新，略如初拓"，比较完整地保存了
原作的风貌。第二到第四点是从书体的角度论六朝碑的优点，可用四字概
括："复古求新。"为什么要求新？康有为认为，"变易"乃书法艺术的基本规
律，既然帖学已经走到穷途末路，难以创新，只能从碑学中寻找生机，此乃
"事势推迁，不能自已也"。第五点论风格，六朝碑刻有雄强之气，为唐、宋
所无；而婉靡之风弥漫书坛已久，应当注入遒劲舒放的风格，振拔其生气。

为何求新必得复古。所谓"古"，大而言之，以唐为界，唐以前为古。
康有为推崇唐以前，尤其汉魏六朝之书。康有为所谓"古"甚至还要追溯到
六朝以前的汉代。《广艺舟双楫》中专门有《本汉》篇，提出二王书法独步
千古，是因为他们取法于汉魏。他说："二王之不可及，非徒其笔法之雄奇也，
盖所资取皆汉、魏间瑰奇伟丽之书，故体质古朴，意态奇变。"② 汉代各种书
体相继产生，"古意未漓"，生机勃勃。于是，多种书体、风格争奇斗艳，相
互借鉴，熔铸变化，发展创新的可能性大。康有为认为，唐代书法名家之成
就，在于学习六朝，欲达唐人成就，就要学唐人之所学，以六朝为师。

汉魏书法之值得尊崇，在于其各体毕备，可以考察隶楷之变，以及后世
书法之源流。康有为认为，六朝书法家善于从各种书体中借鉴，故能新颖
有神韵。或以篆入隶，或以隶入篆，或以篆、隶入正楷，或以楷入篆、隶，变
化多端，别出心裁。他认为，要熔铸不同字体的笔意，方能不落窠臼，自成
一体，创造新的书法意境。他说："右军欲引八分隶书入真书，吾亦欲采钟
鼎体意入小篆中，则新理独得矣！"③

近现代之际，康有为之后，出现了一批卓著的美学家，成为这一时期一
种独特的文化现象。代表人物有梁启超、蔡元培、王国维、鲁迅等。他们的
美学思想存在共同点：其一，将审美作为人生解脱的途径，美育受到普遍推
崇；其二，引入西方哲学概念解释中国美学范畴。前者如梁启超的"人生美

---

① 白沙：《康有为和他的〈广艺舟双楫〉（代序）》，见康有为著，崔尔平校注：《广艺舟双楫
　　注・序言》，上海书画出版社 2006 年版，第 119 页。
② 康有为著，崔尔平校注：《广艺舟双楫注》，上海书画出版社 2006 年版，第 83 页。
③ 康有为著，崔尔平校注：《广艺舟双楫注》，上海书画出版社 2006 年版，第 75 页。

学",以美育人;蔡元培的"以美育代宗教"。后者如土国维融合叔本华悲观主义哲学与中国美学的境界论;鲁迅钟情木刻、版画等艺术形式,开始注意产生美感的心理机制问题。上述倾向,都可以在康有为的美学思想中找到端绪。康有为堪称中国近现代美学的开创者。

第 三 章

梁启超的美学思想

梁启超（1873—1929），字卓如，号任公，又号饮冰室主人。他是中国近代杰出的资产阶级政治家、学者、教育家。梁启超一生最精彩、也最有影响的活动是与他的老师康有为共同领导了戊戌维新变法运动。

同为中国古代向近代转变的代表性人物，康有为与梁启超具有很多的共同性，他们同为变法维新的领袖人物，都主张在保持君主制的基础上，开启中国的资本主义道路，其思想都兼具旧学与新学。但是，他较康有为进步，他的改革思想更多地具有革命的因素，而康有为的改革思想其保守的成分更重。康有为持"君主立宪"立场，梁启超则主张"开明专制"。帝制结束后，康有为基本上退出政治舞台，而梁启超则积极投身共和政体的建设，担任过民国政府诸多要职，为中国共和政体事业作出了重要贡献。

与康有为终其一生主要在政治上勇猛精进不同，梁启超在积极从事政治活动的同时，也积极从事学术研究活动。将近 36 年的政治活动时间内，他平均每年著作达 39 万字。晚年，就任清华大学国学院导师，则全力从事学术研究活动。他的学术研究具有明显的时代转变特色，一方面，他以操着封建传统和资产阶级两种武器，总结着并猛烈批判几千年来的旧文化；另一方面，他参照资产阶级的文化，根据中国的国情与传统，建构着具有中国特色的新思想、新文化。总结、批判、建构三者统一进行。梁启超学术研究涉猎甚广,在哲学、文学、史学、经学、法学、伦理学、宗教学、图书馆学等诸多方面均有重要建树,诸多方面均为中国近代学术开山,这其中就有美学。

中国近代最早提出美学观念的人物为三人:梁启超、王国维、蔡元培。三人于美学的贡献,各有侧重,梁启超重在人生美学,王国维重在文学美学,蔡元培重在美育。三人的美学思想相互贯通,在中国近代学术文化史上,共同构筑了一道亮丽的学术景观。

第一节　审美与人生

梁启超新美学的建构,立足于人生观,他所谈的审美,一改中国旧美学在艺术中兜圈子的老套,开拓出一个审美人生观的新局面。

"美"是梁启超审美人生观的第一个关键词。他说:

美是人类生活一要素——或者还是各种要素中最要者,倘若在生活全内容中把"美"的成分抽出,恐怕便活得不自在甚至活不成。①

这段话完全是创新的,犹如石破天惊,震撼天地,震撼当时的中国人。

中国文化从来没有排斥美,至少自孔子始,审美在生活中就占有重要地位,比如孔子喜欢艺术,他说自己欣赏《韶》乐,三月不知肉味;又比如,他喜欢游山玩水,赞赏曾皙的春游之乐。但是他没有类似上段文字的话。不要说孔子,截至梁启超前,中国的知识分子很少说过类似的话。梁启超的上段话,有三个要点:

第一,拎出"美",以之作为生活的要素。

第二,认为"美"是生活中各种要素中"最要者"。

第三,这"最要者"的要,关系到"活得不自在""甚至活不成"。

为什么说"活得不自在"?这涉及审美的功能。人生三大要义:谋生、荣生和乐生。谋生为自然人生,人与动物均一样的;荣生为社会人生,这是

---

① 梁启超:《饮冰室合集》文集之三十九,中华书局1941年版,第22页。

人有而动物没有的；乐生为乐美人生，不是全部的人都有，也不是人的全部
人生都有的。谋生、荣生均是功利人生，谋生的功利在自身、家人或朋友；
荣生的功利在社会。功利具有两面性：有限的自由与无限的不自由。乐生
是超越功利的人生，超越的最大效应是自由。谋生、荣生、乐生均有快乐，
但前二者的乐是利之乐，利既是乐之因，也是乐之限；而第三者——乐生之
乐，是自由的快乐，乐因自由而生，乐也为自由之乐。自由既是乐之因，也
是乐之质。从哲学层面言，只有美，才能让人"活得自在"。

为什么说"甚至活不成"？这牵涉到人的本质。人的本质有三个方
面的因素：自然方面因素，这种因素来自动物，可称为"动物性"；社会方
面因素，可称为"社会性"；超社会方面因素，这超为超越，超越的前提是
对超越者的兼容、化合、创造，最终是升华。审美就属于此种因素。健全
的人应具有这三个方面的因素，但不是所有的人，也不是人的全部生活均
具有三个方面的因素。正是从全面的、健全的人格而言，缺少美，就"活
不成"。

梁启超在《情圣杜甫》中，也谈到美与人生的关系。他说：

人生目的不是单调的，美也不是单调的。为爱美而爱美，也可以
说为的是人生目的。因为爱美本来是人生目的的一部分。诉人生苦痛，
写人生黑暗，也不能不说是美，因为美的作用，不外令自己或别人起快
感，痛楚的刺激，也是快感之一，例如肤痒的人用手抓到出血，越抓越
畅快。像情感怎么热烈的杜工部，他的作品自然是刺激性极强，近于
哭叫人生目的那一路。主张人生艺术观的人，固然要读他，但还要知道，
他的哭声，是三板一眼的哭出来。节节含着真美。主张唯美艺术观的人，
也非读他不可。①

这段话同样是创新的，内容同样很丰富。

人生不是单调的，美也不是单调的，两者联系起来说，意味着人生的审
美是多样的、丰富的。大而言之，人生感受不外乎快乐和痛苦两大类，与快

① 梁启超：《饮冰室合集》文集之三十八，中华书局 1941 年版，第 50 页。

乐感受相联系的对象为美，与痛苦感受相联系的对象为丑。美，固然可以成为人生目的之一，事实上，谁都会以美为人生目的，但实际上，人生不可能全部为美，也可能有丑。这丑的方面，必然会给人带来痛苦。

两种对象，它们予人的心理感受：美产生快乐，丑产生痛苦，这是自然的心理感受。然而，能不能让这种自然的心理感受产生一些变化呢？梁启超认为，能。这种能是借助于审美来实现的。审美，在艺术中，体现为艺术家创造。具体到作家，那就是"写作"。梁启超说："诉人生苦痛，写人生黑暗，也不能不说是美。"苦痛通过"诉"，黑暗通过"写"，它们的审美性质发生了变化，原来为丑，现在为"美"了。这就是美学上说的化丑为美。其实，苦痛还是苦痛，黑暗还是黑暗，作为生活，它们的本质并没有变，仍然可以统称为丑。但是，因为在诉的过程中，加进了作家对苦痛的阐发与分析，在写的过程中，加进了作家对黑暗的批判与抗争。于是，经受苦痛、感知黑暗的人们，心理上感受到一种温暖、一种力量、一种希望，于是苦痛得到宣泄，黑暗透出光亮，感受到了美。似是化丑为美，实是揭丑创美。

艺术可以这样做，生活中也可以这样做。任何人都可以像艺术家一样对于生活做一番"诉"和"写"。诉与写，必然需要调动全部的心理，包括思维的透析、情感的体验、精神的升华和超越。这就是审美。

审美的力量是伟大的、难以估量的！

美感本质上是快感，因为通过审美的作用，可以揭丑创美。快感就可以分为两类：舒心的快乐、痛楚的刺激。前者为美的美感；后者为丑的美感。

人类的表情，可以分为两类：一类为舒心的表情，统称为笑；另一类为苦痛的表情，统称为哭。既然苦痛经过审美可以创美，那么，这哭，就有两类：一类是未经审美的苦痛的表情；另一类是经过审美的苦痛的表情。前者表情是真痛苦，它没有产生快感；后者表情是真痛苦中藏着真快乐，它产生了快感。在艺术中所表现的痛苦，因为经过了审美，是美的哭，属于后一种表情。梁启超认为，杜甫"他的哭声，是三板一眼的哭出来。节节含着真美"。

梁启超肯定艺术的作用，艺术的作用实质是审美的作用。人生不能没

试凭他流水寄情卻道海棠依舊

品澄二兄正集宋人词句

王浙孙瑨密寒

李清照如夢令

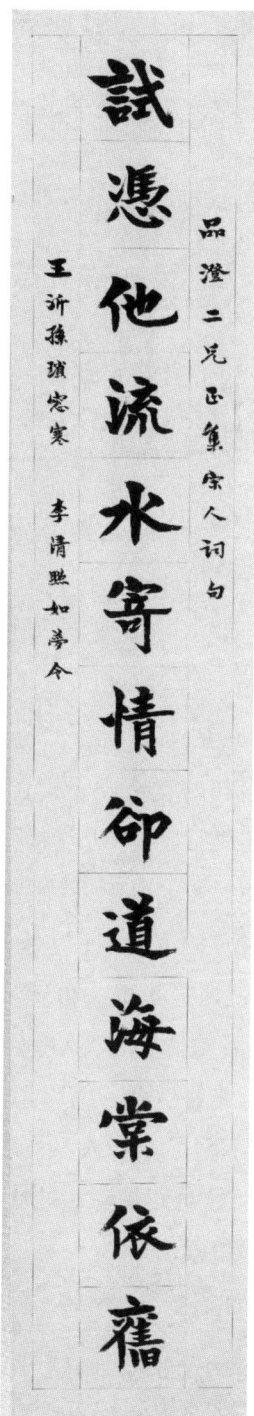

（近代）梁启超书法

有艺术，是因为艺术有审美，所以，实际上梁启超肯定的是审美在人生的作用。

梁启超的概念系统中，没有"审美"，他说的审美，相当于他说的"审美的作用"。

第二节　趣味与人生

"趣味"是梁启超审美人生观中第二个关键词。梁启超说：

> 假如有人问我："你信仰的甚么主义？"我便答道："我信仰的是趣味主义。"有人问我："你的人生观拿什么做根柢？"我便答道："拿趣味做根柢。"我生平对于自己所做的事，总是做得津津有味，而且兴会淋漓。什么悲观咧，厌世咧，这种字面，我所用的字典里头可以说完全没有。我所做的事，常常失败——严格的可以说没有一件不失败——然而我总是一面失败一面做。因为我不但在成功里头感觉趣味，就在失败里头也感觉趣味。①

"趣味"在梁启超的文章中含义比较宽泛。在《学问之趣味》中，他说"趣味"就是"快乐""乐观""有生气"。这些概念，均具有正面的情感意味。因此，趣味，在某种程度上可以说就是美感。

"拿趣味做根柢"的人生观，就是审美人生观。审美人生观"不但在成功里头感觉趣味，就在失败里头也感觉趣味"，因此，这种人生观与悲观厌世绝缘。梁启超很看重"趣味"在人生中的地位。

第一，趣味，意味着生命。梁启超说："人类若到把趣味失掉的时候，老实说，便是生活得不耐烦。那人虽然勉强留在世间，也不过行尸走肉。倘若全个社会如此，那社会便是病病的社会，早已被医生宣告死刑。"②"趣味的反面，是干瘪，是萧索。"③

---

① 梁启超：《饮冰室合集》文集之三十八，中华书局1941年版，第12页。
② 梁启超：《饮冰室合集》文集之三十八，中华书局1941年版，第13页。
③ 梁启超：《饮冰室合集》文集之三十八，中华书局1941年版，第13页。

第二,趣味,意味着希望。梁启超说"趣味是生活的原动力"[1]。人活着就是为了趣味。

趣味在人类生活中占如此重要的地位,看来,趣味就不只是指活着,还指活得有意义。

审美是一种趣味,但并非所有的趣味是审美,梁启超将趣味做了好坏的区分。他说:

> 趣味的性质不见得都是好的,如好嫖好赌,何尝不是趣味,但从教育的眼光看来,这种趣味的性质当然是不好。所谓好不好,并不必拿严酷的道德论做标准。既已主张趣味,便要求趣味的贯彻。倘若以有趣始以没趣终,那么趣味主义的精神,算完全崩落了。[2]

这里说到衡量趣味的两个标准:一个是道德标准;另一个是趣味自身的标准,即趣味能否贯穿始终。这后一个标准的提出是很有意义的,这正是审美趣味的特点之一。这样看来,趣味具有两个最重要的属性:既是道德的,又是富有魅力的,它是善与美的统一。

趣味,人人都喜欢。就是孔子这样的圣人,也喜欢趣味的生活。梁启超说:"孔子对于美的情感极旺盛,他论韶、武两种乐,就拿尽美和尽善对举。一部《易》传,说美的地方甚多(如乾之以美利利天下,如坤之美在其中)。他是常常玩领自然之美,从这里头,得着人生的趣味。"[3] 近代西方心理学,将人的心理功能分为智(理智)、情(情感)、意(意志),三者均有对应的生活,并不互相矛盾。像孔子将三个方面的生活调和得很圆满,堪为生活之模范。

梁启超在《"知不可而为"主义与"为而不有"主义》一文中,对"趣味"(好的趣味)的特点做了深入的阐述。

梁启超说的"知不可而为"主义来自孔子的"知不可而为之",但梁启超的解释并不限于孔子,很多内容来自西方的近代哲学和美学。

---

① 梁启超:《饮冰室合集》文集之三十八,中华书局 1941 年版,第 13 页。

② 梁启超:《饮冰室合集》文集之三十八,中华书局 1941 年版,第 13 页。

③ 金雅编:《中国现代美学名家文丛·梁启超卷》,中国文联出版社 2017 年版,第 97 页。

梁启超认为失败与成功是相对的，"进一步讲可以说宇宙间的事绝对没有成功，只有失败"。因此，如果抱着一定要成功的目的去行动则就无趣味可言。"知不可而为"主义是要求我们做一件事，"把成功与失败的念头都撇在一边，一味埋头埋脑的去做"。这样，人不为功利所束缚，做事的自由便大大地解放了。

"为而不有"主义，从字面上来看，它来自老子的"无为"哲学，但同样，梁启超并未完全按照传统哲学去解释，而是搬用了罗素的一些观点。罗素说人有两种冲动：一是占有冲动；二是创造冲动。他说这话是提倡创造的冲动。"为而不有"主义，梁启超说"是不以所有观念作标准，不因为所有观念始劳动。简单一句话，便是为劳动而劳动"。这种"为劳动而劳动"，"为生活而生活"，梁启超说是"劳动的艺术化，生活的艺术化"。这种"劳动的艺术化""生活的艺术化"强调手段本身就是目的，这个目的，不是功利，而是趣味。梁启超说：

> 我们为什么学数学，因为数学有趣所以学数学；为什么学历史，因为历史有趣所以学历史；为什么学画画、学打球，因为画画有趣，打球有趣，所以学画画，学打球。①

"知不可而为"主义与"为而不有"主义其实是一回事，只是"知不可而为"主义，强调不以对效果的预测来定是否行动；"为而不有"主义，强调不为个人占有而行动，都体现为对功利主义的超越，他说的"趣味"实质也是超越。

超越是审美的主题，梁启超说的趣味，即是审美。

梁启超的"趣味主义"不是享乐主义，更不是颓废主义，而是审美主义。这种审美主义，甚至也不同于康德的审美无功利说。康德说："鉴赏是凭借完全无利害观念的快感和不快感对某一对象或其表现方法的一种判断力。"②"对于美的愉快是惟一无利害关系的和自由的愉快。"③康德将无功利局限于审美领域，梁启超却将无功利推广到整个人生领域。

---

① 梁启超：《饮冰室合集》文集之三十八，中华书局1941年版，第15页。
② [德]康德：《判断力批判》上册，商务印书馆1987年版，第47页。
③ 康德：《判断力批判》上册，商务印书馆1987年版，第46页。

梁启超说的超功利，并不是不要功利，而是说不要唯功利，功利毕竟只是外在的，人的一切行为如果都是为了外在的功利，那是很可怕的，它意味着人失去了自身的价值，失去了主体性。梁启超主张将外在的功利转化为人内在的需求，转化为趣味，这样，将人从具体的得失成败中解放出来，让人的胸襟更宽广，气度更恢宏，做事更大胆，更有创造性，从而更自由地实现自己。主体性、创造性、自由性这三性可以说是梁启超"趣味主义"的本质。

以审美的态度看待人生，是梁启超人生观的一个重要方面。值得指出的是，梁启超说不计较成败，是说不因败而灰心，也不因成而裹足，并不是说不要成功，只要失败，更不是说对待工作可以马马虎虎。也许是为了防止人家对他人生观的误解，也许是为了更全面地表达他的人生观，他说：

> 我平生最爱用的有两句话：一是"责任心"，二是"趣味"。我自己常常力求这两句话之实现与调和。①

> 诸君读我的近二十年来的文章，便知道我自己的人生观是拿两样事情做基础：一、"责任心"，二、"兴味"。②

"趣味""兴味"在这里是相通的。说的是对生活持一种品赏的态度，玩味的态度。用来说对待工作，则为"乐业"。梁启超说："凡职业都是有趣味的，只要你肯继续做下去，趣味自然会产生。"③人在世界上总是有自己的工作要做的，做工作首先要有"责任心"，力求把工作做好。梁启超说这叫"敬业"。敬业说的是功利的态度，乐业说的是审美的态度，二者缺一不可，应该统一起来。梁启超说：

> "责任心"强迫把大担子放在肩上，是很苦的，兴味是很有趣的。二者在表面上恰恰相反，但我常把他调和起来。所以我的生活虽说一方面是很忙乱的，很复杂的，他方面仍是很恬静的，很愉快的。④

---

① 梁启超：《饮冰室合集》文集之三十九，中华书局 1941 年版，第 28 页。
② 梁启超：《饮冰室合集》文集之三十七，中华书局 1941 年版，第 60 页。
③ 梁启超：《饮冰室合集》文集之三十九，中华书局 1941 年版，第 28 页。
④ 梁启超：《饮冰室合集》文集之三十七，中华书局 1941 年版，第 60 页。

梁启超这种"趣味主义"的人生观是积极的。这种人生观使得他能正确地对待成功与失败,不以物喜,不以已悲,永远保持蓬勃的朝气,永远保持可贵的战斗精神,基本上做到与时俱进。戊戌变法失败,他流亡日本。这段经历可谓惊心动魄,事过不久,他撰文谈中国的革命,语调竟如此从容,俨然一副哲学家兼美学家的气概。他说:

> 吾中国动机,今始发轫,此后反动,其必四次五次乃至六七八九十次而未有已。譬之所谓危崖转巨石,其崖十仞,而其石今始坠数寻,前途辽哉,岂有艾乎? 虽然,夫亦安得而遏之? 吾意今世纪之中国,其波澜叔诡,五光十色,必更有壮奇于前世纪之欧洲者。哲人请拭目以观壮剧,勇者请挺身以登舞台。①

好个"哲人请拭目以观壮剧,勇者请挺身以登舞台"。在梁启超看来,发生在中国土地上的这场革命,犹如一出壮剧。以剧中人的身份参加这出壮剧,诚然是一件乐事,以剧外人的身份以观壮剧,也不失为一件乐事。梁启超兼二者,他既是"哲人",又是"勇者"。

第三节 美 与 情 感

梁启超对于美及审美的理解筑基于情感。虽然自古至今,人们都重视情感,但一般并不单独拎出来谈,更没有对它的作用、构成、特点做深刻的分析。在对情感的认识上,梁启超依据的主要是西方的哲学、美学。

一、情感的力量

人的心理主要有两种形态:理解和情感,梁启超对理解和情感的作用进行了比较,他说:

> 天下最神圣的莫过于情感,用理解来引导人,顶多能叫人知道那件事应该做,那件事怎样做法。却是被引导的人到底去做不去做,没

---

① 梁启超:《饮冰室合集》文集之二,中华书局 1941 年版,第 59 页。

有什么关系。有时所知的越发多,所做的倒越发少。用情感来激发人,好像磁力吸铁一般,有多大分量的磁,便引多大分量的铁,丝毫容不得躲闪。所以情感这样东西可以说是一种催眠术,是人类一切动作的原动力。①

这种比较是很有意义的。理解与情感的对象均是人,它们的效应是不同的。理解筑基于人对事物真实存在以及与人功利关系的认识,它对于人的作用是引导。而情感筑基于人对事物深层次的心理倾向,这种倾向更多的为感性的快适或厌恶,而不是理性的认知,但是,这种感性的快适或厌恶因为植根于生命的本能,能够将人的全部心理调动起来,而且这种调动为"激发",故可知它的力量巨大,某种意义上,是理解所不能比的。情感心理效应所据的原则是"必然"。如果说,理解所据的原则是"应该",那么,情感所据的原则是"必然"。"应该",理性冲动,目的明确,但未必植根于生命本能,动能不足,往往应做而不做;"必然",感性冲动,虽然目的不都明确,但动能十足,不仅要做,而且全力去做。这就是情感的魅力。

梁启超说:"天下最神圣的莫过于情感",他用的是"最神圣"定语。为什么"最神圣"? 也许理由有四:

第一,情感比之理解,更具有全人类性,因而它具有更大的弥散性、传播性、感发性。

第二,情感比之理解,更具有审美性,因而它具有极大的感染性、诱发性、吸引性和持久性。"好像磁力吸铁一般,有多大分量的磁,便引多大分量的铁,丝毫容不得躲闪。"

第三,情感比之理解,更具有生命的本能性。情感是生命之本,人有情感,动物也有情感,植物学家说,某些植物也有情感。正是因为情感具有生命的本能性,因此,它"是人类一切动作的原动力"。

第四,情感比之理解,更具有生命的超越性。情感始于无意识,终于超意识,以至于结晶为一种信仰。此信仰具有超稳定性,具有极大的精神作用。

---

① 梁启超:《饮冰室合集》文集之三十七,中华书局1941年版,第71页。

情感的本能性与超越性的合一，其能量无法估量。梁启超对于情感的超越性非常看重。他说：

情感的性质是本能的，但他的力量能引入到超本能的境界。情感的性质是现在的，但他的力量能引入到超现在的境界。我们想入到生命之奥，把我的思想行为和生命进合为一，把我的生命和宇宙和众生进合为一，除却通过情感这一关门，别无他路。①

梁启超这段话十分重要，他深刻地提示了情感两个方面的超越性：一是由"本能"向"超本能"的超越；二是由"现在境界"向"超现在境界"的超越。"本能""超本能"具体指什么，梁启超没有说。大概是："本能"包括两个东西，一指人的自然性或者说生物性，二指人的潜意识或者说直觉性。

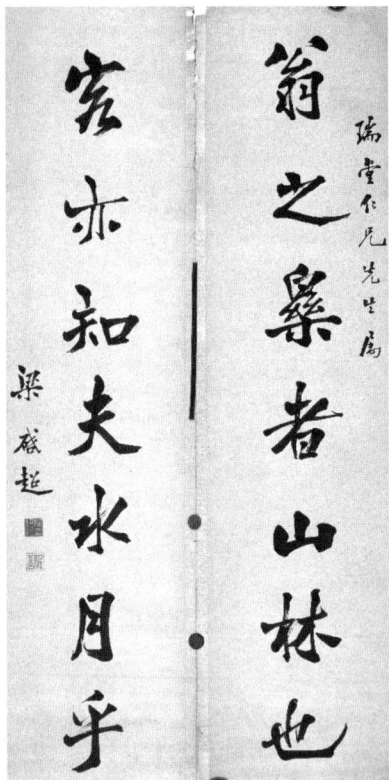

梁启超楹联

---

① 梁启超：《饮冰室合集》文集之三十七，中华书局 1941 年版，第 71 页。

与之相应，"超本能"也包括两个东西，一是人的社会性；二是人的意识或者说自觉性。这两个方面的超越的确是情感的重要性质。

梁启超这段话还揭示了情感所具有的升华功能。这个升华功能同样为两个方面：一是将人的思想行为与人的生命迸合为一，实现灵与肉的统一、知与行的统一、情与理的统一。二是将人个体的生命与群体的生命迸合为一，人的生命与宇宙的生命迸合为一。

梁启超并没有用中国传统哲学的"天人合一"论，来谈情感的超越功能和升华功能，他用的理论来自西方，这是值得我们注意的。

二、情感与美

梁启超认为，情感属于美，而理解属于科学。他说：

> "科学帝国"的版图和威权无论扩大到什么程度，这位"爱先生"和那位"美先生"依然永远保持他们那种"上不臣天子下不友诸侯"的身份。请你科学家把"美"来分析研究罢。什么线，什么光，什么韵，什么调……任凭你说得如何文理密察，可有一点儿搔着痒处吗？至于"爱"，那更"玄之又玄"了。①

两个帝国，一个是科学王国，它的主宰，是"真"，另一个是审美王国，它的王，是"爱先生"和"美先生"。爱先生与美先生其实是一体的，只是两说，美侧重于外在的感性形象，爱侧重于内在的心理倾向。二者是统一的，凡美，必有爱，无爱的美，是没有生命的、没有灵魂的，是冷漠的，是虚假的、可怕的。因此，可以将爱先生和美先生统一为一个先生——情感先生。

梁启超在这里强调美"上不臣天子下不友诸侯"的身份，这就是独立性。通常说，人生有三大价值：真、善、美。三大价值各有一个王国，真的王国是科学王国；善的王国是道德王国；美的王国是审美王国。三个王国具有一定的内通性，但是各自具有一定的独立性。

梁启超在这里强调美的无可替代性。这具有两个方面的意义：一是真

---

① 梁启超：《饮冰室合集》文集之四十，中华书局 1941 年版，第 26 页。

与善均不能代替美,而且也分析不了美,科学和道德解释不了美,也解释不了爱。二是美具有个体性。天下没有两片完全一样的树叶,任何美都是个别的。

关于美与情感的关系,中国古代不乏精彩的言论,但没有哪一位能够说过梁启超这样的话,根本原因,时代不同了,梁启超所处的时代是近代,中国的国门打开了,西方的理论进来了,梁启超用的是西方的理论来解释审美情感的,这是梁启超的时代优势。

第四节 境 与 心

在美的构成——物和心这两方面,梁启超特别强调心的作用。他有一篇文章,名《惟心》,写于 1899 年,原载《清议报》1900 年 3 月 1 日。这是一篇重要的美学文章,在这篇文章中,他提出三个重要观点:

一、"境者心造也"

梁启超说:

> 境者心造也。①

> 然则天下岂有物境哉,但有心境而已。戴绿眼镜者所见物一切皆绿,戴黄眼镜者所见物一切皆黄。口含蜜饴者所食物一切皆甜。一切物果绿耶果黄耶果苦耶果甜耶?一切物非绿非黄非苦非甜,一切物亦绿亦黄亦苦亦甜,一切物即绿即黄即苦即甜也,其分别不在物而在我。故曰三界惟心。②

境,是一个汉语才有的概念,汉代译佛经,用"境"来说明佛教所追求的心理世界,魏晋开始用"境"来说诗,以之表示诗所创造的艺术形象。大体上,逐渐地,形成"境""境象""意境""境界""实境""虚境"等概念,在

---

① 金雅编:《中国现代美学名家文丛·梁启超卷》,中国文联出版社 2017 年版,第 59 页。

② 金雅编:《中国现代美学名家文丛·梁启超卷》,中国文联出版社 2017 年版,第 59 页。

王国维,还创造出"有人之境""无人之境"等新概念。

在"境"的概念产生前,人们均用"象"来说诗,"象"与"境"都是物与心共同作用的产物,境出现后,象仍在用,但在人们的心目中,境高于象,这个高,主要在心的作用凸显了。梁启超说境,应该就在此背景之下。

中国美学一直在艺术领域中存在,极少离开艺术谈审美,因此,境,也就只在艺术领域中使用。与梁启超同一时期的王国维的《人间词话》中,"境界"是核心概念,也只是用来表示诗词的艺术形象。当然,在别的文章中,也用"境"来表示人生修养所达到的层次,但只是有限的一两处。

梁启超《惟心》这篇文章,以"境"为核心概念,与王国维不同的是,他所论的对象不是艺术,而是审美,涵盖人生审美和艺术审美。在梁启超看来,审美的问题实质就是一个境的问题。美在境,可以分析出创境、释境、品境、入境、出境、显境、隐境、化境等。

这应该是梁启超的一个重要贡献。

境,本是物与心共同作用的产物,但梁启超不强调物的作用,只强调心的作用,甚至说"天下岂有物境哉,但有心境而已",这又为何呢?梁启超其实很排斥"唯"这个概念,曾著有《非"唯"》专文。在此文中,他说:"心力是宇宙间最伟大的东西,而且含有不可思议的神秘性,人类所以在生物界占特别的位置就在此。这是我绝对承认的。若心字上头加上一个唯字,我便不能不反对了。"[1] 然而《惟心》一文就堂而皇之彰显这个"惟"字。惟与唯系同一字。

我的理解是,梁启超在哲学层面上,是坚决反对"唯"观的,不管是"唯心",还是"唯物",这一立场适用一切生活和学术领域,美学当然并不例外。梁启超之所以在谈境时,用上"惟心"二字,说"岂有物境""但有心境",为的是突出审美中,心的特别重要的作用。

在人的一切领域,心都具有重要的地位,心的力量就是精神的力量。精神的力量是人独有的,这是人优于一切生物的地方。这是人与生物的比

较。然而如果在人的活动领域中，将人的各种活动来比较一下，就会发现，在审美中，心的作用有其特殊性。这一特殊性就在上面提到过的个体性，个体性有两重意义，物的个体性、心的个体性。人的活动领域，许多活动，是可以替代的，特别是生产活动，唯独审美不能替代。审美中，身体也许还可以替代，但心根本无法替代。我可以替别人去看一场电影，但我不能代替别人领略电影。领略，就不只是用身体去领略，更重要是要用心去领略，这是任何人无法替代的。

任何美，哪怕是自然美，它也有境，它的境也是心造的产物。一片风景，就是一片心境。

二、"惟心所造之境为真实"

梁启超说：

> 一切物境皆虚幻，唯心造之境为真实。同一月夜也，琼筵羽觞，清歌妙舞，绣帘半开，素手相携，则有余乐；劳人思妇，对影独坐，促织鸣壁，枫叶绕船，则有余悲。同一风雨也，三两知己，围炉茅屋，谈今道故，饮酒击剑，则有余兴；独客远行，马头郎当，峭寒侵肌，流潦妨毂，则有余闷。"月上柳梢头，人约黄昏后"，与"杜宇声声不忍闻，欲黄昏，雨打梨花深闭门"，同一黄昏也，而一为欢愁，一为愁惨，其境绝异。"桃花流水窅然去，别有天地非人间"，与"人面不知何处去，桃花依旧笑春风"，同一桃花也，而一为清净，一为爱恋，其境绝异……①

这里，梁启超实际上说的是同中之不同。同的是物境，不同的是心境。

月夜、风雨、黄昏、桃花……均可以同一，此同的为物境。然而在同一物境下的人们的活动就各种各样，千差万别，此不同的为心境。审美的魅力，恰不在物境，而在心境。心境不在同，而在异，而且"绝异"。

物境的创造者为物，心境的创造者为心。不同的人，有不同的心，故有不同的心境。

---

① 金雅编：《中国现代美学名家文丛·梁启超卷》，中国文联出版社 2017 年版，第 59 页。

审美活动中,心的作用,主要为情感的活动,故心境实为情境。

为什么说"一切物境皆虚幻,唯心造之境为真实"呢? 梁启超借用佛教的"三界惟心"对此做了解释。他首先用禅宗著名公案——幡动还是心动来说明这一问题,然后说:

> 天地间之物一而万万而一者也。山自山,川自川,春自春,秋自秋,风自风,月自月,花自花,鸟自鸟,万古不变,无地不同。然有百人于此,同受此山此川此春此秋此风此月此花此鸟之感触,而其心境所现者百焉。千人同受此感触,而其心境所现者千焉。亿万人乃至无量数人同受此感触,而其心境所现者亿万焉,乃至无量数焉。然则欲言物境之果为何状,将谁氏之从乎? 仁者见之谓之仁,智者见之谓之智,忧者见之谓之忧,乐者见之谓之乐。吾之所见者,即吾所受之境之真实相也,故曰惟心所造之境为真实。①

梁启超运用中国古代哲学的"一"与"万"的关系来说明天地的真相。"一"在天地的整一性,道家哲学说,那就是道;儒家哲学说是理。"万"就是天地的多样性。天地之多样性是客观的多样性,于今,它展现在人的面前,因为不同的人有不同的心,故而又展现为主观的多样性。如此丰富的多样性,如何认定其真实性呢? 以"谁氏"为准呢? 只能是仁者见仁,智者见智了。

梁启超将真实性的判定交给每一个用心去感触的人,交给每个人的心。这就是"吾之所见者,即吾所受之境之真实相也"。"见"是心之见,所以,"惟心所造之境为真实"。

梁启超实际上是将佛教的"真实"观运用于审美。

他认为,审美的真实,如佛教的真实观一样,指的也是心理的真实,生命本能的真实,而且它还是审美者个体的真实,是个体的生命在精神上对于世界至诚的拥抱,乃至最后个体生命与世界边界的消融与合一。这种真实不仅出现于宗教的迷狂,也常出现于审美的自由。

---

① 金雅编:《中国现代美学名家文丛·梁启超卷》,中国文联出版社 2017 年版,第 60 页。

审美自由,在达到巅峰时,会出现一种灵感,灵感虽不好全归为情感,但灵感必然伴随有强烈的情感活动。梁启超说"'烟士披里纯'者发于思想感情最高潮之一刹那顷"①。它的最大特点是突发性和超常的创造性。梁启超说:"千古之英雄、豪杰、孝子烈妇、忠臣义士以至热心之宗教家、美术家、探险家,所以能为惊天地泣鬼神之事业,皆起于此一刹那顷,为此'烟士披里纯'之所鼓动。"② 当然,灵感不只属于美感,但审美活动中特别易于产生灵感,却是不争之事实。

这里,必须指出的是,梁启超说的"美"包含有"审美"。我们一般将"美"与"审美"分成两个概念,美,为审美对象;审美,为审美主体。梁启超是否考虑到这一问题? 应该说,是考虑到了的。他执意不将美与审美分开,是因为他认为美与审美不可分。美并不是客观的,与人无关,审美同样如此,它们均是客观与主观的统一、物与心的统一。物与心的统一即为境。美,是作为对象的境;审美,是对象的境在心中的显现。作为对象的境和心中显现的境,均是心对物的改造,均是心的创造。

第五节　艺术的美学品格

关于艺术的美学品格问题,梁启超在20世纪20年代写了两部重要的理论专著——《中国韵文里头所表现的情感》《中国之美文及其历史》,对此做了深入的探讨;另外,《情圣杜甫》《屈原研究》《陶渊明》《美术与生活》《美术与科学》等论文也有许多精辟的见解。

梁启超的《中国之美文及其历史》是论述中国韵文发展史的学术专著。他将韵文称为"美文",当然,称韵文为美文,并不是说只有韵文才美,在他看来,凡艺术都应是美的。梁启超有几篇谈美术的文章,就都谈到了美。

艺术之所以是美的,是因为艺术的本质也是情感。梁启超说:"艺术

---

① 金雅编:《中国现代美学名家文丛·梁启超卷》,中国文联出版社2017年版,第61页。
② 金雅编:《中国现代美学名家文丛·梁启超卷》,中国文联出版社2017年版,第61页。

是情感的表现。"① 虽然生活已经有丰富的情感了,为什么人们还需要艺术呢?

> 音乐美术文学这三件法宝,把"情感秘密"的钥匙都掌握住了。艺术的权威是把那霎时间便过去的情感,捉住他,令他随时可以再现,是把艺术家自己"个性"的情感,打进别人们的"情阀"里头,在若干期间内占领了"他心"的位置。②

梁启超说音乐、美术、文学为"三件法宝",为何称宝?是因为它们"把'情感秘密'的钥匙都掌握住了"。

"情感秘密"是什么?梁启超没有展开论述,在这里,他强调的是"艺术家'个性'的情感"。个性情感,自然是特色情感。因为是艺术家,自然这特色情感,较之普通情感更深刻、更饱满、更美丽。而且艺术家懂得如何让作品中的情感更好地去感染人、感动人、激发人。梁启超将艺术家特有这种本领称为"打进别人们的'情阀'"。

基于此,艺术在人的审美生活中,处于实际生活无可取代的地位。事实上也正是如此,不要说文明社会,艺术为必需之物,就是在史前,艺术也是必需之物,大量的考古发现,人类之始,就有艺术。

在艺术家中,在情感的提炼上、情感的传达上,做得出色的人非常之多,但梁启超特别推崇唐代诗人杜甫。他说:

> 杜工部被后人加上的徽号叫做"诗圣"。诗怎么样才算"圣",标准很难确定。我们也不必轻轻附和。我以为工部最少可以当得起情圣的徽号,因为他的情感的内容是极丰富的,极真实的,极深刻的。他表情的方法又极熟练,能鞭辟到最深处,能将他全部完全反映不走样子,很像电气一般,一振一荡的打到别人的心弦上。中国文学界写情圣手,没有人比得上他,所以我叫他做情圣。③

称杜甫为"情圣"这种说法过去是没有的。对杜甫成就的看法,过去的

---

① 梁启超:《饮冰室合集》文集之三十八,中华书局 1941 年版,第 37 页。

② 梁启超:《饮冰室合集》文集之三十七,中华书局 1941 年版,第 72 页。

③ 梁启超:《饮冰室合集》文集之三十八,中华书局 1941 年版,第 38 页。

认识偏重于他对于社会生活的深刻的反映,正是因为如此,杜甫诗称为"诗史"。梁启超并不否定杜诗在这方面的价值,但他更看重杜诗的审美价值。诗是艺术,不是历史,不是科学,故而其认识功能不是本质的,也不是第一位,作为艺术,诗的本质功能、第一位功能应该是审美。而审美的核心为情,因此,与其称杜甫为"诗圣",还不如称他为"情圣"。

在艺术的内容上,梁启超十分重视真。

在《美术与科学》这篇文章中,梁启超讨论了美术与科学的关系。他认为美术与科学是相通的。他说:

> 密斯忒阿特密斯忒赛因士,他们哥儿俩有一位共同的娘。娘叫什么名字?叫做密斯士奈渣,翻成中国话,叫做"自然夫人"。问美术的关键在哪里,限我只准拿一句话回答,我便毫不踌躇的答道:"观察自然。"问科学的关键在哪里,限我只准拿一句话回答,我也毫不踌躇的答道:"观察自然。"①

梁启超将美术与科学的基础均定在"观察自然",可见他很强调艺术的真实性。梁启超认为美术的重"真"有助于科学的重"真"。梁启超说:"科学根本精神全在养成观察力,养成观察力的法门虽然很多,我想没有比美术更直捷了,因为美术家所以成功,全在观察'自然之美'。怎样才能看得出'自然之美',最要紧是观察'自然之真'。能观察自然之真,不唯美术出来,连科学也出来了,所以美术可以算得科学的全(疑为金)锁匙。"② 基于艺术与科学的内在相通性,梁启超认为,不仅科学可以产生艺术,艺术也可以产生科学。他说:"美术所以能产生科学,全从'真美合一'的观念发生出来。"③

值得指出的是,梁启超虽然认为艺术与科学都需要真,但他并不把艺术之真与科学之真等同起来。在论述屈原作品时,他强调屈原作品一大特点是想象丰富。想象的东西自然不是现实世界的东西,但这种想象出自屈

① 梁启超:《饮冰室合集》文集之三十八,中华书局1941年版,第9页。
② 梁启超:《饮冰室合集》文集之三十八,中华书局1941年版,第11页。
③ 梁启超:《饮冰室合集》文集之三十八,中华书局1941年版,第8页。

原极为真挚的情感。如果追根究底,屈原想象的依据以及他想象的事物也都离不开"观察自然"。梁启超说:"屈原脑中含有两种矛盾元素:一种是极高寒的理想,一种是极热烈的感情。"[1]正是这两种矛盾因素造就了屈原奇特的想象。

梁启超也重视艺术的善。

在《中国韵文里头所表现的情感》中,他说,文章中的情感不是没有定性的,而是有定性的。这个定性就是善:

> 情感的作用固然是神圣的,但他的本质不能说他都是善的都是美的。他也有很恶的方面,他也有很丑的方面。他是盲目的,到处乱碰乱进,好起来好得可爱;坏起来也坏得可怕。所以古来大宗教大教育家都最注意情感的陶养。[2]

梁启超想将"神圣"与"善""美"区别开来,说情感的作用"神圣",是说情感的作用极大,然而,不一定为"善",也不一定为"美"。有时,它也可能很恶、很丑,因此,情感需要陶养。对于艺术家来说,他有社会的责任与担当,写入作品的情感必须是善的、美的。

真、善,均融化在情感中,为情感定性,并成为艺术的内容。

除此以外,艺术还有个形式的问题。形式关系艺术家情感的表达。梁启超认为,杜甫的诗之所以具有强大的艺术感染力,与他情感的表达方式有重要关系。梁启超说杜甫的诗"三板一眼的哭出来,节节含着真美"。这"三板一眼"就是指形式。

艺术形式的意义不仅在于它是艺术内容的载体,而且还在于它本身也具有审美价值。

梁启超评论中晚唐的诗时说:

> 中晚唐时,诗的国土被盛唐大家占领殆尽。温飞卿李义山李长吉诸人,便想专从这里头辟新蹊径。飞卿太靡弱,长吉太纤仄,且不必论。

---

[1]　梁启超:《饮冰室合集》文集之三十九,中华书局1941年版,第55页。

[2]　梁启超:《饮冰室合集》文集之三十七,中华书局1941年版,第71页。

义山确不失为一大家。这一派后来衍为西昆体,专务捏扯词藻,受人诟病。近来提倡白话诗的人不消说是极端反对他了。平心而论,这派固然不能算诗的正宗,但就"唯美的"眼光看来,自有他的价值。①

这里,"唯美的"指唯形式美。"唯美的"通常用作贬义,但梁启超认为"唯美的"亦"自有他的价值",可见他很看重艺术形式美。梁启超还举李义山的《碧城》三首中的第一首为例,分析道:"这些诗,他讲的什么事我理会不着,拆开一句一句的叫我解释,我连文义也解不出来,但我觉得他美,读起来令我精神上得一种新鲜的愉快。须知,美是多方面的。美是会有神秘性的。我们若还承认美的价值,对于这种文学,是不容轻轻抹煞啊。"②

总起来说,梁启超对于艺术的定位是非常清楚的,这就是审美。梁启超说:

> 审美本能是我们人人都有的,但感觉器官不常用或不会用,久而久之,麻木了。一个人麻木,那人便成了没趣的人;一民族麻木,那民族便成了没趣的民族。美术的功用在把这种麻木状态恢复过来,令没趣变为有趣。换句话说,是把那渐渐坏掉了的爱美胃口,替他复原,令他常常吸受趣味的营养,以维持增进自己的生活康健。明白这种道理,便知美术这样的东西在人类文化系统上该占何等位置了。③

梁启超这种对艺术的功能、本质的认识,与他在《论小说与群治之关系》中所表达的对艺术的功能、本质的认识有些差别。

梁启超发表于1902年的《论小说与群治之关系》是晚清"小说革命"的纲领性文献。在这篇文章中,梁启超提出:

> 欲新一国之民,不可不先新一国之小说。故欲新道德,必新小说;欲新宗教,必新小说;欲新政治,必新小说;欲新风俗,必新小说;欲新学艺,必新小说;乃至欲新人心,欲新人格,必新小说。何以故? 小说

---

① 梁启超:《饮冰室合集》文集之三十七,中华书局1941年版,第119页。
② 梁启超:《饮冰室合集》文集之三十七,中华书局1941年版,第120页。
③ 梁启超:《饮冰室合集》文集之三十九,中华书局1941年版,第24页。

有不可思议之力支配人道故。①

梁启超在 19 世纪末 20 世纪初积极倡导"小说革命",立足点还是政治,他试图以诗、小说为武器,来宣传、鼓吹他们的政治主张。关于这一点,他说得很清楚:"今日欲改良群治,必自小说界革命始;欲新民,必自新小说始。"②

这种说法,与梁启超强调艺术的本质为审美并不相矛盾,因为在他看来,艺术本具有多种功能,政治功能是不可忽视的其中之一。中国自古就有"诗教"传统,诗教实质上包含政治教育。中国的"诗教"传统与"抒情"传统即审美传统从来就是结合在一起的。"诗言志"中的"志"既是理解,又是情感,既是政治,又是审美。梁启超的艺术观,应该说是一以贯之,只是在不同的时期,强调的重点不同罢了。

梁启超的美学明显具有时代转型的色彩,而主导倾向应属于现代。梁启超于国学、西学都有浓厚兴趣,二者并不偏废,但理论体系属于西学。梁启超广泛吸取西方近现代美学,似乎不宗一家。这点似与王国维、蔡元培有所不同。另外,梁启超吸取西方美学思想,并不是食洋不化,而是化为了自己的血肉。他的"趣味主义"人生观虽然可以从西方美学、中国古代哲学找到根据,但更多的还是自己从实践中得来的真切体会。

梁启超的美学可以说是人生美学。他是真正将美学观当作人生观来建构的学者。梁启超是"用世"的学者,"趣味主义"在别人也许会走向享乐主义、颓废主义,而在他却充满积极用世的乐观主义精神,充分体现刚刚走上政治舞台的新兴的资产阶级那种可贵的进取精神和蓬勃朝气。

---

① 梁启超:《论小说与群治之关系》,见《近代文论选》上,人民文学出版社 1999 年版,第 157 页。
② 梁启超:《论小说与群治之关系》,见《近代文论选》上,人民文学出版社 1999 年版,第 161 页。

第 四 章
蔡元培的美学思想

　　蔡元培（1868—1940），字鹤卿，号孑民，浙江绍兴人，中国现代著名的学者、教育家。蔡元培堪为中国近代知识分子的代表人物，他早年饱读儒学经典，参与晚清科举考试，中了进士，被皇帝钦点为翰林院编修，按此经历，他应效忠于清廷，然而并不，他积极参加辛亥革命，为反清团体光复会的主要首领。中华民国成立后，他出任中华民国首任教育总长，其后，又出任北京大学校长。在主持北京大学期间，他于教育所采取的诸多改革措施，直到今日还为人们津津乐道。有些措施，北京大学今日还在奉行。蔡元培旧学出身，但并不如有些人那样，将旧学看成立身之本，一味抱残守缺，相反，他对西学兴趣极为浓厚。他多次留学欧洲、日本，不为学位，而为学习。在学术上，他是中国难得的人文社会科学综合型人才，以至于他到底持何专业，难以判定。关于这，他自己有一个说法。1935年，他已年近七十，在应《大众画报》之约而写的《假如我的年纪回到二十岁》一文中说："我若能回到二十岁，我一定要多学几种外国语，自英语、意大利语而外，希腊文与梵文，也要学的；要补习自然科学，然而（后）专治我所心爱的美学及世界艺术史。"[①] 于此说来，美学是他的专业。蔡元培曾在北京大学、北京高等师

---

① 《蔡元培美育论集》，湖南教育出版社1987年版，第298页。

范学校开设美学课程,亦曾到各地讲授美学,留下许多讲稿。他的美学专著《美学通论》可惜仅写完三章,没有全部完成。他于美学最大的贡献是他的"以美育代宗教"说。

第一节　美　术　观

蔡元培有诸多讲演稿论及美术。他讲的美术相当于现今所说的艺术,《美术的起源》中,他说:"美术有狭义的,有广义的。狭义的,是专指建筑、造象(雕刻)、图画与工艺美术(包括装饰品等)。广义的,是于上列各种美术外,又包含文学、音乐、舞蹈等。西洋人著的美术史,用狭义;美学或美术学,用广义。"①

蔡元培在谈美术起源问题时,用的是广义。为什么讨论美术的起源要用广义? 因为起源涉及本质,美术的本质,在蔡元培看来,就是审美。

蔡元培正是持审美的立场探讨美术的起源问题。

美术是人创造出来的,人之所以要创造美术,是审美的需要。审美的需要,说明人有美感。一个问题提出来了:审美的需要在人,是原生态的,还是派生的? 即审美是人生而就有的,还是基于生存这一原生态派生出来的?

蔡元培是主张原生态的,但他没有明确地说,不过,他举了个例子:"从前达尔文遇着一个 Feuerlaner 人,送他一方红布,看他做什么用。他并不制衣服,把这布撕成细条儿,送给同族,作为身上的装饰。后来遇着澳洲土人,试试他,也是这个样子。除了 Eskimo 人,非衣服不能御寒外,其余初民,大抵觉着装饰比衣服要紧得多。"② 现代人是这样对待装饰的,那么原始人如何呢? 蔡元培借助考古学的材料,还有人类学的材料,证明原始人也是这样的。

① 《蔡元培美学文选》,北京大学出版社 1983 年版,第 86 页。
② 《蔡元培美学文选》,北京大学出版社 1983 年版,第 88 页。

吴昌硕:《菊花》

爱美是人类的天性，是一种与生存需要、性需要同样的自然本能，在这一点上，与动物并无区别。蔡元培说："动物已有美感，是无可疑的。"①

但有美感，是不是就有能力创作美术，蔡元培认为不行。对于美术的产生来说，一要美感，二是创造力。动物有美感，但有创造力吗？蔡元培予以否定。他说："有多数能歌的鸟，如黄莺，很可以比我们的音乐。中国古书，如《吕氏春秋》等，还说'伶伦取竹制十二筒，听凤凰之鸣，以别十二律'云云，似乎音乐与歌鸟，很有关系。但他们是否是有意识的歌？无从证明。"②

蔡元培这一论述很深刻，他认识到于美术创作来说，美感之外，另一重要的因素，这就是创造力，而创造力正是人之所以为人的属性，是动物永远无法与人相比的原因。

即使是美感，人的美感与动物的美感，也有本质的不同。动物的美感是一种生命的本能，而人的美感，其中包含非常可贵的精神意识。蔡元培在《对于教育方针之意见》中说：

> 美感者，合美丽与尊严而言之，介乎现象世界与实体世界之间，而为之津梁。③

也许，对于"美丽"的感觉，动物也有，但"尊严"的感觉却只能是人具有，而动物不具有。尊严是人的意识，属于人的高级意识——自我意识。人意识到自己的存在，也希望对象意识到自己的存在。这种意识中，包含诸多重要的与生命相关的内容，这生命，不仅是物质的生命、自然的生命，而且还有精神的生命、社会的生命。而美感，作为人的高级意识，以"美丽"和"尊严"彰显，相较人的其他意识，如真感（对真实世界的认知）、善感（对社会、他人的认同），其内涵更丰富，其意义更伟大。

美感还是现象世界与实体世界之津梁，这是康德的观点。在康德看来，现象世界即现实生活是悲苦的，实体世界即精神世界多为宗教的或哲学的

---

① 《蔡元培美学文选》，北京大学出版社 1983 年版，第 86 页。

② 《蔡元培美学文选》，北京大学出版社 1983 年版，第 86—87 页。

③ 《蔡元培美学文选》，北京大学出版社 1983 年版，第 4 页。

或审美的,实体世界才是幸福的。谁不喜欢幸福?那么,用什么去架起这座由悲苦到幸福的桥梁?美术。

为什么美术能够架起这样一座桥梁?蔡元培据康德的理论,阐述道:

> 在现象世界,凡人皆有爱恶惊惧喜怒悲乐之情,随离合生死祸福利害之现象而流转。至美术,则即以此等现象为资料,而能使对之者,自美感之外,一无杂念。例如采莲煮豆,饮食之事也,而一入诗歌,则别成兴趣。火山赤舌,大风破舟,可骇可怖之景也,而一入图画,则转堪展玩。是则对于现象世界,无厌弃而无执著也。人既脱离一切现象世界相对之感情,而浑然之美感,则即所谓与造物为友,而已接触于实体世界之观念矣。①

现象世界只是美术的资料。美术并不是现象世界的复制。应该说,这种复制于人是完全不必要的。人所需要的是用现象世界为原料制作出的精神产品——美术。

美术具有三种重要性质:一是艺术真实性。美术的原料来自现象世界,因此与现象世界有联系,因而具有艺术所认可的真实性。二是审美趣味性。日常生活,如"采莲煮豆"一入诗歌,则"别成兴趣";"可骇可怖之景"一入图画,则"转堪展玩"。三是精神启迪性。美术家是社会上具有较高思想修养和智慧的人物,他在创作美术时,自然将自己的思想、智慧渗透于其中,因此,美术作品较之现象世界就增多了思想、智慧的启迪性。精神启迪性至高者,则让人的精神进入一种"实体的世界","与造物为友",这样,对于现象世界能执一种"无厌弃而无执著"的态度。按康德的看法,这就是幸福了。

康德这种对于美术功能的解释,就是美育说,对于这种理论,蔡元培是信服的。

关于中西美术之比较,蔡元培也有一些不错的见解,他说:

> 中国画家,自临摹旧作入手。西洋画家,自描写实物入手。故中

---

① 《蔡元培美学文选》,北京大学出版社 1983 年版,第 5 页。

国之画,自肖像而外,多以意构,虽名山水之图,亦多以记忆所得者为之。西人之画,则人物必有概范,山水入(必)有实景;虽理想派之作,亦先有所本,乃增损而润色之。

中国之画,与书法为缘,而多含文学之趣味。西人之画,与建筑雕刻为缘,而佐以科学之观察、哲学之思想。故中国之画,以气韵胜,善画者多工书而能诗,西人之画,以技能及义蕴胜,善画者或兼建筑、图画二术。而图画之发达,常与科学及哲学相随焉。①

我国建筑,既不如埃及式之阔大,亦不类哥特式之高骞,而秩序谨严,配置精巧,为吾族数千年来守礼法尚实际所表示焉。②

我国尚仪式,而西人尚自然。故我国造象,自如来袒胸,观音赤足,仍印度旧式外,鲜不具冠服者。西方则自希腊以来,喜为裸象,其为骨骼之修广,筋肉之张弛,类以解剖术为准。③

以上这些看法,很经典。值得一说的是,蔡元培以上关于中西美术比较的言论,出自他1916年5月在法国华工学校师资班讲课的讲义,当年6月在《旅欧杂志》上连载,1919年8月,在法国印成专书,题为《华工学校讲义》。这说明蔡元培是较早从事中西美术比较研究的学者。

第二节　美　学　观

蔡元培受德国古典美学的影响很深,他在德国莱比锡留学期间,酷爱康德哲学,回国后曾专文介绍康德美学。对于席勒、叔本华的美学,蔡元培亦表现出浓厚的兴趣。当时风行欧洲的还不是康德们的"玄学"美学,而是心理学美学,特别是立普斯的移情说,对此蔡元培也认真学习过。不过,他说:"感情移入的理论,在美的享受上,有一部分可以应用,但不能说明全部;存为说明法的一种就是了。"总体来看,蔡元培的美学取兼容并包的姿态,

---

① 《蔡元培美学文选》,北京大学出版社1983年版,第53页。
② 《蔡元培美学文选》,北京大学出版社1983年版,第59页。
③ 《蔡元培美学文选》,北京大学出版社1983年版,第60页。

而以康德的美学为主干。

一、美具有独立的价值

蔡元培在 1915 年编译的《哲学大纲》"价值论"一编中,介绍了美学。他认为,科学、道德、审美是人类三大价值:

> 科学在乎探究,故论理学之判断,所以别真伪。道德在乎执行,故论理学之判断,所以别善恶。美感在乎赏鉴,故美学之判断,所以别美丑。①

任熊:《屈原》

科学判断——别真伪;道德判断——别善恶;美学判断——别美丑。美学判断即审美。

蔡元培认为,审美价值有其独立性的一面,但并非不接受科学、道德、宗教的影响。他说:"夫美感既为具体生活之表示,而所谓感觉伦理道德宗教之属,均占有生活内容之一部,则其错综于美感之内容,亦固其所。而美学观念,初不以是而失其独立之价值也。意志论之所昭示,吾人生活,实以道德为中坚,而道德之究竟,乃为宗教思想。其进化之迹,实皆参互于科学

_____

① 《蔡元培美学文选》,北京大学出版社 1983 年版,第 66 页。

之概念。"①

关于审美的价值,蔡元培多方面予以论述:

(1)"爱美是人类性能中固有的要求。"② 爱美是人类的本性,满足人类本性的需求,有助于建立健全的人格。

(2)审美在人格培养方面,有其独特的功能,那就是它培植一种"宁静的人生观"。蔡元培说:"哲学之理想,概念也,理想也,皆毗于抽象者也。而美学观念,以具体者济之,使吾人意识中,有所谓宁静之人生观。而不至疲于奔命,是谓美学观念唯一之价值。"③ 这种宁静的人生观,一是与一般的哲学观念相区别;二是与道德、宗教相区别。如果说,道德的要义在于"原则",宗教的要义在于"信仰",那么,审美的要义就在这"宁静"了。宁静不是一般意义的安静、平静,而是精神的升华与超越。

(3)"如其能够将这种爱美之心因势而利导之,小之可以怡性悦情,进德养身,大之可以治国平天下。"④ 这就将审美价值与道德价值、科学价值联系起来了,提到"治国平天下"的高度了。

二、美与美感的特性

审美价值的独立性,关键在美与美感的特性。

关于美与美感的论述,蔡元培大量吸收德国古典美学和英国经验派美学的观点,并融入自己的看法。

蔡元培首先肯定美感是一种快感。他说:"美学观念者,本于快与不快之感。"⑤ 美感作为快感,它与人的两种心理相联系,一是感觉,二是情感。蔡元培接受西方传统的美学观点,认为"美学上种种问题,殆全属于视、听两觉"⑥。

---

① 《蔡元培美学文选》,北京大学出版社 1983 年版,第 67 页。
② 《蔡元培美育论集》,湖南教育出版社 1987 年版,第 291 页。
③ 《蔡元培美学文选》,北京大学出版社 1983 年版,第 66 页。
④ 《蔡元培美育论集》,湖南教育出版社 1987 年版,第 291 页。
⑤ 《蔡元培全集》第二卷,中华书局 1984 年版,第 379 页。
⑥ 《蔡元培全集》第二卷,中华书局 1984 年版,第 125 页。

对于美感，蔡元培更强调的是情感。蔡元培也运用中国古典美学"兴味"这一概念来说明美感的性质。他充分肯定美感玩赏、娱乐的性质。但是蔡元培又不把美感看成一般的娱乐、玩赏，他着重肯定美和美感的普遍性和超脱性。他说："美的对象，何以能陶养感情？因为他有两种特性：一是普遍，二是超脱。"①

关于美与美感的普遍性，蔡元培一是强调它的非概念性。他说："美感一定要与舒服及合用有分别，所以一定有普遍性。美的普遍性，就是没有概念。他是纯粹对于单一对象的判断。我们说美，是一种价值的形容词，不是一种理论的知识，为一种实物，或一种状态，或一种关系，来规定性质的。"② 非概念性说明美是不涉及科学知识的，它是纯形式的。然而，这种"形式不是实物直接给予的，所以，美的对象不是凭感觉所得，而是由想象得来的"。那么，美还有没有自己的内容？有。只是美的内容不是实物的内容，它需"凭着官觉的直观和理解的综合之后的总效，才得到它的内容"③。可见，这种内容其实是没有严格规定的，它是直观与理解共同作用的产物。

美与美感普遍性的第二项意思是共享性。蔡元培说："食物之入我口者，不能兼果他人之腹；衣服之在我身者，不能兼供他人之温，以其非普遍性也。美则不然。即如北京左近之西山，我游之，人亦游之；我无损于人，人亦无损于我也。隔千里兮共明月，我与人均不得而私之。中央公园之花石，农事试验场之水木，人人得而赏之；埃及之金字塔，希腊之神祠，罗马之剧场，瞻望赏叹者若干人，且历若干年，而价值如故。"④

关于美与美感的超脱性，是建立在美与美感普遍性的基础之上的。它主要指美与美感的无功利性。蔡元培说："美以普遍性之故，不复有人我之关系，遂亦不能有利害之关系。""美色，人之所好也；对希腊之裸像，决不

---

① 《蔡元培美育论集》，湖南教育出版社 1987 年版，第 168 页。
② 《蔡元培美育论集》，湖南教育出版社 1987 年版，第 169 页。
③ 《蔡元培美育论集》，湖南教育出版社 1987 年版，第 266 页。
④ 《蔡元培全集》第三卷，中华书局 1984 年版，第 33 页。

敢作龙阳之想；对拉飞尔若鲁滨司之裸体画，决不敢有周昉秘戏图之想。盖美之超绝实际也如是。"①

美与美感的超脱性，是美与美感的最重要的性质，蔡元培将它又看作"超官觉"性。他认为"美的功用，就是给人类超出官觉的世界而升到超官觉的世界"，这"超官觉的世界"蔡元培说就是道德的世界。这样，美与善相通了。照康德的学说，它可以说是"关系美"的标本。

美与美感的超脱性，使美与美感通向自由。蔡元培接受席勒、叔本华这方面的观点，认为美与美感可以摆脱因果律的束缚，也可以摆脱现实的束缚，从而进入自由的境界。这样，"由美的标记而观照物的本体"②。

"物的本体"即康德说的"物自体"。它是真、善、美的本源。真、善、美这三者是统一的，"善离了真，不免以恶为善；离了美，不免见善而不能行"③。

三、美的类型

关于美的类型，蔡元培从两个方面做了深入的论述：

（1）从美的性质来分类，美可以分为都丽之美和崇闳之美。都丽之美又称优美，崇闳之美又称壮美。对优美、壮美性质的认识，蔡元培基本上沿袭康德。他在《康德美学述》中概括优美有四个性质：超逸、普遍、有别、必然。最后，概括说："美者，循超逸之快感，为普遍之断定，无鹄的而有别，无概念而必然者也。"④ 这虽然是康德的观点，但蔡元培是接受的。都丽之美，蔡元培认为是"普遍之美"，崇闳之美则是"特别之美"。崇闳之美，他认为，可分为"至大""至刚"两种，这即是康德说的"数量的崇高"和"力量的崇高"。这种崇闳之美，蔡元培认为也是破除了利害关系的。除此以外，还有悲剧和滑稽。悲剧附丽于崇闳之美，滑稽附丽于都丽之美。这几种美，"皆足以破人我之见，去利害得失之计较。则其所以陶养性灵。使之日进

① 《蔡元培全集》第三卷，中华书局 1984 年版，第 33 页。
② 《蔡元培美育论集》，湖南教育出版社 1987 年版，第 170 页。
③ 《蔡元培美育论集》，湖南教育出版社 1987 年版，第 187 页。
④ 《蔡元培美育论集》，湖南教育出版社 1987 年版，第 42 页。

于高尚者,固已足矣"①。

(2)从美的载体来分类,蔡元培认为有自然美、艺术美、社会美等。蔡元培充分肯定自然的审美价值,他说西湖有很多人来,这些人可分为两种:一是游览,二是为烧香。游览者不消说是为审美而来的,就是烧香的,"仍旧为西湖风景好才来的,也就是因为藉此能满足他们的爱美欲望才来的"。但自然美不能完全满足人的爱美欲望,所以,必定要于自然美外有人造美。人造美中最重要的是艺术美,其次是社会美。所有这些美,蔡元培认为其价值都在"唤醒人心","陶养性灵",培植"纯洁的人格"。

蔡元培的美学观基本上没有自己的创造性,而是西方康德美学的照搬,它的重要意义,一是向中国人介绍西方的美学,而且这种介绍基本上是准确的。二是推动中国学人对于构建具有中国特色的美学做进一步的思考。

第三节　美　育　观

蔡元培的美学思想,最具有个人特色的是他的美育观,这也是他美学思想中最有价值的部分。

一、美育的地位

中国清代所钦定的教育宗旨为:忠君、尊孔、尚武、尚实。中华民国成立后,蔡元培出任教育总长,在向教育部提供的关于教育方针的意见中,他明确地提出"五育":军国民主义、实利主义、德育主义、世界观、美育主义。② 其后,他又提出"四育":体育、智育、德育、美育。③ 两者均先后被定为民国政府的教育方针。

蔡元培确定美育的地位,其理论根据主要有二:

---

① 《蔡元培全集》第三卷,中华书局 1984 年版,第 34 页。
② 参见蔡元培:《对于教育方针之意见》,《蔡元培美育论集》,湖南教育出版社 1987 年版。
③ 参见蔡元培:《对于教育方针之意见》,《蔡元培美育论集》,湖南教育出版社 1987 年版。

(一) 从人的心理结构寻找根据

西方哲学认为,人的心理结构分为知、意、情三个方面,与之相关,则有真、善、美三个方面的要求。也可以说,真、善、美为人的三种价值。① 既然美为三种价值之一,有真育 (科学教育)、善育 (道德教育),也就应该有美育。

(二) 从康德哲学中寻找理论根据

康德将世界分成两种:现象世界和实体世界。与之相对应,人的精神能力有三种:知解力、理性、判断力。知解力掌握现象世界,理性掌握实体世界。这两个世界需要沟通,这就要找到一个能沟通二者的桥梁。康德认为,判断力就是他所要找的桥梁。判断力分成两种:审美判断力和目的论判断力。

对于康德这一理论,蔡元培有自己的理解。他认为,世界有两个方面,亦如纸之有表里。这两个方面一为现象,一为实体。现象世界的事以追求现世幸福为目的;实体世界的事以追求未来幸福为目的。现象世界与实体世界的区分在于前者的范围为因果律,后者则超出因果律;前者可以凭经验,后者则全恃直观。实体世界为世界的本体。蔡元培认为现象世界与实体世界并非截然分开,也不互相冲突,实体世界其实就在现象世界之中。但为什么实际情况却是二者对立,现象世界成了实体世界的障碍呢?蔡元培认为主要是两种意识作怪:一是"人我之差别";二是"幸福之营求"。军国民主义、实利主义、道德这三种教育都是为现象世界服务的。那么,又如何让人的观念进到实体世界呢?

这需要实施一种教育,这种教育,"要循思想自由言论自由之公例,不以一流派之哲学、一宗门之教义梏其心,而惟时时悬一无方体无始终之世界观以为鹄。如是之教育,吾无以名之,名之曰世界观之教育。"②

"世界观教育"非常重要,实质是一种哲学教育,哲学具有抽象性、论理性,"非可以旦旦而聒之也",然而,又不是"枯槁单简之言说袭而取之",那

---

① 参见蔡元培:《对于教育方针之意见》,《蔡元培美育论集》,湖南教育出版社 1987 年版。

② 《蔡元培美学文选》,北京大学出版社 1983 年版,第 4 页。

么，有什么好的办法吗？有，那就是美感教育。"美感，合美丽与尊严而言之，介乎现象世界与实体世界之间，而为之津梁。此为康德所创造，而嗣后哲学家未有反对之者也。"① 美感之所以能担此重任，一是它美丽，接地气，为人所喜爱；二是它尊严，接天理，为人所尊崇。于是，它就能一头连接现象世界，以接地气，另一头连接实体世界，以接天理。

蔡元培为了形象地说明美育的地位，用了一个比喻，说譬如人身，军国民主义相当于筋骨，用以自卫；实利主义相当于胃肠，用以营养；公民道德相当于呼吸循环，用以周贯全身；美育相当于神经系统，用以传导；世界观相当于心理作用，它是人活动的指导。②

二、美育的目的

美育运用美感去教育人。美感的重要特点是以情感人。情感作为人的三大心理功能之一，其力量是非常之大的。那种把人我的分别、一己利害关系统统忘掉的伟大而高尚的行为，蔡元培认为"是完全发动于感情的"③。因此，美育的目的，首先就与情感相联系。蔡元培说："美育者，应用美学之理论于教育，以陶养感情为目的者也。"④

人人都有情感，但并非人人都有伟大而高尚的行为，这是由于每个人的情感质量和力量不一样，因而情感需要陶养。蔡元培说："陶养的工具，为美的对象；陶养的作用，叫作美育。"⑤

陶养情感虽然是美育最直接的目的，但美育的目的决不止于它，美育由影响人的情感入手，进而要影响人的整个心理功能，这其中对德育的影响是最大的。蔡元培说："人生不外乎意志，人与人互相关系，莫大乎行为；故教育之目的，在使人人有适当之行为，即以德育为中心是也。顾欲求行

---

① 《蔡元培美学文选》，北京大学出版社 1983 年版，第 4 页。
② 参见《蔡元培美育论集》，湖南教育出版社 1987 年版，第 6 页。
③ 《蔡元培美育论集》，湖南教育出版社 1987 年版，第 266 页。
④ 《蔡元培美育论集》，湖南教育出版社 1987 年版，第 208 页。
⑤ 《蔡元培美育论集》，湖南教育出版社 1987 年版，第 266 页。

为之适当，必有两方面之准备：一方面，计较利害，考察因果，以冷静之头脑判定之；凡保身卫国之德，属于此类，赖智育之助者也。又一方面，不顾生死，以热烈之感情奔赴之；凡与人同乐、舍己为群之德，属于此类，赖美育之助者也。所以美育者，与智育相辅而行，以图德育之完成者也。"① 蔡元培的意思是：人的培养，德育应是中心，而美育以巨大的情感力量有助于德育的完成。

对智育、美育也有很大的帮助。在《美术与科学的关系》一文中，蔡元培强调"科学与美术不可偏废"，他认为科学虽然与美术不同，但"在各种科学上，都有可以应用美术眼光的地方"。这就是说科学中有美，比如，算术，蔡元培说它虽然是枯燥的科学，但最美的形式比例黄金分割就属于算术。

蔡元培谈美育的价值，虽然也注意到了它对德育、智育的推动作用，但他更重视美育对健全人格培养的意义。他认为健全人格的造就，体育、德育、智育、美育四个方面，缺一不可。一个人，哪怕是科学家，如果在审美能力上欠缺，审美趣味贫乏，也"难免有萧索无聊的状态"。而"有了美术的兴趣，不但觉得人生很有意义，很有价值，就是治科学的时候，也一定添了勇敢活泼的精神"②。

在谈到美育与人格培养关系的时候，蔡元培不仅指出美育对造就健全人格是不可缺少的，而且强调它能"养成人有一种美的精神，纯洁的人格"③。所谓"美的精神""纯洁的人格"，是指能用审美的态度看待人生、看待生活。具体来说，"优美能使人和蔼，安静，对于一切能持静，遇事不乱，应付裕如；壮美使人有如受压迫，如瞻望高山，观览广洋狂涛，使人感到压迫，因而有反抗、勇往直前、一种大无畏的精神，奋发的情感"④。

蔡元培提出"以美育代宗教"说以后，有些人将它理解为以美术代宗教。蔡元培在1930年著专文谈美育，在文章的开头，就指出这是一种错误

① 《蔡元培美育论集》，湖南教育出版社1987年版，第208页。
② 《蔡元培全集》第四卷，中华书局1984年版，第32页。
③ 《蔡元培美育论集》，湖南教育出版社1987年版，第195页。
④ 《蔡元培美育论集》，湖南教育出版社1987年版，第195页。

的修改。他强调之所以不用美术而用美育，一是范围不同。美术通常为人们理解图画、雕刻、建筑三科为止，音乐、文学均未列入。更重要的是，美育决不限于艺术，日常生活中有诸多的美育，"凡有美化的程度者均在所包，个人的谈话与容止，尤供利用；都不是美术二字所能包举的"①。二是作用不同。"凡年龄的长幼，习惯的差别，受教育程度的深浅，都令人审美观念互不相同。"② 这就是说，美育是普泛的，一切人都要接受美育；而美术教育则不是这样，相当一部分人未必要学美术。

在蔡元培看来，美育是一种全民教育，也是一种终身教育。基于"美感，合美丽与尊严"，它不只是美的欣赏教育，还是健全人格的教育、人生观的教育、宇宙观的教育，具有整体性与崇高性。

三、以美育代宗教

蔡元培最重要的观点是"以美育代宗教"。他以此为题，做过多次演讲，并发表过很多文章。最早的演讲是 1918 年，在北京神州学会，刊登于《新青年》第三卷第六号 (1917 年 8 月)。1930 年，他在《现代学生》第一卷第三期 (1930 年 12 月) 刊登了《以美育代宗教》。

这些文章主要观点是一致的，具体阐述有别。

（1）最初的宗教涵盖智育、德育、美育于一体的。

（2）社会的进步，让智育、德育逐渐脱离宗教，剩下来的只有美育。

（3）在宗教中，美育的正面作用受到限制。

蔡元培指出："美育之附丽于宗教者，常受宗教之累，失其陶养之作用，而转以激刺感情。盖无论何等宗教，无不有扩张己教攻击异教之条件。"③ 美育所需要的是"破人我之见，去利害得失之计较"，两者宗教都无法做到。

（4）美育与宗教在本质上是对立的。

蔡元培说：

---

① 《蔡元培美学文选》，北京大学出版社 1983 年版，第 179 页。

② 《蔡元培美学文选》，北京大学出版社 1983 年版，第 179 页。

③ 《蔡元培美学文选》，北京大学出版社 1983 年版，第 70 页。

　　然则保留宗教，以当美育，可行么？我说不可。

　　一、美育是自由的，而宗教是强制的；

　　二、美育是进步的，而宗教是保守的；

　　三、美育是普及的，而宗教是有界的。

　　因为宗教中美育的原素虽不朽，而既认为宗教的一部分，则往往引起审美者的联想，使彼受智育德育诸部分的影响，而不能为纯粹的美感，故不能以宗教充美育，而止（只）能以美育代宗教。①

　　(5) 以美育代宗教。

　　比较宗教与美育的社会作用，蔡元培认为宗教的作用是消极的，美育的作用是积极的。他说："无论何等宗教，无不有扩张己教攻击异教之条件。"宗教之间的争夺是非常激烈的，基督教中新旧教之战，长达数十年之久。佛教号称圆通，其实"拘牢教义之成见"还是严重的。也就是说，宗教虽然讲人人平等，普度众生，实际上，并未能做到，不仅未做到，还制造了新的人与人之间的矛盾。这与美育的宗旨是对立的。蔡元培说，各种美，不管是都丽之美，还是崇闳之美，也不管是悲剧，还是滑稽，"皆足以破人我之见，去利害得失之计较。则其所以陶养性灵，使之日进于高尚者，固已足矣。又何取乎侈言阴骘，攻击异派之宗教，以激刺人心，而使之渐丧其纯粹之美感为耶？"②

　　蔡元培的观点很鲜明："舍宗教而易以纯粹之美育。"

　　蔡元培的"以美育代宗教"说，实质是取消宗教。当然，它是不现实的，宗教有它的独特功能，可能一个相当长的时间内，取消不了。不仅宗教取消不了，宗教在行使自己独特功能时，也不能不使用美育的手段，想让这部分美育独立出来，也是不可能的。

　　但是，确实可以有纯粹的美育，纯粹的美育可以不受宗教的掌控而独立。事实上，这样的美育一直在发展着、进步着。

---

① 《蔡元培美学文选》，北京大学出版社 1983 年版，第 180 页。

② 《蔡元培美学文选》，北京大学出版社 1983 年版，第 72 页。

四、美育实施的方法

蔡元培认为,美育实施主要可分三个范围:家庭、学校、社会。对这三个范围的美育如何实施,蔡元培做了详尽的说明,许多想法都非常之好,然在当时那个动乱、黑暗的社会,都只能是梦想。1930 年,已年逾花甲的蔡元培在接受《时代画报》采访时不胜感慨地说:"我以前曾经很费了些心血去写过些文章;提倡人民对于美育的注意。当时有许多人加入讨论,结果无非是纸上空谈。"尽管如此,老人还在苦口婆心地向社会呼吁:重视美育。他说:

> 科学愈昌明,宗教愈没落;物质愈发达,情感愈衰颓;人类与人类便一天天隔膜起来,而且互相残杀。本是人类制造了机器,而自己反而变了机器的奴隶,受了机器的指挥,不惜仇视同类。我的提倡美育,便是使人类能在音乐、雕刻、图画、文学里又找见他们遗失了的情感。我们每每在听了一支歌、看了一张画、一件雕刻,或是读了一首诗、一篇文章以后,常会有一种说不出的感觉;四周的空气会变得更温柔,眼前的对象会变得更甜蜜,似乎觉到自身在这个世界上有一种伟大的使命。这种使命不仅仅是要使人人有饭吃,有衣裳穿,有房子住,他同时还要使人人能在保持生存以外,还能去享受人生。知道了享受人生的乐趣,同时便知道了人生的可爱,人与人的感情便不期然而然地更加浓厚起来。那么,虽然不能说战争可以完全消灭,至少可以毁除不少起衅的秧苗了。[1]

蔡元培对社会的批判是深刻的,只是他开出的拯救社会药方带有空想性质。美育对于调节感情、净化灵魂、健全人格无疑有着重要作用,但是美育不是万能的,要从根本上解决当时社会的问题,还得抓住社会的主要矛盾,采取更为恰当的办法。不过,在今天,蔡元培关于美育的许多设想倒是可以变成现实的,因为时代不同了。从今天的社会需要来看蔡元培的美育

---

[1] 《蔡元培美学文选》,北京大学出版社 1983 年版,第 215 页。

学说,弥足珍贵。

梁启超、王国维、蔡元培是中国现代美学的奠基者。他们都是爱国忧民的知识分子,都深受"西学东渐"的影响,都力图从西方的学术文化中汲取营养,来培育新的中国文化。他们不是崇洋派,当然更不是顽固守旧的国粹派。在美学思想上,他们都比较多地倾心于德国古典美学,尤其是康德美学、叔本华美学。我们知道,德国古典美学,兼有革命、保守两重性。它是资产阶级反对封建阶级的思想武器,从总体来看,它是一种先进的美学思想。另外,德国古典美学是扬弃了英国经验派美学和大陆理性派美学之后,在更高程度上的综合。它无疑是理论形态更为严谨的一种美学体系。对于当时风行欧洲的实验美学、心理学美学,三位学者虽也有所吸收,但显然不及前者。对心理学美学的吸收,要到朱光潜那里,才蔚为大观,但那已不属于近代,而属于现代了。

第 五 章
毛泽东早期美学思想

　　《毛泽东早期文稿》一书收录的毛泽东早期文稿始自 1912 年至 1920 年，这期间，主要为毛泽东在湖南第一师范时期。毛泽东 1913 年进入湖南第四师范，第二年，该校合并到第一师范。1918 年毕业，随后辗转北京。1920 年他回到长沙，担任第一师范附属小学主事（校长），在学校期间，与杨开慧结婚，并与何叔衡代表湖南共产主义小组赴上海出席中共一大。1922 年冬，毛泽东辞去了第一师范的教职，开始了职业革命家的生涯。笔者论述毛泽东早期美学思想，基本上以毛泽东在湖南第一师范 8 年时间为主。

第一节　对美学学科的体认

一、美学的学科性质

　　毛泽东对于美学学科的认识来自德国人泡尔生所著的《伦理学原理》，此书为杨昌济在湖南第一师范的教材。毛泽东在听课和阅读此书过程中，做了大量的批注。本书中多次提到"美学"这一概念，其中一段云：

　　　　譬之美学，欲举绘画、雕塑、诗歌、音乐等一切现象，与其将来应有之事,悉以美术之观念罗举之,世岂有能之者? 盖美之实现,天才之事也。美学者取过去天才之创造,而循迹以考之,其职分在泛论美术中必不可缺之条件。即此一端,在美学者虽不能列举美术现象以贻将来,而能使美术家得豫知必不可缺之条件而免于谬误。伦理学亦然,虽不能胪举将来具足生活之内容,而立普通法则以指明具足生活所必不可缺少的条件,则亦使吾人各得以其特别之生活,准于所指示之条件,而免于违戾焉。①

毛泽东在这段文字旁边批注:

普通法则 (具足生活之必不可缺之条件)。②

这段批注说明毛泽东认同上引文字基本观点。上段文字主要是讲美学:

(一) 美学定义

上面引文没有给美学下定义,但指出"绘画、雕塑、诗歌、音乐等开一切现象"与美学相关。但它们并不是美学,只是美学现象。这种现象现在称为"艺术"。这些现象中有"观念",毛泽东称之为"美术观念"。这里的"美术"即艺术。当时通用美术来表达艺术,是强调艺术是美之术。

得出第一个结论:艺术观念属于美学,但艺术现象不是美学。

(二) 美的实现

美的实现是天才的事。这美的实现指艺术创造,说它是"天才的事",强调这事是创造,不是复制。这是康德的观点,康德据此认为艺术家高于科学家,因为科学家只是发现新的现象、新的规律,不是创造新的现象、新的规律。

得出第二个结论:美学的对象是美的创造,其中有艺术的创造 (不只是艺术创造)。

(三) 美学的职分

上面引文强调美学的职分是"泛论美术中必不可缺之条件",即是创美

---

① 《毛泽东早期文稿》,湖南人民出版社 2013 年版,第 110 页。

② 《毛泽东早期文稿》,湖南人民出版社 2013 年版,第 110 页。

的不可缺之条件,那就是规律。

得出第三个结论:美学是创美规律之学。

(四)美学的功效

美学作为创美之学,是众多创美个案的总结,但它不能穷尽所有案例,所以它的功效是有限的。但即使如此,还是要建立一个普通法则,这个普通法则,虽然不能囊括但可以指明"具足生活所必不可缺少的条件"。

得出第四个结论:美学是创美的普通之学。

应该说,当时的毛泽东通过阅读泡尔生的《伦理学原理》,接受了西方关于美学学科的知识,这是毛泽东对于美学基本的认知。

二、美学与哲学、伦理学的关系

毛泽东在 1917 年 8 月 23 日致黎锦熙的信中谈到哲学、伦理学与美学的关系。其中有两段话十分重要。

一段是:

> 当今之世,宜有大气量人,从哲学、伦理学入手,改造哲学,改造伦理学,从根本上变换全国之思想。此如大纛一张,万夫走集;雷电一震,阴曀皆开,则沛乎不可御矣! ①

这段文字强调哲学、伦理学的重要性,它们是管思想的。因此,改造世界应从改造哲学、伦理学入手。

另一段是:

> 真欲立志……必先研究哲学、伦理学,以其所得真理,奉以为言动之准,立之为前途之鹄……如此之志,方为真志……其始谓立志,只可谓之有求善之倾向,或求真求美之倾向。……只将全幅功夫,向大本大源处探讨。探讨既得,自然足以解释一切……②

---

① 《毛泽东早期文稿》,湖南人民出版社 2013 年版,第 73 页。
② 《毛泽东早期文稿》,湖南人民出版社 2013 年版,第 74 页。

这段话说立志，他说立志必先研究哲学、伦理学。只有将志立在哲学、伦理学上，方为真志。这志关涉三个倾向：求真、求善、求美。

三个倾向，当时的毛泽东在该信中将它统属于哲学、伦理学；而在同一时间，他在《伦理学原理批注》中，提出有一种名为美学的学科，它与伦理学既有相同之处，又有相异之处。按今天的学科分类法：

求真之倾向：科技哲学；求善之倾向：道德哲学（伦理学）；求美之倾向：审美哲学（美学）。哲学研究自然界、社会界、人的精神界最根本的问题，涵盖求真、求善、求美三个倾向。

从人的外部指向性来看，求真更多地通向自然，关乎人与自然的和谐；求善更多地通向社会，关乎人与人之间的和谐；求美更多地通向艺术（因为艺术是人类审美的典范形态），关乎人自身的灵与肉、情感与理智等诸多的和谐。

从人的内部活动来看，它们都为人的精神活动。关于人的精神活动，泡尔生的《伦理学原理》有这样一段："精神生活，亦有两方面，意志及知识是也。意志之动，为冲动、为感情。知识之动，为感觉、为知觉、为思维。"① 毛泽东在这段文字旁边批注："此以感情属于意志。"②

按照泡尔生的两分法，意志：冲动、感情；知识：感觉、知觉、思维。意志的两分，其中有感情。毛泽东将此观点特别拎出，说"此以感情属于意志"，似乎并不同意此种说法。

按现今的心理科学，感情从意志中分出，它主要属于审美。于是三种心理与三门学科相联系：

意志：伦理学

感情：美学

知识（认识）：科学

从以上的分析来看，早期的毛泽东已经有明确的学科意识，在他的观

① 转引自《毛泽东早期文稿》，湖南人民出版社 2013 年版，第 117 页。

② 转引自《毛泽东早期文稿》，湖南人民出版社 2013 年版，第 117 页。

念中，美学有它的独立地位。只是他没有合适的机会，去深入阐述他的美学观。

美学是人文学，属于哲学的一部分，关涉到人生目的。笔者认为，"有三种人生：谋生——自然人生；荣生——道德人生；乐生——审美人生。'谋生'为己，'荣生'为他（社会），二者均有很强的目的性，到'乐生'，意志性的目的消失了，成为无目的，故乐生'为己'，这是质的变化，是精神的升华。"①

当乐由为他转到为己，此种情感既可以说是自本情感，也可以说是义务情感。比如做好事，不是为出名，更不是为要钱，而是凭良心。它就成为一种境界，既是道德境界，又是审美境界。

毛泽东说：

义务感情之起原

即良心

即义务情感

一种境界。②

义务情感——超功利的情感，纯粹情感，人本情感，善良情感，审美情感。

义务情感成就境界。笔者认为，审美本体分二级：初级本体——情象；高级本体——境界。美在境界。③ "境界"是中国美学的最高范畴，也是中国对于全球美学的最大贡献。

三、审美与快乐

审美作为情感学，以乐为人生的最高境界。

毛泽东阅读的《伦理学原理》谈到伦理学的一个重要流派——快乐主义。

---

① 陈望衡：《当代美学原理》，人民出版社 2000 年版，第 17 页。
② 《毛泽东早期文稿》，湖南人民出版社 2013 年版，第 181—182 页。
③ 参见陈望衡：《当代美学原理》，人民出版社 2000 年版。

正是在快乐这个节点上,伦理学与美学沟通了。但它们仍然有所不同,伦理学的快乐,是功利性的快乐,理性的快乐,快乐在于外在目的的实现。美学的快乐,是超功利性的快乐,情感的快乐,快乐不在于外在目的的实现,而在于个人天性的实现。

泡尔生将审美的快乐融合到伦理学中去了,毛泽东对于泡尔生阐述的快乐主义伦理学非常感兴趣,做了许多批注,其中有些批注谈的是审美的快乐。

泡尔生认为快感有两种:一种是客观中的快感,即因功利实现而得到快感;另一种是主观中的快感,是因为自己的天性得到释放。对于后一种泡尔生肯定得比较多,他说:"人之天性自喜快乐,而非即以为至善。"① 这种快乐实际上已经为审美快乐了。

毛泽东在这段论述中加注:

> 此言甚切。有无价值人为之事也。学者固当于天然本质中求真理,其有无价值抑其次也。②

这话完全符合美学!

审美快乐,是人的天性的实现,而非外在价值的实现! 或者说,是外在价值转化为内在天性即前者消隐后者彰显而得到的快乐。

泡尔生在《伦理学原理》中有这样一段:

> ……有一英人临水而钓鱼,一德人过之,曰:是水无鱼,奚钓为?英人从容答曰:余之钓,非欲鱼也,欲快乐耳。此英人者,诚超乎观念连合之涂,以快乐为鹄,而仅以鱼若钓为作用者矣。③

英人钓鱼,不在鱼,而在快乐,这是审美快乐;德人所认为的钓鱼之乐,在于鱼,这是非审美快乐。

毛泽东显然欣赏英人钓鱼,他的批注是:

---

① 《毛泽东早期文稿》,湖南人民出版社2013年版,第138页。
② 《毛泽东早期文稿》,湖南人民出版社2013年版,第138页。
③ 《毛泽东早期文稿》,湖南人民出版社2013年版,第139页。

此与太公钓渭之事仿佛。①

梁启超提倡快乐主义，他的快乐主义，具有美学人生的意义：

> 假如有人问我："你信仰的什么主义？"我便答道："我信仰的是趣味主义。"有人问我："你的人生观拿什么做根柢？"我便答道："拿趣味做根柢。"我生平对于自己所做的事，总是做得津津有味，而且兴会淋漓。什么悲观咧，厌世咧，这种字面，我所用的字典里头可以说完全没有。我所做的事，常常失败——严格的可以说没有一件不失败——然而我总是一面失败一面做。因为我不但在成功里头感觉趣味，就在失败里头也感觉趣味。②

"趣味"就是"快乐"。梁启超认为失败与成功是相对的，"进一步讲可以说宇宙间的事绝对没有成功，只有失败"。因此，如果抱着一定要成功的目的去行动就无趣味可言。"知其不可而为"主义是要求我们做一件事，"把成功与失败的念头都撇在一边，一味埋头埋脑的去做"。这样，人不为功利所束缚，做事便大大地自由了。梁启超说：

> 我们为什么学数学，因为数学有趣所以学数学；为什么学历史，因为历史有趣所以学历史；为什么学画画、学打球，因为画画有趣，打球有趣，所以学画画，学打球。③

快乐主义不是没有目的，不是没有价值，而是不以目的、价值为唯一，更重要的是将目的、价值从外在化为内在，将功利化成快乐。

毛泽东的人生既是坎坷的人生，也是胜利的人生，还是快乐的人生。他说："与天奋斗，其乐无穷！与地奋斗，其乐无穷！与人奋斗，其乐无穷！"④

快乐哲学：压力化为动力，负力化为增力，困难化为挑战，自怯化为自信，奋斗化为享受，胜利不是唯一，快乐才是唯一。这就是人生的审美境界，

---

① 《毛泽东早期文稿》，湖南人民出版社 2013 年版，第 139 页。
② 梁启超：《饮冰室合集》文集之三十八，中华书局 1941 年版，第 12 页。
③ 梁启超：《饮冰室合集》文集之三十八，中华书局 1941 年版，第 15 页。
④ 《毛泽东年谱（1893—1949）》（修订本）上卷，中央文献出版社 2013 年版，第 24 页。

美在境界！

美学与伦理学是亲兄弟，既各有个性，又血缘相同，气息相通。高尔基说："美学是未来的伦理学"①，它们共同诞生于真（存在、本体）的母体中。真、善、美统一是人类最高理想。

四、美感教育

美感教育简称美育。晚清至民国，近代文化有一个思潮，就是对于美育的推崇。王国维、康有为、梁启超、蔡元培、鲁迅、朱光潜无不推崇美育，其中以蔡元培的"以美育代宗教"最为著名。青年毛泽东也是推崇美育的。毛泽东早期文稿中多处谈到美育，而且也多处谈到蔡元塔的美育思想：

> 游戏、手工、图画、音乐，美感教育也。美感教育为现在世界达到实体世界之津梁（见蔡氏民国元年教育方针），故诸科在学校为不可阙。②

美感教育手段虽然多见之于游戏、手工、图画、音乐，但它的性质是怎样的呢？毛泽东在《体育研究》一文中有所论述。他说：

> 运动而有恒，第一能生兴味。③

"兴味"一是兴。兴，情也，趣也。因情而起，因趣而得。二是味。味，妙也，迷也。因妙而美，因迷而醉。兴重在易生，味重在耐品。

毛泽东体育美育思想诞生于湖南一师。湖南一师可以说是中国近代体育美育精神的摇篮。

五、美学理论与审美实践

泡尔生认为，"美学也，伦理学也，皆无创造之力，其职分在防沮美及道德之溢出于轸域，故为制限者，而非发生者。美及道德之实现，初不待美学、

---

① 参见陈望衡：《审美伦理学引论》，武汉大学出版社 2006 年版，第 263 页。
② 《毛泽东早期文稿》，湖南人民出版社 2013 年版，第 21 页。
③ 《毛泽东早期文稿》，湖南人民出版社 2013 年版，第 64 页。

伦理学规则之入其意识中,或为其注意之中心点"①。

毛泽东很同意这个观点,他批注道:

美学未成立之前,早已有美。伦理学未成立之前,早已人人有道德,人人皆有得其正鹄矣。种种著述皆不过钩画其实际之情状,叙述其条理,无论何种之书,皆是述而不作。……物质不灭,即精神不灭,物质不生,既不灭何有生乎,但有变化而已。②

理论之画不变,而实践之树常青。

美学理论有限,而审美实践无限。

实践在发展,理论在进步。

一切均在变化之中。

第二节　艺术审美的主张

艺术是人类审美的典范形式。毛泽东在《在延安文艺座谈会上的讲话》中谈到这一点。他说:

人类的社会生活虽是文学艺术的唯一源泉,虽是较之后者有不可比拟的生动丰富的内容,但是人民还是不满足于前者而要求后者。这是为什么呢?因为虽然两者都是美,但是文艺作品中反映出来的生活却可以而且应该比普通的实际生活更高,更强烈,更有集中性,更典型,更理想,因此就更带普遍性。③

正是因为艺术所反映出来的生活比普通的实际生活"更高,更强烈,更有集中性,更典型,更理想,因此就更带普遍性",艺术成为人类审美活动的最高形式、典范形式。

毛泽东对于艺术有着浓重的情怀,从小就喜欢文学,饱读诗书,热爱书法,通晓历史,而且早在少年时就有诗歌创作。现在保存下来的最早诗作

① 《毛泽东早期文稿》,湖南人民出版社 2013 年版,第 191—192 页。
② 《毛泽东早期文稿》,湖南人民出版社 2013 年版,第 191—192 页。
③ 《毛泽东选集》第三卷,人民出版社 1991 年版,第 861 页。

为《赞井》，是他在韶山读私塾的作品，是时年龄大约 13 岁。诗云：

> 天井四四方，周围是高墙。
>
> 清清见卵石，小鱼围中央。
>
> 只喝井里水，永远养不长。①

不管从哪个方面说，它是一首优秀的诗，一点也不弱于骆宾王的《咏鹅》。他在湖南一师时写的《挽易昌陶》的诗，情深意挚，境界深远，格局广大，更兼文采飞扬，就是列入中国古代的挽诗之中，也堪为翘楚。

摘录最后几句，供欣赏：

> 子期竟早亡，牙琴从此绝。琴绝最伤情，朱华春不荣。后来有千日，谁与共平生？望灵荐杯酒，惨淡看铭旌。惆怅中何寄，江天水一泓。②

毛泽东早年书法主要是楷书、行书，他手抄的《离骚》全文，端庄秀丽，英气勃勃，现今保存。这为后来的草书艺术奠定了基础，众所周知，毛泽东草书被公认为天下第一。

毛泽东虽然不会作画，但对绘画有很高的欣赏水平，对徐悲鸿、齐白石这两位中国画坛最高水平人物非常器重，也极为友好。这体现出来的不只是对绘画艺术的通晓，还有既极为前卫又极为传统的绘画美学思想。这一美学思想一直影响着中国绘画的未来。

毛泽东对戏剧艺术也有浓厚的兴趣。早在五四时期，他就喜欢上京剧，据盛巽昌的《毛泽东的艺术情怀》介绍，与毛泽东结缘的戏剧电影多达 110 部。从剧目来看，各类题材都有，既有帝王将相，如《荆轲刺秦王》《穆桂英挂帅》；也有才子佳人，如《西厢记》《玉堂春》。风格多样，气壮山河者有之，如《借东风》《长坂坡》；婉约缠绵者也有，如《梁山伯与祝英台》《游龙戏凤》。

在艺术欣赏上毛泽东完全是不偏、不挑、不私，纳天下精粹、人世奇珍而赏之。

---

① 转引自龙剑宇、唐利：《毛泽东的艺术人生》，团结出版社 2014 年版，第 29 页。

② 《毛泽东早期文稿》，湖南人民出版社 2013 年版，第 7 页。

正是基于这样丰富的艺术生活，毛泽东的艺术美学观早在青年时代就已见出雏形。这里，主要借助于文献资料，做一个简略的描述：

一、艺术的审美性质

(一)"文学为百学之原"

这一说法见于 1915 年 6 月 25 日《致湘生信》中。湘生，按《毛泽东早期文稿》编者注释，生平不详，可能是毛泽东的同学。此信主要是讨论如何做学问，毛泽东说他的为学之道是"先博后约，先中而后西"。在谈到中国学问时，他说："梁固早慧，观其自述，亦是先业词章，后治各科。盖文学为百学之原。"① 梁为梁启超，当时是毛泽东的崇拜对象之一。梁启超是国学大师。他治学，涉猎很广，但"先业词章，后治各科"。毛泽东肯定这条道路，并说明为什么要先业词章，因为"文学为百学之原"。这是中国文化的一个重要特点。孔子说："不学《诗》无以言。""小子何莫学夫《诗》？《诗》可以兴，可以观，可以群，可以怨；迩之事君，远之事物，多识乎鸟兽草木之名。"② 《毛诗序》亦云："故正得失，动天地，感鬼神，莫近乎《诗》。先王以是经夫妇，成孝敬，厚人伦，美教化，移风俗。"

《诗经》一直是中国文学的代表，它承担着这样多、这样重的任务，这是中国文学重要的特点，原因是多方面的。最重要原因是《诗经》具有动人情感，文字优美，富于音乐性，故而最美；而且，它本就是民歌，具有最大普及性，可以成为统治者最佳的统治工具。当然，民歌中的美也确实有助于"美教化，移风俗"，有利于社会，有利于人生。

由《诗经》奠定的以美寓教思想，这不仅影响了此后的文学，而且影响了一切艺术，于是，以美寓教就成为中国美学的重要传统，这一点对毛泽东影响至深。他的艺术人生与政治人生是统一的，而且他非常重视艺术对于人民、对于革命事业的作用。

---

① 《毛泽东早期文稿》，湖南人民出版社 2013 年版，第 6 页。

② 《论语·阳货》。

（二）"诗者，有美感之性质"

此语出自他在湖南一师所做读书笔记《讲堂录》（1913 年 10 月至 12 月）。

诗作为艺术之一，它的本质就是审美。审美是人类本能——本质。人类审美的途径是多方面的，有自然的，有社会的，社会的之中有生活的，也有艺术的。大体上，审美虽然是人类本能——本质，但它的存在方式多是附着性的，即以功利为本，审美为派（寄）；唯艺术，以审美为本，而功利为派（寄）。

至于美是什么？古往今来，都没有找到一个最契合也最服众的定义。但是，似乎所有人都具有一定的审美能力，可以说审美的基本能力是天然的，当然审美的较高能力需要修养。从美感角度说美，不外乎三种悦：悦耳悦目（感觉之美）；悦心悦意（意志之美）；悦志悦神（理性及超理性之美）。

各种与美相关的悦，或来自诗文的内容，或来自诗文的形式，更多地来自内容与形式统一的意象。

对于什么是诗之美，他没有展开谈，不过在《讲堂录》中有所涉及，如：

无论诗文，切者斯美。（美在内容真，真为美）

文以理胜，诗以情胜。（美在内容情，情真情重情婉为美）

文章须蓄势，河出龙门，一泻至潼关。（美在力——感知力、思想力、情感力等）

作诗文以声调为本。（美在形式）

欢愉之词难好，哀怨之词易工。（与情感性质相关）

做文写字，文贵颠倒簸弄，故曰做；字宜振笔直书，故曰写。（归于艺术家的工作——做，写）①

二、艺术家的责任感

抗战时，毛泽东在重庆应诗人徐迟之请，毛泽东在徐迟的笔记本上题

---

① 《毛泽东早期文稿》，湖南人民出版社 2013 年版，第 525—535 页。

词:"诗言志";1950 年,为《人民文学》创刊号题词,亦是"诗言志"。

诗言志是中国古典美学的重要传统。

中国最古老的典籍《左传》《尚书》《孟子》《庄子》《荀子》中都有"诗言志"的提法。

诗以言志。①

诗言志。②

说诗者不以文害辞,不以辞害志,以意逆志,是为得之。③

诗以道志。④

诗言其志也。⑤

"诗言志"中的"志"指什么？自古以来,就有不同的理解。

(1) 志,记载。贾谊认为"诗"即"志","志"就是表述、记载的意思。他说:"诗者,志德之理而明其指,令人缘之以自成也。故曰:诗者,此之志者也。"⑥

(2) 志,情志。《诗大序》则认为,"在心为志,发言为诗,情动于中而形于言"。"志"似乎是指包括情感在内的心灵性的东西。孔颖达注《左传》中"民有好恶喜怒哀乐生于六气,是故审则宜类,以制六志"时说:"此六志《礼记》为之六情。在己为情,情动为志,情志一也。"这个看法与《诗大序》的看法大体一致,即认为情志相通而为一体。《文心雕龙·附会》将"情"与"志"连为一词,称"情志",文曰:"夫才童学文,宜正体制。必以情志为神明,事义为骨髓……"

(3) 志,即道。朱自清先生解释"诗言志",认为"言志"就是"载道",与"缘情"大不相同。⑦

---

① 《左传·襄公二十七年》。

② 《尚书·尧典》。

③ 《孟子·万章上》。

④ 《庄子·天下》。

⑤ 《荀子·儒效》。

⑥ 贾谊:《新书·道德说》。

⑦ 参见《朱自清散文选集》,人民文学出版社 2020 年版,第 210 页。

（4）志，有三义。闻一多先生认为，"志"有三个意思，一为记忆，二为记录，三为怀抱。①

总括以上意思，大体上，"志"有这样三个主要意思：一是记录，二是怀抱，三是情感与思想。第一个意思为动词。第二、第三个意思都为名词，第二个意思应是基本的，第三个意思是第二个意思的扩充。总而言之，"志"主要是指人的精神世界，"言志"即为心灵的抒发。

毛泽东欣赏、赞同"诗言志"，可能主要取"志"的第二、第三个意思。关于这一点，毛泽东早年在阅读德国康德派哲学家泡尔生的《伦理学原理》时写的批语中就有所阐发。

在《伦理学原理》中，泡尔生这样阐述他的艺术观：

诗人之行吟，美术家之奏技，自实现其精神界之秘诀而已，夫使世界有我而无他，则一切著作，诚皆无谓。无听者则演说家必不启口，无读诗者则诗人文士或未必下笔。然当其专营之始，固不必专为他人设想也。格代（歌德）尝语伊克曼（Eckermaun）曰：余未尝以著述家之责任自绳，如何而为人所喜，如何而于人有益，余所不顾也。余惟精进不已，务高尚余之人格，而表彰余之所见真若善而已矣。②

毛泽东非常赞同泡尔生的观点，他对这段文字写的批语是：

此节议论透彻之至，人类之目的在实现自我而已。……故所谓为他人而著书，诚皮相之词。吾人之种种活动，如著述之事，乃借此以表彰自我之能力也。著书之时，前不见古人，后不见来者，振笔疾书，知有著书，而不知有它事，知有自我，而不知有他人，必如此而后其书大真诚，而非虚伪。其余各种之事亦然。技术家之为技术，虽系为生活起见，而当其奏技之时，必无为人之念存于其中。庄子曰："痀偻丈人承蜩……惟吾蜩翼之知。"凡天下事所以成，所以成而有价值当以此（即一片浑，忘人己差别，惟注事际事物之真诚）。③

---

① 参见《闻一多全集》第一卷，生活·读书·新知三联书店 1982 年版，第 185 页。
② 《毛泽东早期文稿》，湖南人民出版社 2013 年版，第 218—219 页。
③ 《毛泽东早期文稿》，湖南人民出版社 2013 年版，第 218—219 页。

毛泽东肯定泡尔生所说的诗人、美术家的创作是"实现其精神界之秘诀",认为"人类之目的在实现自我而已"。这些言论与中国古典诗论"诗言志"是相通的,完全符合艺术的创作规律,符合艺术的本质。

毛泽东强调"诗言志"之志,主要是家国之志。

他的一切艺术作品无不如此,比如他早期的两件作品。

> 《明耻篇》题志
>
> 五月七日,
>
> 民国奇耻。
>
> 何以报仇?
>
> 在我学子。

此诗写于 1915 年夏,是年 1 月,日本政府向中国袁世凯政府提出灭亡中国的二十一条。袁世凯出于对日本畏惧竟然接受了,这激起了全国人民的反对。毛泽东的这首诗表达的就是家国之志。

又,他在同年夏天写的《挽易昌陶》的诗中说:

> 我怀郁如楚,放歌依列嶂。列嶂青且茜,愿言试长剑。东海有岛夷,北山尽仇怨。荡涤谁氏子,安得辞浮贱。①

表达的同样是家国之志。

三、富有个性的艺术审美趣味

毛泽东是主张个性的人,他在《伦理学原理批注》中说:

> 崇尚个性,固泡尔生之好主张也。②

关于艺术审美,他有哪些富有个性的审美趣味呢? 主要有四:

一是现实主义、浪漫主义统一,而凸显浪漫主义。

二是儿女柔情、英雄气概兼有,而凸显英雄气概。

三是平常风景、惊天奇观同在,而凸显惊天奇观。

---

① 《毛泽东早期文稿》,湖南人民出版社 2013 年版,第 7 页。

② 《毛泽东早期文稿》,湖南人民出版社 2013 年版,第 197 页。

四是时空确定、时空超越交互，而凸显时空超越。

这四个特点，他有言论阐述，也有创作实践。

第三节　人格美学的创建

人格是精神的本体，在人格的基础上见人品，在人品的基础上见思想。孟子非常注重人格培养，他的人格培养，就是"养气"。他说："吾善养吾浩然之气。"他的浩然之气，就是"富贵不能淫，贫贱不能移，威武不能屈"①。这是大丈夫的人格。孟子论美，他的美本质就是这种人格，他说："充实之谓美，充实而有光辉之谓大，大而化之之谓圣，圣而不可知之之谓神。"②"充实"在这里指的就是大丈夫人格的充实，而"光辉"就是指这种人格的实践及其社会影响。

毛泽东早年很重视培养自己的人格，非常看重人格的光辉——人格的美。

在这方面，他有三个精神导师：王阳明、梁启超、陈独秀。虽然对于这些人毛泽东崇敬有加，但并不膜拜，在人格培植上，他有自己的主张。从他早期的文献资料上看，在人格培植上，他特别注重两种关系的处理；而且，这两种关系的处理，也极见其人格美的特殊光彩。

一、自我与宇宙

（一）自我

毛泽东非常重视自我，他说：

> 服从神何不服从己，己即神也。……吾人一生之活动服从自我之活动而已。吾从前固主无我论，以为只有宇宙而无我，今知其不然。盖我即宇宙也。各除去我，即无宇宙。各我集合，即成宇宙，而各我又

---

① 《孟子·滕文公下》。

② 《孟子·尽心下》。

以我而存,苟无我何有各我哉。是故,宇宙间可尊者惟我也,可畏者惟我也,可服从者惟我也。①

这种观点来自王阳明,但王阳明说的"我"是儒家的仁义礼仪之精神,他企图将这种精神看作救人救世的法宝。而毛泽东没有这种内容,他的意义是强调个人的社会责任意识,与鲁迅一样,将人的改造与培养放在首要地位。

(二) 自性

泡尔生《伦理学原理》中的"义务感情"来自康德理论,其实康德本无此语,康德说的是审美快感是"没有任何利害关系的"②。泡尔生是懂美学的,他将这两者联系起来,说:"大人君子,决非能以义务感情实现之者,大抵由活泼之地感情之冲动而陶铸之焉。"③这"活泼之地感情之冲动"就是美感。

美感具有天性的意义,它是本然的、自然的,毛泽东将这种感情引申到"天之本性",并由此大谈人格的建设:

> 豪杰之士发展所得于天之本性,伸张其本性中至伟至大之力,因以成其为豪杰焉。本性之外之一切外铄之事,如制裁束缚之类,彼者以其本性至大之动力以排除之。此种动力,乃至坚至真之实体,为成其人格之源……④

毛泽东对"天之本性"即"本性"评价甚高,认为这是"至伟至大之力",这种伟力,它是"至坚至真之实体",是"人格之源"。这种看法亦可以追溯到王阳明的心学。王阳明对心的伟大也推崇备至,他说的心也具有非常明显的自然之心的意思。

将本性的意义加大,毛泽东是想强调"英雄豪杰之行其自己也,发其动力"。动力来自外,还是来自内,这是非常重要的。内在的动力远比外在的

---

① 《毛泽东早期文稿》,湖南人民出版社 2013 年版,第 204 页。

② [德] 康德:《判断力批判》上,宗白华译,商务印书馆 1987 年版,第 40 页。

③ 《毛泽东早期文稿》,湖南人民出版社 2013 年版,第 192 页。

④ 《毛泽东早期文稿》,湖南人民出版社 2013 年版,第 193 页。

压力或推力重要得多。毛泽东说:"吾尝观古来勇将之在战阵,有万夫莫当之概,发横之人,其力至猛。"

毛泽东的人格培养方向,不是儒生,而是豪杰。他说:

> 豪杰之精神与圣贤之精神亦然。泡尔生所谓大人君子非能以义务感情实现,由活泼之地感情之冲动而陶铸之,岂不然哉,岂不然哉! [1]

毛泽东认为豪杰之精神与圣贤之精神都是由"活泼之地感情之冲动而陶铸之",按我们上面所说的"活泼之地感情"实是美感,这岂不是说审美是培养豪杰人格、圣贤人格的必然之途吗? 其实,也可以这样说,豪杰人格、圣贤人格必然具有审美的光辉,如孟子所云"充实而有光辉"。

(三) 个性

毛泽东不仅崇尚自性,而且崇尚个性。他说:

> 崇尚个性,固泡尔生之好主张也。[2]

崇尚个性这话也来自泡尔生,但泡尔生说这话的目的不是为了构建健康人格,而是为了正确对待道德律。道德律是一般的,但人及事都是个别的,用一般来套个别,无法全部套入。"人事至为复杂,同此行为,而忽生反对惯例之效果者,是亦不免。于是虽破道德律之形式,而未为不道德,且或必如是而始为真道德也。"[3] 毛泽东赞同此说,并将此说引申到人格建设上,意义更大了。

(四) 天下奇

毛泽东在湖南一师常对人说:

> 丈夫要为天下奇,即读奇书,交奇友,创奇事,做个奇男子。[4]

二、兽格与人格

人既是自然的,又是社会的,是两者的统一。

---

[1] 《毛泽东早期文稿》,湖南人民出版社 2013 年版,第 194 页。

[2] 《毛泽东早期文稿》,湖南人民出版社 2013 年版,第 197 页。

[3] 《毛泽东早期文稿》,湖南人民出版社 2013 年版,第 197 页。

[4] 《毛泽东传 (1893—1949)》,中央文献出版社 1996 年版,第 34 页。

作为自然的人，人具有兽性，是野蛮的；作为社会的人，人具有人性，是文明的。

人格的建设该怎样进行？

毛泽东在《伦理学原理批注》中说：

> 人类者，兽格与人格并备。[①]

兽格，在于人是自然人，人本是动物，来自自然，其自然性其实就是野蛮性。人变成人之后，一切都文明化了，从精神到肉体。这对于人来说，是进步也是退步，是好事也是不好事。毛泽东认为，人作为自然人，不应该完全抛弃兽性，或者说野蛮性，而应兽格与人格并备。

（一）身体与精神

具体在哪些方面要保持兽性，毛泽东没有做全面的论述，但在身体锻炼问题上，他明确地表示：要野蛮其身体。

在《体育之研究》结尾，毛泽东写道：

> 文明柔顺，君子之容虽然，非所以语于运动也。运动宜蛮拙。骑突枪鸣，十荡十决，喑呜颓山岳，叱咤变风云，力拔项王之山，勇贯由基之札，其道盖存乎蛮拙，而无与纤巧之事。运动之进取宜蛮，蛮则气力雄，筋骨劲。运动之方法宜拙，拙则资守实，练习易。二者在初行运动之人为尤要。[②]

在身体锻炼上，毛泽东强调野蛮，但在精神修养上，他强调文明。与"野蛮其身体"相对应的是"文明其精神"。

（二）自利与利他

精神上的文明涉及诸多方面，大体上可以概括为求真、致善、臻美三个方面。在《〈伦理学原理〉批注》中，毛泽东比较多地谈到道德完善问题，其中以自利、利他的关系问题谈得最为深刻。

在自利与利他的问题上，泡尔生作为伦理学家坚守伦理学的基本原

---

① 《毛泽东早期文稿》，湖南人民出版社 2013 年版，第 251 页。
② 《毛泽东早期文稿》，湖南人民出版社 2013 年版，第 64 页。

则——利他。这是人类文明的底线。他说："夫世界诚亦有全无利他感情之人"，"然不足以摇动吾说"。"人之无利他感情者，为伦理之畸人，亦犹颠狂之人。"① 毛泽东同意此说法：

> 诚然，诚然。
>
> 除疯病者决无有此等人。
>
> 未必不爱其妻与其父母。狮虎犹有之，何况人乎？②

利他是人之为人的一条基本原则，否则就不是人；这与人有自利的本性是不矛盾的。自利是由人的自然本性决定的，利他是由人的社会本性决定的。

毛泽东与泡尔生在这个问题上也有不同之处。泡尔生过于强调人的社会性，认为利他比利人更为根本。他说，如果世界灭亡，人不堪离群索居，那么利己主义者亦宁愿死去。毛泽东则辩证地看待利己与利他的问题：

> 离群索居诚哉不堪，然社会为个（人）而设，非个（人）为社会而设。③

一般都认为，社会比个人重要，个人为社会而存在，而毛泽东认为"社会为个（人）而设"。这就是说，个人与社会的作用是相互的，没有轻重之别，这与毛泽东强调个人的人格观是一致的。

(三) 自利的精神性

关于利，人们都侧重于物质上的利，毛泽东则关注精神上的利。他认为：

> 自利之主要在利自己的精神，肉体无利之之价值。利精神在利情与意，如吾之亲爱之人吾情不能忘之，吾意欲救之则奋吾之力以救之，至剧激之时，宁可使自己死，不可使亲爱之人死。……殉情者，爱国者，爱世界者，爱主义者，皆所以利自己之精神也。④

这样，自利又变成利他了！以利他为自利，将自利化为利他，这等于将

---

① 《毛泽东早期文稿》，湖南人民出版社 2013 年版，第 126 页。
② 《毛泽东早期文稿》，湖南人民出版社 2013 年版，第 126 页。
③ 《毛泽东早期文稿》，湖南人民出版社 2013 年版，第 127 页。
④ 《毛泽东早期文稿》，湖南人民出版社 2013 年版，第 128 页。

解放全人类当成解放自己。

这就是毛泽东的人格。

三、天下与大本

毛泽东心怀天下。他在致黎锦熙的信中说：

言天下国家之大计，成全道德，适当于立身处世之道。①

言天下之事，必立天下之志。如何立志？毛泽东在致黎锦熙的信中说：

真欲立志，不能如是容易，必先研究哲学、伦理，以其所得真理，奉以为己身言动之准，立之为前途之鹄，再择合于此鹄之事，尽力而为之，以为达到之方，始谓之有志也。如此之志，方为真志，而非盲从之志，其始谓立志，只可谓之有求善之倾向，或求真求美之倾向，不过一时冲动耳，非真正之志也。虽然，此志也容易立哉？十年未得真理，即十年无志；终身未得，即终身无志。②

"真立志"之先：必研究哲学（认识论、伦理学、美学）——真理。而要得真理，必探"大本大源"："将全幅工夫，向大本大源处探讨。探讨既得，自然足以解释一切。"③

大本大源是什么？

夫本源者，宇宙之真理。天下之生民，各为宇宙之一体，即宇宙之真理，各具人人之心中……今吾以大本大源为号召，天下之心其有不动者乎？天下之心皆动，天下之事有不能为者乎？天下之事可为，国家有不富强幸福者乎？④

立足于大本大源，启发、教育大众，共同来做天下事，改造天下，美化天下，幸福天下。这，就是毛泽东人格最高峰，也是毛泽东的终极理想。

---

① 《毛泽东早期文稿》，湖南人民出版社 2013 年版，第 72 页。
② 《毛泽东早期文稿》，湖南人民出版社 2013 年版，第 74 页。
③ 《毛泽东早期文稿》，湖南人民出版社 2013 年版，第 74 页。
④ 《毛泽东早期文稿》，湖南人民出版社 2013 年版，第 73 页。

第 六 章

王国维的美学思想

　　王国维（1877—1927），字静安，号观堂，浙江海宁人，清末秀才。青年时代受维新变法运动影响，曾在梁启超主编的《时务报》担任书记校对工作。后又在罗振玉主办的东文学社学习哲学、英语、日语和现代科学。1900 年 12 月王国维赴日本东京物理学校学习，但因病仅留学 5 个多月就回国了。辛亥革命后，又侨居日本 4 年多，1916 年归国，1923 年任废帝溥仪的"南书房行走"，官阶五品，1925 年任清华大学研究院教授，1927 年自沉于颐和园昆明湖。

王国维像

王国维学术涉猎很广，其中甲骨文、金文及古史研究成就尤为卓著，郭沫若称之为"新史学的开山"。王国维在美学上亦有突出成就。他是中国近代最早比较系统地介绍西方美学的学者，并重点介绍了叔本华、康德的美学，而且他自己的美学亦深受此二人的影响。王国维对中华传统美学亦有深入研究。他关于意境的理论被视为这一领域的最高总结。王国维对小说、戏曲亦有独特的理论建树。

王国维是跨时代、跨世纪的人物。他既是中国封建时代美学的总结者之一，又是中国近代美学的奠基者之一。他的美学著作主要有《〈红楼梦〉评论》《古雅之在美学上之位置》《孔子之美育主义》《人间词话》《宋元戏曲史》《文学小言》等。

第一节　美和审美的性质

王国维接受康德审美无利害关系的观点，对美和艺术的性质、功能做了中国历史上从未有过的阐说。

他认为，"生活之本质何？欲而已矣。欲之为性无厌，而其原生于不足，不足之状态，苦痛是也。"[1] 欲是无止境的，"一欲既终，他欲随之"，没完没了，既让人痛苦，又让人厌倦，然而人又不能中止对欲的追求。所以人生，"如钟表之摆，实往复于苦痛与倦厌之间者也"。"欲与生活与苦痛，三者一而已矣。"[2]

那么，求知呢？王国维说，求知也是与生活之欲相联系的。因而"与吾人利害相关系"。"科学上之成功，虽若层楼杰观、高严钜丽，然其基址则筑乎生活之欲之上，与政治上之系统立于生活之欲之上无以异。"[3] 看来，求知并不能使人摆脱痛苦。

王国维这种看法明显来自叔本华，叔本华认为人生就是痛苦。这是因

---

① 王国维：《〈红楼梦〉评论》。

② 王国维：《〈红楼梦〉评论》。

③ 王国维：《〈红楼梦〉评论》。

张大千:《荷花》

为："人的本质就在于他的意志有所追求，一个追求满足了又重新追求，如此永远不息。"① "缺少满足就是痛苦，缺少新的愿望就是空洞的向往、沉闷、无聊。"②

人生有这么多的痛苦，有没有摆脱痛苦的办法呢？王国维正是这样发问的。他说：

> 吾人于此桎梏世界中，竟不获一时救济欤？曰：有！唯美之为物，不与吾人之利害相关系，而吾人观美时，亦不知有一己之利害。③

王国维认为在"欲"与"痛苦"的茫茫大海中，只有美与艺术才是救助人们的希望，因为只有在审美活动中，人才超然于利害之外，摆脱了功利、欲望的束缚。那么，审美又为什么能够超然于利害之外呢？这牵涉到对美的性质的理解。

王国维说：

> 美之对象非特别之物，而此物之种类之形式；又观之之我，非特别之我，而纯粹无欲之我也。夫空间、时间既为吾人直观之形式，物之现于空间皆并立，现于时间者皆相续。故现于空间、时间者，皆特别之物也。既视为特别之物矣，则此物与我利害之关系，欲其不生于心，不可得也。若不视此物为与我有利害之关系，而但观其物，则此物已非特别之物，而代表其物之全种，叔氏谓之曰"实念"。故美之知识，实念之知识也。④

王国维认为，"美之对象非特别之物"，之所以视它为美，决定于"我"即审美主体对它所采取的态度以及由此所产生的物我之间的关系。就审美主体一方言之，"我"须是"纯粹无欲之我"，首先，对物不抱功利的态度；其次，对物持"直观"的方式。而就审美客体即审美对象一方言之，它不是以它的内容，而是以它的"形式"与"我"发生关系。王国维特别指

① ［德］叔本华：《作为意志和表象的世界》，商务印书馆1982年版，第360页。
② ［德］叔本华：《作为意志和表象的世界》，商务印书馆1982年版，第360页。
③ 王国维：《叔本华之哲学及其教育学说》。
④ 王国维：《叔本华之哲学及其教育学说》。

出，以这种方式观物，物就不是通常在时空中存在的物，与人要发生利害关系，而是超时空中的物，即不是具体的物，而是"代表其物之全种"。这种"代表其物之全种"的"物"，叔本华称为"实念"，采用今天的翻译即"理念"。

根据以上的分析，王国维对美和审美的理解有如下几个要点：

第一，美存在于物我的审美关系之中，离开这种关系，物成为特别之物，不存在美。

第二，审美的态度须是"无欲"的态度，即超功利的态度。

第三，审美的方式为"直观"。

第四，美之为物，它是不与审美主体发生利害关系的。美具有超功利性。

第五，美体现在物的形式上。

第六，美的事物虽为具体事物，然美的本质为"代表其物之全种"，即为"理念"。王国维在《古雅之在美学上之位置》说："一切之美，皆形式之美也。"

王国维对美及审美的看法基本上来自叔本华。叔本华认为审美对象的"纯粹客体"——"理念"，才是美之本源。叔本华没有像黑格尔那样为美下一个"理念的感性显现"这样的定义，乃是因为他认为美只出现在主体的审美之中。对审美"直观"，叔本华也做了特别的强调。叔本华说的直观，即直接的了知、突然的顿悟。叔本华也非常强调审美的超时空性与无功利性。他说，在审美中"人们在事物上考察的已不再是'何处'、'何时'、'何以'、'何用'，而仅仅只是'什么'"①。

在《孔子之美育主义》一文中，王国维还指出审美的境界是物我交融、物我两忘的境界。他说：

> 苏子瞻所谓"寓意于物"（《宝绘堂记》）。邵子曰："圣人所以能一万物之情者，谓其能反观也；所以谓之反观者，不以我观物也；不以我观物者，以物观物之谓也。既能以物观物，又安有有我于其间哉？"

① [德] 叔本华：《作为意志和表象的世界》，商务印书馆1982年版，第249页。

（《皇极经世·观物》）此之谓也。其咏之于诗者，则如陶渊明云："采菊东篱下，悠然见南山。山气日夕佳，飞鸟相与还。此中有真意，欲辨已忘言。"谢灵运云："昏旦变气候，山水含清晖。清晖能娱人，游子澹忘归。"

或如白伊龙云：

"I live not in myself, but I become

Portion of that around me ; and to me

High mountains are a feeling."

皆善咏此者也。

夫岂独天然之美而已，人工之美亦有之。①

王国维这段谈审美的文字十分重要，在王国维看来，美产生于主客合一之中。他特别提出"反观"这一概念，"反观"的特点在不以我观物，而以物观物。这是邵雍的观点。王国维深表赞同，认为这就是审美。以我观物，物我两分；以物观物，物我合一。审美要的不是物我两分，而是物我合一。王国维关于审美这一本质性特点的认识，一半来自叔本华。叔本华在《作为意志和表象的世界》中就说过，在审美中，"人是把大自然摄入他自身之内了，从而他觉得大自然不过只是他的本质的偶然属性而已"②。为说明这一观点，他还引用了拜伦的一首诗：

难道群山，波涛，和诸天

不是我的一部分，不是我

心灵的一部分，

正如我是它们的一部分吗？③

很巧，这诗就是上面所引的英文诗，只是拜伦当时译成"白伊龙"。

王国维关于审美和美的看法虽来自叔本华和康德，但基本上已经中国化了。他主要不是用康德、叔本华的语言，而是用中华民族传统的典故、语

---

① 王国维：《孔子之美育主义》。
② ［德］叔本华：《作为意志和表象的世界》，商务印书馆1982年版，第253页。
③ ［德］叔本华：《作为意志和表象的世界》，商务印书馆1982年版，第253页。

言来谈什么是审美和美。前面我们所引的话是个证明。苏轼、邵雍、陶渊明的一些观点、诗文都被引用来作为论据。在《〈红楼梦〉评论》中，他也引证了大量的中华文化典故，如他为证明审美无利害关系，这样说："濠上之鱼，庄、惠之所乐也，而渔父袭之以网罟；舞雩之木，孔、曾之所憩也，而樵者继之以斤斧。若物非有形，心无所住，则虽殉财之夫、贵私之子，宁有对曹霸、韩干之马而计驰骋之乐，见毕宏、韦偃之松而观思栋梁之用，求好逑于雅典之偶，思税驾于金字之塔者哉？"①

王国维对康德、叔本华的美学观基本上做了消化，按照中华民族可以接受的方式进行表述，中间亦有他的创造。他虽然吸收康德、叔本华的一些美学观点，但并没有接受康德的理性主义、不可知论、那个神秘的"物自体"，彼岸世界并没有在王国维的美学中留下位置；同样，叔本华的非理性主义、唯意志论也较少在王国维的美学中留有影响。

在《古雅之在美学上之位置》一文中，王国维为"美"下了一个定义：

　　美之性质，一言以蔽之曰：可爱玩而不可利用者是已。

这个概括是中西美学相结合的产物。应该说，这个定义是下得很精彩的，特别是在当时的社会条件之下。

第二节　美的类型及意义

关于美，王国维除了总体上揭示它的性质外，还根据不同的分类法给予分类，并予以评价。

一、自然美与艺术美

王国维没有明确运用自然美与艺术美这一对概念。但他在文章中明显谈到自然界、艺术中均有美。他说："夫自然界之物，无不与吾人有利害之关系，纵非直接亦必间接关系者也。苟吾人而能忘物与我之关系而观物，

---

①　王国维:《〈红楼梦〉评论》。

则夫自然界之山明水媚,鸟飞花落,固无往而非华胥之国、极乐之土也。"①
这话就包含两方面意思:

一是自然界事物本是都与人有利害关系的,有的是直接的,有的是间接的。这样说来,自然界是无美的了。但是如若不以利害视之,而能以超然的态度观赏自然,忘却物我之间的利害关系,变主客两分为主客两用,则自然界就有美可言了。王国维重申了美不在物,而在物我关系的观点。

关于艺术美,王国维的看法就有所不同。他认为"美术(王国维说的'美术'是广义的,相当于艺术——引者注)之为物,欲者不观,观者不欲"②。那就是说,艺术本就是与"欲"无关的。艺术家"以其所观于自然人生中者,复现于美术中,使中智以下之人亦因其物之与己无关系而超然于利害之外"③。因此,艺术之有美是必然的,只要是具有中等资禀的人都能从艺术中领略到美,亦无须做心理上的调整,准备超然物外的态度。艺术以其形象的虚幻性在很大程度上保证了它的超功利性。

基于艺术美这样的优点,它当在自然美之上。王国维说:"艺术之美所以优于自然之美者,全存于使人易忘物我之关系也。"④

二、优美与壮美(亦名"宏壮")

王国维说:

而美之为物有二种:一曰优美,一曰壮美。苟一物焉,与吾人无利害之关系,而吾人之观之也,不观其关系而但观其物,或吾人之心中无丝毫之欲存,而其观物也,不视为与我有关系之物,而但视为外物,则今之所观者非昔之所观者也。此时,吾心宁静之状态名之曰优美之情,而谓此物曰优美;若此物大不利于吾人,而吾人生活之意志为之破裂,因之意志遁去,而知力得为独立之作用,以深观其物,吾人谓此物曰壮

---

① 王国维:《〈红楼梦〉评论》。
② 王国维:《〈红楼梦〉评论》。
③ 王国维:《〈红楼梦〉评论》。
④ 王国维:《〈红楼梦〉评论》。

美,谓其感情曰壮美之情。普通之美皆属前种。至于地狱变相之图,
决斗垂死之像;庐江小吏之诗、雁门尚书之曲,其人固氓庶之所共怜,
其遇虽戾夫为之流涕。讵有人颃乐祸之心,宁无尼父反袂之戚?而吾
人观之不厌千复。格代(即歌德)之诗曰:

What in life doth only grieve us.That in art we gladly see.

(凡人生中足以使人悲者,于美术中则吾人乐而观之。)

此之谓也,此即所谓壮美之情,而其快乐存于使人忘物我之关系。
则固与优美无以异也。①

美学上之区别美也,大率分为二种:曰优美,曰宏壮。自巴克(即
博克)及汗德(即康德)之书出,学者殆视此为精密之分类矣。至古今
学者对优美及宏壮之解释,各由其哲学系统之差别而各不同。要而言
之,则前者由一对象之形式,不关于吾人之利害,遂使吾人忘利害之念,
而以精神之全力沉浸于此对象之形式中,自然及艺术中,普通之美皆
此类也;后者则由一对象之形式越乎吾人知力所能驭之范围,或其形
式大不利于吾人,而又觉其非人力所能抗,于是,吾人保存自己之本能,
遂超越乎利害之观念外,而达观其对象之形式,如自然中高山大川、烈
风雷雨,艺术中伟大之宫室、悲惨之雕刻像、历史画、戏曲小说等皆是
也。此二者可爱玩而不可利用也同。②

以上所引系王国维论优美、壮美两段最主要的文字。从以上文字看,
王国维的"优美""壮美"说来自西方的"美"与"崇高"说。他对"优美"的
解释大体同于对"美"的解释,强调物只关"对象之形式","不关于吾人之
利害";而审美主体对物也"心中无丝毫之欲存"。这些性质,"壮美"也是
具有的。因为"壮美"也是一种美。"优美"与"壮美"之不同,王国维的看
法主要在三点:

第一,就审美主体的心境来看,"优美"使审美主体的心境处"宁静之

---

① 王国维:《〈红楼梦〉评论》。
② 王国维:《古雅之在美学上之位置》。

状态";而"壮美"则使审美主体的心境处冲突的状态。这原因是,"优美"之物与审美主体的生理—心理结构是和谐的,因而审美主体能"以精神之全力沉浸于此对象之形式中";而"壮美"之物其"形式越乎吾人知力所能驭之范围,或其形式大不利于吾人,而又觉其非人力所能抗",这样,审美主体出于"保存自己之本能",提起全部的精神力量与之抗争。审美客体之形式与审美主体的生理—心理结构于是产生冲突。须经过一段此消彼长的反复较量之后,审美主体的生理—心理结构方能与审美客体的形式实现和谐。

第二,"优美"这种美自始至终给人的感受都是愉快的;而"壮美"这种美却不尽然,从王国维所举的"壮美"的例子来看,它给人的感受在开初或者是恐怖的(如"地狱变相之图"),或者是悲苦的(如"决斗垂死之像""庐江小吏之诗")。总之,"壮美"在审美之初对审美主体的心情是压抑的,须经过一个超越、升华的心理过程,审美主体方能感到愉快。这点,王国维没有展开论述,但他引用了歌德的一行诗:"凡人生中足以使人悲者,于美术中则吾人乐而观之。"看来,王国维认为艺术是超越现实苦难、实现境界升华的重要手段。同样,真正的"壮美"亦存在于艺术之中。

第三,"优美"具有和谐的形式,符合形式美的规律,"壮美"则具有不和谐的形式,甚至打破形式美的规律。这种打破形式美的规律的形式,康德说是"无形式"。王国维在上引两段文字之后谈到了这一点:

> 一切优美皆存于形式之对称、变化及调和;至宏壮之对象,汗德(即康德)虽谓之无形式,然以此种无形式之形式,能唤起宏壮之情,故谓之形式之一种,无不可也。①

王国维的壮美说,吸取了博克、康德和叔本华的"崇高"说的某些内容。像"壮美"的"冲突性质"说直接来自叔本华的"生命意志"说,又吸取了康德、博克的"崇高"理论;"壮美"的"无形式"说,则明确表明取于康德。值得我们重视的是,王国维在接受西方"崇高"理论时做了一些改造,去掉了

---

① 王国维:《古雅之在美学上之位置》。

一些东西,加进了一些东西,使之适合中华审美传统。他去掉的主要是西方"崇高"理论中的基督教精神,没有了"原罪"意味,没有了神秘色彩;另外,对叔本华的非理性主义的"生命意志"论也力求除去其非理性主义和悲观的色彩。王国维将西方美学中"崇高"(Sublime)改成"壮美",显然是因为"壮美"是中华美学固有的概念,可以为中华民族所接受。王国维的疏忽是"崇高"与"壮美"实质不同,将西方美学中"崇高"的内容移植到中华美学的范畴"壮美"之中去,反倒造成了混乱。按西方美学传统,崇高不是美,崇高与美的关系是一种互补的关系,崇高包含一定的丑,但又不是丑。崇高包含有一定的美,但又不能归属为美。从审美这个大范围来说,崇高是审美活动的形式之一。"壮美"是中华美学特有的范畴,它又称为"阳刚之美"。它与"优美"在实质上没有区别,都建构在审美主体与审美客体和谐的基础之上,它们的区别主要在表现形式上:"优美"比较精巧、细小;而"壮美"则比较粗犷、庞大。前者以韵味取胜,后者以气势见长。古人一副对联:"铁马秋风冀北,杏花春雨江南。"倒是能准确地代表"壮美""优美"的美学风格。王国维对"壮美"的解释完全脱离了中华美学传统,不够妥当。其实未尝不可移用"崇高"这一概念,而让"壮美"保留固有的中华美学的含义。

三、古雅

"古雅"是王国维创造的新概念。

何谓"古雅"? 王国维说:"古雅者,可谓之形式之美之形式之美也。"①王国维用了两个"形式"。原来第一个"形式"说的是艺术。艺术是反映生活的形式。第二个"形式",即用以表达艺术内容的形式,也就是艺术形式。此形式之美叫作"古雅"。

王国维认为"古雅"只存于艺术而不存于自然。自然经过第一形式变成艺术的内容,艺术的内容经过第二形式才产生古雅。同样的艺术内容,

① 王国维:《古雅之在美学上之位置》。

由于不同的艺术处理,产生的美就不同。比如"夜阑更秉烛,相对如梦寐"①之于"今宵剩把银釭照,犹恐相逢是梦中"②,"愿言思伯,甘心首疾"③之于"衣带渐宽终不悔,为伊消得人憔悴"④,其第一形式同,但第二形式异。因此,前者与后者的味道就大不一样,前者温厚,后者刻露。王国维这种分析是相当细致深入的。在中国美学史上,虽然谈艺术形式、谈艺术技巧的言论甚多,但没有谁像王国维这样强调、突出形式美的独立价值。

王国维说:"虽第一形式本不美者,得由第二形式之美(雅)而得一种独立之价值。茅茨土阶与夫自然中寻常琐屑之景物,以吾人肉眼观之,举无足与于优美若宏壮之数,然一经艺术家(若绘画、若诗歌)之手,而遂觉有不可言之趣味。"⑤黄庭坚曾说过"点铁成金",那是化古为新,王国维说艺术可以化不美甚至丑为美,这是对艺术形式美——古雅美的最高肯定。

关于古雅与优美、壮美的关系,王国维认为它们既有联系,又有区别。总的来说是两种不同性质的美。

优美、壮美可以存在于第一形式之中,也可以存在于第二形式之中,当它们存在于第二形式之中时,就与"古雅"发生关系了。古雅成为优美、壮美的表现形式,自然为优美、壮美增添了光辉。王国维说:

> 优美及宏壮必与古雅合,然后得显其固有之价值。不过,优美及宏壮之原质愈显,则古雅之原质愈蔽。然吾人所以感如此之美且壮者,实以表出之之雅故,即以其美之第一形式,更以雅之第二形式表出之故也。⑥

怎样理解"优美及宏壮之原质愈显,则古雅之原质愈蔽",这牵涉何谓优美、宏壮之"原质",何谓古雅之"原质"。在王国维看来,优美、宏壮的原

---

① 杜甫:《羌村诗》。
② 晏几道:《鹧鸪天》。
③ 《诗经·卫风·伯兮》。
④ 欧阳修:《蝶恋花》。
⑤ 王国维:《古雅之在美学上之位置》。
⑥ 王国维:《古雅之在美学上之位置》。

徐悲鸿:《九方皋》

质是先天的,判断优美、宏壮的判断力即审美判断力是先天的判断力。王
国维的这一看法显然来自康德,康德就假定人有一种先天的审美能力,而
且人对美的这种感受能力是相同的,因此"美是不涉及概念而普遍地使人
愉快的"①。古雅的判断力则是后天的、经验的,前者是天才的对象,后者是
人力的对象。就是说,创造优美、壮美那是需要天才的,而创造古雅则只需
要努力就行了。创造完整的艺术美既需要天才,又需要人力。如果在创造
的过程中,天才的作用愈显,则人力的作用被掩盖,作品见不出雕饰的痕迹。
虽用了人工,但不见人工,本是人籁却如天籁,这当然是最高的艺术境界了。
所谓"优美及宏壮之原质愈显,则古雅之原质愈蔽"就是这个意思。王国维
不是唯天才论者,他尚天才亦尚人工。他认为,优美、壮美固然是很高层次
的美,但"吾人所以感如此之美且壮者,实以表出之之雅故"。

　　看来,完整的艺术美是优美或壮美与古雅高度统一的产物。这种艺术
美当然是最高的甚至带有一定的理想色彩的,在大量的艺术作品中达到这
一层次的不会是多数。王国维实事求是地说:

　　　　艺术中古雅之部分,不必尽俟天才,而亦得以人力致之。苟其人
　　格诚高,学问诚博,则虽无艺术上之天才者,其制作亦不失为古雅;而

---

①　[德]康德:《判断力批判》,转引自朱光潜:《西方美学史》下册,人民文学出版社 1979 年
　　版,第 365 页。

其观艺术也,虽不能喻其优美及宏壮之部分,犹能喻其古雅之部分。若夫优美及宏壮,则非天才殆不能捕攫之而表出之,今古第三流以下之艺术家,大抵能雅而不能美且壮者,职是故也。①

王国维的说法不无道理,但是他将优美及宏壮划定在天才的领域,而什么是天才他又没有给予明确的论述,这就为神秘论、唯心论留下了地盘。

再者,王国维谈的优美、壮美都是艺术中的美,但艺术中的优美、壮美又来自生活,那么,生活中到底有没有优美、壮美,如有,又是不是天才创造的。这些王国维均没有论述。

三种美,它们各有什么价值又各处在什么位置上呢? 王国维说:

优美之形式使人心和平,古雅之形式使人心休息,故亦可谓之低度之优美;宏壮之形式常以不可抵抗之势力唤起人钦仰之情,古雅之形式则以不习于世俗之耳目故,而唤起一种之惊讶,惊讶者。钦仰之情之初步,故虽谓古雅为低度之宏壮亦无不可也。故古雅之位置,可谓在优美与宏壮之间,而兼有此二者之性质也。②

王国维认为古雅在审美效果上处于优美与宏壮之间,就它可"使人心休息"而言,它近于优美;而就其"以不习于世俗之耳目故,而唤起一种之惊讶",它又近于宏壮。这种从审美效果出发为艺术形式美寻找位置的理论探讨是鲜为少见的,虽然不见得很确切,但亦给人以耳目一新之感,且颇有启迪。

四、眩惑

王国维在《〈红楼梦〉评论》中谈到"眩惑"。他说:

至美术中之与二者相反者,名之曰眩惑。夫优美与壮美皆使吾人离生活之欲而入于纯粹之知识者。若美术中而有眩惑之原质乎,则又使吾人自纯粹之知识出,而复归于生活之欲。如粃糗蜜饵,《招魂》《启》

---

① 王国维:《古雅之在美学上之位置》。
② 王国维:《古雅之在美学上之位置》。

《七发》之所陈；玉体横陈,周昉、仇英之所绘；《西厢记》之"酬柬",《牡丹亭》之"惊梦"；伶元之传飞燕,杨慎之赝《秘辛》：徒讽一而劝百,欲止沸而益薪。所以子云有"靡靡"之诮,法秀有"绮语"之诃。虽则梦幻泡影,可作如是观,而拔舌地狱,专为斯人设者矣。故眩惑之于美,如甘之于辛,火之于水,不相并立者也。①

　　"眩惑"是王国维创立的又一美学概念。王国维说"眩惑"与"美"不相并立,犹如水之于火。那么"眩惑"是不是"丑"呢? 从王国维所举的例子来看,似乎又不是。这些评价为"眩惑"的艺术形象有一个共同的特点,那就是与"生活之欲"相联系。它们的表现形态各异,有的情感过于强烈,缺乏提炼；有的声色描绘过于直露,寻求感官刺激。王国维"眩惑"说有两个来源,一是中华古典《国语》。先秦时代的单穆公说："夫乐不过以听耳,而美不过以观目。若听乐而震,观美而眩,患莫甚焉。夫耳目,心之枢机也,故必听和而视正……若视听不和,而有震眩,则味入不精,不精则气佚,气佚则不和。于是乎有狂悖之言,有眩惑之明,有转易之名,有过慝之度。"②单穆公的意思是过分追求感官刺激会给人带来很大坏处,造成身心失调,精神混乱。王国维的"眩惑"一词即来自上引一段话。另一来源是叔本华的"媚美"说。叔本华认为有一种与"壮美"真正构成对立面的东西叫作"媚美"。"媚美"的本质是"直接对意志自荐","将鉴赏者从任何时候领略美都必需的纯粹观赏中拖出来",也就是说将鉴赏者引向欲念,引向艺术所拒绝的利害关系。比如"画中食品酷似真物又必然地引起食欲","在历史的绘画和雕刻中,媚美则在裸体人像中,这些裸体像的姿态,半掩半露甚至整个的处理手法都是意在激起鉴赏人的肉感"③。王国维的"眩惑"很似"媚美"。

　　"媚美"不是真正的美,而是赝牌美,"眩惑"亦应作如是观。

　　王国维反对"眩惑"这种赝牌美无疑是正确的,但他举的"眩惑"的例子却不尽恰当,像屈原的《招魂》、曹植的《七启》和枚乘的《七发》、王实甫

---

①　王国维:《〈红楼梦〉评论》。

②　《国语·周语下》。

③　[德] 叔本华:《作为意志和表象的世界》,商务印书馆 1982 年版,第 290 页。

的《西厢记》、汤显祖的《牡丹亭》怎么也不能说是属于"眩惑"的作品。这里充分反映出王国维的封建正统思想和审美偏见。

第三节 悲 剧 观

悲剧观是王国维美学思想的重要组成部分。王国维的悲剧观基本上来自叔本华,但同样不是生搬叔本华,而是有自己的理解、创造。

王国维的悲剧观集中体现在《〈红楼梦〉评论》中,《宋元戏曲史》中也谈到悲剧。下面,我们分成四个问题来介绍他的悲剧观。

一、关于悲剧的社会根源

王国维认为人生的痛苦在于有欲。"饮食男女,人之大欲存焉",而"男女之欲又尤强于饮食之欲"。这"欲"并非外物强加的,而是"自造"的。《红楼梦》中那"玉"不过是"生活之欲之代表而已"。"《红楼梦》一书实示此生活、此生活之由于自造,又示其解脱之道不可不由自己求之者也。"①

人生痛苦在于自造,解脱也在于自求。那么究竟应如何解脱呢?王国维说:"解脱之道存于出世而不存于自杀。"② 因为解脱的根本不是解除生命,而是"拒绝一切生活之欲"。《红楼梦》中自杀的有金钏、司棋、尤二姐、潘又安等。王国维的看法是,他们"非解脱也,求偿其欲而不得也"。《红楼梦》书中"真正之解脱仅贾宝玉、惜春、紫鹃三人",因为只有他们才拒绝了生活之欲。

王国维进而指出:"解脱之中又自有二种之别:一存于观他人之苦痛,一存于觉自己之苦痛。"③ 前一种最难,非常人所能为;通常的解脱是第二种。这第二种又需自己身经千百种痛苦,然后"遂悟宇宙人生之真相,遽

---

① 王国维:《〈红楼梦〉评论》。
② 王国维:《〈红楼梦〉评论》。
③ 王国维:《〈红楼梦〉评论》。

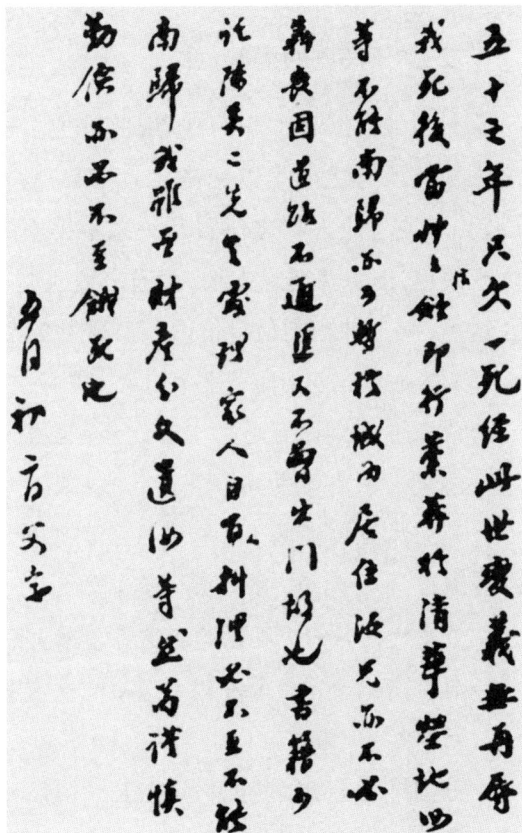

王国维绝笔

而求其息肩之所"①。这实际上是"以生活为炉，苦痛为炭，而铸其解脱之鼎"②。两种解脱，"前者之解脱，宗教的也；后者美术的也。前者平和的也；后者悲感的也、壮美的也，故文学的也、诗歌的也、小说的也"③。

　　悲剧作为"美术"（即艺术）的一种样式就是集中反映人生可怕的事情，警告人们拒绝"生活之欲"，而走"解脱"之路。《红楼梦》，王国维认为是"彻头彻尾之悲剧"，"书中之人有与生活之欲相关系者，无不与苦痛相终始"④。

---

① 王国维：《〈红楼梦〉评论》。
② 王国维：《〈红楼梦〉评论》。
③ 王国维：《〈红楼梦〉评论》。
④ 王国维：《〈红楼梦〉评论》。

二、关于悲剧的类型

王国维根据叔本华的观点，将悲剧分成三类："第一种之悲剧，由极恶之人极其所有之能力以交构之者；第二种由于盲目的命运者；第三种之悲剧，由于剧中之人物之位置及关系不得不然者。非必有蛇蝎之性质与意外之变故也，但由普通之人物，普通之境遇逼之，不得不如是。"① 王国维认为，在这里，第三种悲剧最有价值，《红楼梦》就属于这种悲剧：

> 兹就宝玉、黛玉之事言之，贾母爱宝钗之婉嫕而惩黛玉之孤僻，又信金玉之邪说而思压宝玉之病；王夫人固亲于薛氏；凤姐以持家之故，忌黛玉之才而虞其不便于己也；袭人惩尤二姐、香菱之事，闻黛玉"不是东风压倒西风，就是西风压倒东风"之语（第八十一回），惧祸之及而自同于凤姐，亦自然之势；宝玉之于黛玉，信誓旦旦而不能言之于最爱之之祖母，则普通之道德使然，况黛玉一女子哉？由此种种原因，而金玉以之合，木石以之离，又岂有蛇蝎之人物、非常之变故行于其间哉？②

王国维对《红楼梦》中贾宝玉、林黛玉爱情悲剧的分析是非常深刻的。这比那种从固定的阶级立场出发，执意将贾母、王夫人、凤姐看成残杀宝黛爱情的凶手，要合乎情理得多。在社会生活中，这种由"人物之位置及关系不得不然"造成的悲剧是最有意义的。它的无可避免的必然性，促使人们去思考、去寻求如何实现对它的超越。王国维提出以审美的方式去求得解脱，充分肯定审美的社会价值，诚然是很重要的意见。蔡元培提出过"以美育代宗教"的观点，也同样是试图以审美的超越取代宗教的超越。问题是，审美的超越亦如宗教的超越一样都是精神的超越。精神的力量诚然不可低估，但不能夸大到无限的地步。主张以审美的方法解脱人生痛苦的王国维自己其实也未能真正做到这一点。感于内心极度的痛苦而不能自拔，他最

---

① 王国维：《〈红楼梦〉评论》。
② 王国维：《〈红楼梦〉评论》。

后自沉昆明湖,了结了才50岁的生命。人类如何超越自己的问题,是个认识问题,也是个实践问题。可能单纯的审美方式或宗教方式都不能真正做到超越。

三、悲剧的意义

王国维认为,悲剧的意义不只在美学上,还在伦理学上。他说:

> 昔雅里大德勒(今译"亚里士多德")于《诗论》(今译《诗学》)中谓悲剧者,所以感发人之情绪而高上之。殊如恐惧与悲悯之二者,为悲剧中固有之物,由此感发,而人之精神于焉洗涤。故其目的,伦理学上之目的也。①

将悲剧的意义由美学过渡到伦理学是深刻的。道德是有它的特殊重要的意义的,道德总是维护人类群体的利益,为此往往不惜牺牲个体的哪怕是非常合理的要求。悲剧的产生往往就在个体的正当要求与维护群体利益的道德之间的冲突。《红楼梦》的悲剧其实也在这里。王国维说:"宝玉其人者,自普通之道德言之,固无所辞其不忠不孝之罪。若开天眼观之,则彼固可谓干父之蛊者也。"② 因此,悲剧总是让人深思,应该怎样去建立合乎人性的良好的人际关系,怎样在道德与个体利益之间求得一个合理的平衡,怎样去架构必然与自由之间的桥梁。

王国维说:

> 《红楼梦》者,悲剧中之悲剧也。其美学上之价值即存乎此。然使无伦理学上之价值以继之,则其于美术上之价值尚未可知也,今使为宝玉者于黛玉既死之后,或感愤而自杀,或放废以终其身,则虽谓此书一无价值可也。何则? 欲达解脱之域者,固不可不尝人世之忧患。然所贵乎忧患者,以其为解脱之手段故,非重忧患自身之价值也。③

这话说得很好,悲剧不能不言忧患,然让人尝人世之忧患,不是让人沉

---

① 王国维:《〈红楼梦〉评论》。
② 王国维:《〈红楼梦〉评论》。
③ 王国维:《〈红楼梦〉评论》。

浸于忧患,甚至因忧患而自杀。忧患的价值是让人因之更好地认识人生,去寻求解脱忧患的方法。忧患不应让人绝望,而应给人希望。"今使人日日居忧患,言忧患,而无希求解脱之勇气,则天国与地狱,彼两失之;其所领之境界,除阴云蔽天,沮洳弥望外,固无所获焉。"① 忧患,应是通向天国之梯,而不应是堕入地狱之路。

四、对中国传统悲剧观的批判

悲剧的特点在悲,悲不见得就是坏事。王国维说:"法斯德(今译'浮士德')之苦痛,天才之苦痛;宝玉之苦痛,人人所有之苦痛也。其存于人之根柢者独深,而其希救济也为尤切。"② 但是中国的悲剧传统对"悲"是有所忌讳的。中国古代也有悲剧,但中国古代的悲剧几乎没有一悲到底的,基本上是先悲后喜以大团圆而宣告结束。王国维对此进行了批判:

> 吾国人之精神,世间的也,乐天的也,故代表其精神之戏曲、小说,无往而不着此乐天之色彩。始于悲者终于欢,始于离者终于合,始于困者终于亨,非是而欲餍阅者之心难矣。若《牡丹亭》之返魂,《长生殿》之重圆,其最著之一例也。《西厢记》之以"惊梦"终也,未成之作也。此书若成,吾乌知其不为《续西厢》之浅陋也。

中国人好作续书,之所以"续",也就是希望有个更好的结局——大团圆。于是,有《红楼梦》,就有《红楼复梦》《补红楼梦》《续红楼梦》。这些续书几乎无一不是狗尾续貂之作。王国维对此表示强烈的不满。他认为,"吾国之文学中,其具厌世解脱之精神者,仅有《桃花扇》与《红楼梦》耳。"③ 而《桃花扇》的"解脱"而非真解脱,因此,真正的悲剧作品仅《红楼梦》一部。

王国维是第一个批判中国传统悲剧观的人,他的锋芒当然不只是指向中国传统的悲剧观,而是指向造就这种悲剧观的中华传统文化精神。王国

---

① 王国维:《〈红楼梦〉评论》。

② 王国维:《〈红楼梦〉评论》。

③ 王国维:《〈红楼梦〉评论》。

维政治立场属于封建遗老，但思想比较复杂，封建传统文化思想有之，资产阶级文化思想亦有之。这两者有的经过他的综合、改造，成为一个东西，有的一直在冲突着。他的悲剧观即属于其中之一。

王国维的悲剧观受叔本华的悲剧观影响很深，有些观点是照搬叔本华的，如悲剧的类型。叔本华的悲剧观是他的"生命意志"说的一部分，其基本倾向是悲观主义的、厌世主义的。王国维也有悲观色彩，但不如叔本华严重。他还是对悲剧的积极意义做了一定的肯定。比如，他说"所贵乎忧患者，以其为解脱之手段故"。另外，叔本华的悲剧观明显具有宗教色彩。他说："悲剧的真正意义是一种深刻的认识，认识到 [悲剧] 主角所赎的不是他个人特有的罪，而是原罪，亦即生存本身之罪。"[①] 王国维的悲剧观虽也说到"吾之大患，在吾有身"（老子语），但没有将它归之于"原罪"。可见，王国维的悲剧观并不是叔本华悲剧观的移植，仍然有自己的创造。

第四节　美　育　论

王国维是中国近代美育的积极倡导者，他最早介绍西方的美育理论。他说：

> 泰西（今译"希腊"）自雅里大德勒（今译"亚里士多德"）以后，皆以美育为德育之助。至近世谑夫志培利赫（今译"夏夫兹博里"）、赫启孙（今译"哈奇生"）等皆从之。及德意志大诗人希尔列尔（今译"席勒"）出，而大成其说。[②]

"美育"，在 20 世纪初的中国还是个新概念，"希尔列尔""谑夫志培利赫""雅里大德勒"，对中国的知识分子来说还很陌生。王国维的引荐之功不可没。但王国维主要还不是介绍西方的美育学说，而是根据中国的国情

---

① 　[德] 叔本华：《作为意志和表象的世界》，商务印书馆 1982 年版，第 352 页。

② 　王国维：《孔子之美育主义》。

建立了一套既有理论价值又有实践意义的美育学说。

一、关于美育的性质

王国维说:

> 　　教育之宗旨何在? 在使人为完全之人物而已。何谓完全之人物?
> 谓使人之能力无不发达且调和是也。人之能力,分为内外二者,一曰
> 身体之能力,一曰精神之能力。发达其身体,而萎缩其精神,或发达其
> 精神,而罢敝其身体,皆非所谓完全者也。完全之人物,精神与身体必
> 不可不为调和之发达。而精神之中,又分为三部:智力、感情及意志是
> 也。对此三者,而有真、善、美之理想。真者,智力之理想;美者,感情
> 之理想;善者,意志之理想也。完全之人物,不可不备真善美之三德。
> 欲达此理想,于是教育之事起。教育之事,亦分为三部:智育、德育(即
> 意志)、美育(即情育)是也。①

王国维这段关于教育的言论是十分精辟的,在 20 世纪初能有这样高
的认识,难能可贵。"真、善、美""智、意、情"三分法是西方哲学的观点。
这虽是很古老的说法,但就是在今日还是被认为是科学的观点。王国维将
两个"三分"对应起来,认为"真者,智力之理想;美者,感情之理想;善者,
意志之理想也",由此将美育的性质定为"情育"。

"情育"虽然不很确切,但的确是抓住了美育的关键。鲍姆嘉通就是有
感于研究情感即相当于"混乱的"感性认识一直没有相应的科学,才建议设
立一门名之曰 Aesthetic(即"美学")的新学科的。不管是英国经验派美学
还是大陆理性派美学,都认为情感是审美活动的最重要的特点。鲍姆嘉通
说:"美学的对象是感性认识的完善。"这"感性认识"包括情感。

说美育是"情育"是就美育的特点而言的,以之区别智育、德育。但美
育不等于"情育"。美育较之"情育"宽泛。"情育"之作为美育是指在美的
创作、欣赏中的情感教育。因此,美育离不开美。美育作为审美活动的派

---

① 　王国维:《论教育之宗旨》。

生物,必然具有美的一些本质性的特点。王国维说:"盖人心之动,无不束缚于一己之利害。独美之为物,使人忘一己之利害而入于高尚纯洁之域,此最纯粹之快乐也。"① 又说:"美之性质,一言以蔽之曰:可爱玩而不可利用者是已。"② 无利害性、趣味性是审美两个很重要的特点,美育当然应是具备的。

二、美育与德育、智育的关系

王国维说:

> 美育者,一面使人之感情发达,以达完美之域,一面又为德育与智育之手段。③

王国维这种说法是正确的。它首先肯定美有其自身的功能,"使人之感情发达",其次才谈美育可以成为德育、智育的手段。王国维对美育的这种认识相当可贵。时下虽然许多人在谈美育,美育也基本上已普及,但在认识上,仍有相当一部分人只是将美育看作德育、智育特别是德育的手段,把美育归属于德育。这种认识比之王国维就落后得多了。

王国维认为,人心之情、意、智是互相交错的,人在从事任何一种性质的活动时都必有智、意、情三者,只是侧重点不同。"有一科而兼德育、智育者,有一科而兼德育、美育者,又有一科而兼此三者。"④ 那就是说,不止美育可以作为德育、智育的手段,德育、智育也可以作为美育的手段。智育、德育、美育实际上是相互作用、相互影响的。

王国维对美育有助于智育谈得不是很多,但所谈是比较深刻的。他说:

> 诗歌之所写者,人生之实念,故吾人于诗歌中可得人生完全之知识。故诗歌之所写者,人及其动作而已;而历史之所述,非此人即彼人,非此动作即彼动作,其数虽巧历不能计也,然此等事实不过同一生活

---

① 王国维:《论教育之宗旨》。
② 王国维:《古雅之在美学上之位置》。
③ 王国维:《论教育之宗旨》。
④ 王国维:《论教育之宗旨》。

之欲之发现。故吾人欲知人生之为何物,则读诗歌贤于历史远矣。①

诗与历史谁最真实的问题,古希腊的亚里士多德曾经做过论述。他认为:"历史家描述已发生的事,而诗人却描述可能发生的事,因此,诗比历史是更哲学的,更严肃的:因为诗所说的多半带有普遍性,而历史所说的则是个别的事。"② 中国的美学传统则更重视史,"诗史"说是"以诗证史"来确立诗的真实性的。看来,对"真实"有不同的理解,有历史的真实,有哲学的真实、美学的真实。中华美学传统看重历史的真实,亚里士多德看重哲学的真实、美学的真实。王国维在这个问题较多地受亚里士多德的影响,但他不纠缠在真实的问题上,他讲的是"人生"的知识。的确,从"欲知人生之为何物"这一角度来说,"读诗歌贤于历史远矣"。诗较之历史更能体现出完全的人生,活生生的人生。如果不把知识局限于概念系统的知识,诗歌里面的知识亦很丰富。注意到王国维用"贤"这个词,他的用意是诗歌中的人生知识是有某种优越性的。

美育与德育的关系,王国维谈得多一些,也更透辟。他转述席勒的观点说:

> 人日与美相接,则其感情日益高,而暴慢鄙俗之心日益远,故美术者,科学与道德之生产地也;又谓审美之境界,乃不关利害之境界。故气质之欲灭,而道德之欲得由之以生,故审美之境界乃物质之境界与道德之境界之津梁也。于物质之境界中,人受制于天然之势力;于审美之境界,则远离之;于道德之境界,则统御之(希氏《论人类美育之书简》)。由上所说,则审美之位置,犹居于道德之次。然希氏后日,更进而说美之无上之价值,曰:如人必以道德之欲克制气质之欲,则人性之两部,犹未能调和也。于物质之境界及道德之境界中,人性之一部必克制之,以扩充其他部。然人之所以为人,在息此内界之争斗,而使

---

① 王国维:《叔本华之哲学及其教育学说》。
② [古希腊] 亚里士多德:《诗学》第九章,转引自朱光潜:《西方美学史》上册,人民文学出版社 1979 年版,第 73 页。

卑劣之感跻于高尚之感觉。①

王国维显然是赞同席勒之说的。席勒认为，"人的发展可分为三个不同的状况或阶段，不管是个人还是全人类，如果要完成自我实现的全部过程，都必按照一定程序经历这三个阶段……人在他的物质（身体）状态里，只服从自然的力量；在他的审美状态里，他摆脱掉自然的力量；在他的道德状态里，他控制着自然的力量。"② 这样说来，审美成了由自然的人通向道德的人的桥梁。这可以说是以美引善。席勒在这里是将道德放在审美之上的。但席勒后来又认为审美高于道德，审美的王国是最理想的王国。"在审美的王国里，人就只须以形象的身份显现给人看，只作为自由游戏的对象而与人对立。通过自由去给予自由，这是审美的王国中的基本法律。""只有审美趣味才能给社会带来和谐，因为它在个别成员身上建立起和谐。"③ 这既可以说是以美引善，又可以说是美中有善。美既作为引善的手段，又成为寓真善于其中的最高境界。王国维的表述是："最高之理想，存于美丽之心（Beautiful Soul）。"④

无独有偶，中国的孔子亦有堪与席勒异曲同工的看法。《论语》云："小子何莫学夫诗，诗可以兴，可以观，可以群，可以怨。迩之事父，远之事君，多识于鸟兽草木之名。"又曰："兴于诗，立于礼，成于乐。"王国维概括孔子的教育思想，说是"始于美育，终于美育"⑤。这个概括是前所未有的，是对孔子教育思想的一个深刻的发现。

前面我们谈到过，王国维的美育思想受西方美育观影响很深，但我们又必须看到，王国维在挖掘中华美育传统上做了很好的工作。除了上面谈到的他对孔子美育主义的论述之外，他对荀子的乐论也给予充分的注意。

---

① 王国维：《孔子之美育主义》。
② ［德］席勒：《审美教育书简》第二十四封信，转引自朱光潜《西方美学史》下册，人民文学出版社 1979 年版，第 452 页。
③ ［德］席勒：《审美教育书简》第二十四封信，转引自朱光潜《西方美学史》下册，人民文学出版社 1979 年版，第 452 页。
④ 王国维：《孔子之美育主义》。
⑤ 王国维：《孔子之美育主义》。

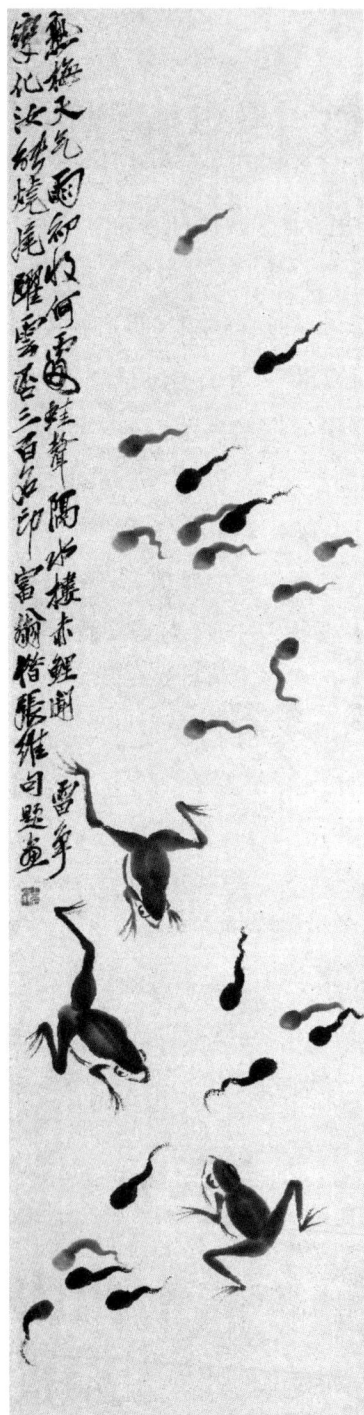

齐白石：《蛙声十里图》

王国维还特别谈到中华美育传统不仅重视艺术教育,而且重视自然美欣赏,他举孔子与学生言志,独赞同曾点"浴乎沂,风乎舞雩,咏而归"的人生观为例,说:

> 由此观之,则平日所以涵养其审美之情者,可知矣。之人也,之境也,固将磅礴万物以为一。我即宇宙,宇宙即我也。光风霁月,不足以喻其明;泰山华岳,不足以语其高;南溟渤澥,不足以比其大。邵子所谓反观者,非欤? 叔本华所谓无欲之我、希尔列尔所谓美丽之心者,非欤? 此时之境界,无希望,无恐怖,无内界之争斗,无利害,无人无我。不随绳墨,而自合于道德之法则。一人如此,则犹入圣域;社会如此,刻成华胥之国。①

王国维这里谈的完全是中华传统美学。在王国维看来,那种"我即宇宙,宇宙即我"的境界既是美的境界,又是善的境界、真的境界。因此,具有很高审美修养的人,当他按照美的法则去行事时,"自合于道德之法则"。

三、关于美育的重要性

关于美育的重要性,王国维在论及美育与德育、智育的关系时已经多有论及。针对中华文化传统注重功利、实用,相对轻视美术、文学,他不胜感慨:

> 呜呼,我中国非美术之国也。一切学业,以利用之大宗旨贯注之。治一学,必质其有用与否;为一事,必问其有益与否。美之为物,为世人所不顾久矣。②

中国文化传统的确存在这种情况。虽然中国的文学艺术有极为辉煌灿烂的成就,但"世之贱儒,辄援'玩物丧志'之说相诋"这也是事实。这里有一个如何认识"用"与"无用"的问题。王国维认为:"天下有最神圣、最尊贵,而无与于当世之用者,哲学与美术是已"③,其原因是"哲学与美术之所

---

① 王国维:《孔子之美育主义》。
② 王国维:《孔子之美育主义》。
③ 王国维:《论哲学家与美术家之天职》。

志者，真理也"。哲学发现真理，美术以记号表示真理。真理是"天下万世之真理"，故而其价值最高。政治家、实业家虽然也很重要，但他们的事业，顶多不过及于五世、十世而已。王国维对文学的价值也有很高的认识。他说："生百政治家，不如生一大文学家。何则？政治家与国民以物质上之利益，而文学家以精神上之利益。夫精神之于物质，二者孰重？且物质上之利益，一时的也；精神上之利益，永久的也。"① 王国维的这种看法，固然有些偏颇，但对中华文化传统的批判是有力量的。

王国维的美育思想对蔡元培的"以美育代宗教"说有深刻的影响。在王国维的美学思想中美育论是仅次于境界说的最有价值的部分，应该给予充分的注意。在今日的教育事业中，王国维的美育论不无借鉴的意义。

第五节　境　界　说

在王国维的美学思想中最有价值的部分是境界说。在王国维的文章中，境界说也曾表示为意境说，但在他的最重要的美学著作《人间词话》中，用的是"境界"这个概念。王国维的境界说，虽然有叔本华美学思想的影子，但主要是对中华美学传统的继承和发展。

境界理论有一个漫长的发展过程，《易传》提出"立象以尽意"，可说是境界理论最早的源头。唐代"意象""兴象""意境""境"等概念广泛地见于文论。可以说在唐代，关于"境界"的基本理论已经都有了，但缺乏归纳总结。宋、元、明、清，境界理论有所发展。这里特别要提到的是，词的出现对境界理论走向成熟有重要意义。词比之诗更注重抒情，更讲究含蓄，更注重韵味。南宋严羽的"兴趣"说、"镜花水月"说，清代王士禛的"神韵"说突出了艺术意象"空灵"的一面，为境界理论的成熟做了很好的准备。到晚清民国初年，王国维的《人间词话》《〈人间词〉甲稿序》《〈人间词〉乙稿序》对境界说做了最高的总结。说是"最高"，因为他将"境界"提升到艺

---

① 王国维：《文学与教育》。

术美本体的地位,而在此以前,境界主要是诗歌艺术形象的构成方法,或者只是作品的格调。经过王国维的改造,"境界"就不只是一个文艺学的范畴,还是一个美学的范畴。

下面就王国维境界说的几个主要问题做一些评介:

一、"意境"与"境界"概念的选用

在王国维的美学、文学论著中,"意境"与"境界"两个术语都出现过。一般来说,这两个术语在他的美学中是可以互用的,但还有一些区别,他谈文学、艺术,既用"意境",又用"境界",二者可以通用。但在谈及人生时,他用"境界",不用"意境"。如:

> 古今之成大事业、大学问者,必经过三种之境界:"昨夜西风凋碧树,独上高楼,望尽天涯路。"此第一境也。"衣带渐宽终不悔,为伊消得人憔悴。"此第二境也。"众里寻他千百度,蓦然回首,那人却在,灯火阑珊处。"此第三境也。此等语皆非大词人不能道。[1]

> 境界有二:有诗人之境界,有常人之境界。诗人之境界,惟诗人能感之而能写之……若夫悲欢离合、羁旅行役之感,常人皆能感之,而惟诗人能写之。[2]

上举二例,都用"境界",不用"意境"。可见,"境界"的外延比"意境"大。

在王国维论文学艺术的文字中,"境界"比"意境"用得要多。《人间词话》中,"境界"(或"境")共32处,而"意境"只两处。这可能反映出王国维对"境界"的偏爱。"境界",佛经中用得最多,魏晋南北朝时期,佛学空前繁荣,佛学家们在翻译佛典时多用"境界"一词。佛学讲的"境"或"境界"虽然各种各样,但有一个共同特点,那就是都是心造之境。近人丁福保释"境":"心之所游履攀缘者,谓之境。"[3]《大乘起信论》云:"一切诸法,唯依

---

① 王国维:《人间词话》。

② 王国维:《〈人间词话〉附录》。

③ 丁福保:《佛学大辞典》,文物出版社1984年版,第1247页。

妄念而有差别,若离心念,则无一切境界之相。""三界虚伪,唯心所作,离心则无六尘境界。"梁启超也说:"境者,心造也。一切物境皆虚幻,惟心所造之境为真实。"① 王国维受佛学影响甚深,他偏爱"境界"这一术语是可以理解的。在他看来,艺术所创造的形象亦如"境界",也是心造的,而且这心造的境界亦最为真实。王国维说:"境非独谓景物也,感情亦人心中之境界,故能写真景物真感情者谓之有境界,否则谓之无境界。"②

佛教说的"境界"既是感性可观(当然是"心观")的,又是空灵、神秘、通向无限的。唐代僧人圆晖说:"色等五境,为境性,是境界故。眼等五根,各有境性,有境界故。"③ 可见境有形象。佛教中有一种境叫"独影境",它又分"有质独影"和"无质独影"两种。前者虽有"质"但不在目前,须由意识想象其影像;后者无"质"可"执",更任意识自由驰骋了。这种由幻想所生的境象自然非常奇怪,如龟毛兔角之类。佛教境界的这样一种性质,可能是王国维认为很切合艺术形象。

境界是整体的、圆融的,物我两忘,心物不分。这与王国维所认定的艺术美很切合。王国维说:"故美术之为物,欲者不观,观者不欲。而艺术之美所以优于自然之美者,全存于使人易忘物我之关系也。"④

根据以上的理由,王国维首选"境界"作为艺术美的本体。

那为什么又要使用"意境"这一术语呢?这是为了论证"境界"构成及其各种类型的方便。"境界"是由"意"与"境"共同构成的。"意"与"境"的组合"或以境胜","或以意胜","或意余于境","或境多于意"⑤。

值得我们注意的是,王氏托名樊志厚所写的《〈人间词〉乙稿序》,"意境"一词数出,此文写作的时间应与《人间词话》差不多。在此文中,王国维说:"文学之工不工,亦视其意境之有无与其深浅而已。"可见,"意境"是

① 梁启超:《自由书·惟心》。
② 王国维:《人间词话》。
③ 圆晖:《阿毗达摩俱舍论本颂疏》卷一。
④ 王国维:《〈红楼梦〉评论》。
⑤ 王国维:《〈人间词〉乙稿序》。

文学批评的最高标准。又，写于 1912 年的《宋元戏曲史》，王国维复弃"境界"而用"意境"。这也耐人寻味。也许，王国维认为，作为美学范畴，"意境"更为准确。在感情与理智矛盾的情况下，王国维难以作出取舍，因而，"意境"与"境界"两个术语就互见而通用了。

二、意境的性质与特点

王国维关于意境性质及特点的看法集中在《人间词话》中，《〈人间词〉甲稿序》和《〈人间词〉乙稿序》也有一些很精彩的意见。由于《人间词话》系语录体的格式，王国维对观点并未做充分论证。而且《人间词话》也不只是讨论意境问题，所以不能将《人间词话》中的语录都挂在"意境"名下。笔者仅从王国维明确言及境界或意境的语录来领会王国维对意境性质及特点的认识。

关于意境作为艺术美本体的地位问题，王国维在《人间词话》第九则说：

> 严沧浪《诗话》谓："盛唐诸公，唯在兴趣。羚羊挂角，无迹可求。故其妙处，透澈玲珑，不可凑泊。如空中之音、相中之色、水中之影、镜中之象，言有尽而意无穷。"余谓北宋以前之词，亦复如是。然沧浪所谓"兴趣"，阮亭所谓"神韵"，犹不过道其面目，不若鄙人拈出"境界"二字为探其本也。[1]

在《人间词话删稿》第十三则中，王国维也说过类似的话："言气质，言神韵，不如言境界。有境界，本也；气质、神韵，末也。有境界而二者随之矣。"为什么"气质""兴趣""神韵"均是"末"，而"境界"才是"本"呢？王国维没有说。现我们只能做一些猜测。"气质"说是魏晋南北朝谈得较多的概念。曹丕说："文以气为主。"[2] 沈约说："子建、仲宣以气质为体。"[3] 刘勰说："才有庸俊，气有刚柔，学有浅深，习有雅郑，并情性所铄，陶染所凝，是以

---

① 王国维：《人间词话》。
② 曹丕：《典论·论文》。
③ 沈约：《宋书·谢灵运传论》。

陈师曾:《秋山夜话图》

笔区云谲,文苑波诡者矣。"[1] 从这些言论来看,"气质"主要是讲作家、艺术家的创作个性问题。"兴趣"是南宋严羽提出来的。严羽讲的"兴趣"接触到艺术形象的审美特征问题,看重形象的空灵、含蓄。王士禛在严羽"兴趣"

---

[1] 刘勰:《文心雕龙·体性》。

说上提出"神韵"说,"神韵"的内涵,王士禛没有做明确界定,大抵是指一种冲淡、清远、蕴藉的艺术风格。王士禛的弟子翁方纲说:"神韵者,非风致情韵之谓也。吾谓神韵即格调者,特专就渔洋之承接李、何、王、李而言之耳。"①

　　王国维明确指出以上这些理论只是道出了艺术美之面目,还未能道出艺术美之根本。根本在于"境界"即"意境"。将"意境"确定为艺术美之根本是王国维对意境理论的最大贡献。既然意境是艺术美之根本,那么,可以这样理解:艺术美美就美在意境,意境是艺术美之源。而意境又不是自然界固有的存在,它是诗人的创造,而且主要是诗人心灵的创造。王国维说:"一切境界,无不为诗人设。世无诗人,即无此种境界。"② 可见,艺术美是诗人创造的产物。诗人创造的境界又何以能让读者动情呢?王国维说乃是因为"诗人之言,字字为我心中所欲言,而又非我之所能自言"③。

　　意境的构成,王国维有两种说法,一是"意"与"境":"文学之事,其内足以摅己,而外足以感人者,意与境二者而已。"④ 二是"情"与"景":"文学中有二原质焉:曰景,曰情。前者以描写自然及人生之事实为主,后者则吾人对此种事实之精神的态度也。故前者客观的,后者主观的也;前者知识的,后者感情的也。"⑤ 这两种说法其实是一致的。对于"意"与"境"的统一,王国维主张"意与境浑"。"浑"即物我两忘,意境交融。对于"情"与"景"的统一,王国维主"以景寓情","一切景语皆情语"⑥。总之,意境是主观与客观的统一,其中核心的是情与景的统一。

　　意境的特点,从王国维的言论大致可以概括出如下几点。

---

① 翁方纲:《神韵论下》。
② 王国维:《〈人间词话〉附录》。
③ 王国维:《〈人间词话〉附录》。
④ 王国维:《〈人间词话〉附录》。
⑤ 王国维:《文学小言》。
⑥ 王国维:《人间词话删稿》。

第一，"言外之味"。

王国维说："古今词人格调之高无如白石，惜不于意境上用力，故觉无言外之味，弦外之响，终不能与于第一流之作者也。"① 王国维这一观点可追溯到唐代司空图的"景外之景""味外之旨""韵外之致"。"景外之景""味外之旨"，是"意境"最重要的特点，是它与"意象"的主要区别。前人关于此，有许多很有价值的论述。如刘禹锡说："境生于象外。"② 强调有象外之象，象外之味方为境。皎然说："夫境象非一，虚实难明。有可睹而不可取，景也；可闻而不可见，风也。虽系乎我形，而妙用无体，心也……"③ 谢榛十分看重意境"虚"的审美功能，说"景实而无趣"，"景虚而有味"④。

第二，"情景俱真"。

王国维对"真"非常重视。他说："能写真景物、真感情者谓之有境界，否则谓之无境界。"⑤

"真"是艺术的生命，自有艺术以来，没有艺术家不重视真的。但什么是艺术所要求的真，看法很不一致。中国自魏晋以来围绕形似、神似问题论战不休。王国维是主神似的。他认为事物内在的"神理"之真最为重要。他评周邦彦的词，说："美成《青玉案》词：'叶上初阳干宿雨、水面清圆，一一风荷举。'此真能得荷之神理者。"⑥

艺术的"真"既有客观之真，又有主观之真。王国维谈"真"，特别强调诗人、艺术家主观的真。他说："词人者，不失其赤子之心者也。"⑦ "赤子之心"即李贽所说的"童心"，亦即"真心"。"赤子之心"首先要求以忠实、真诚的态度对待创作，"不仅对人事宜然，即对一草一木，亦须有忠实之意"。诗人主观方面的"真"还牵涉对读者的尊重问题，诗文写出来总是让人看

① 王国维：《人间词话》。
② 刘禹锡：《董氏武陵集纪》。
③ 皎然：《诗议》。
④ 谢榛：《四溟诗话》。
⑤ 王国维：《人间词话》。
⑥ 王国维：《人间词话》。
⑦ 王国维：《人间词话》。

的。能不能考虑到读者的接受能力，可以看出一个作家对读者的态度是否真诚。王国维据此提出"隔"与"不隔"的观点。表面上看，"隔"与"不隔"似乎说的是诗文风格，平易者为"不隔"，艰奥者为"隔"。但实质说的是作家对待读者的态度。王国维以此为评价标准，认为，"陶、谢之诗不隔，延年则稍隔矣。东坡之诗不隔、山谷则稍隔矣。"① 像《敕勒歌》这样的民歌，明白如话，人人能懂，然又不失有境界，王国维认为是"不隔"的典型。

王国维的"意境"说，既主含蓄，又主通晓，是含蓄与通晓的辩证统一。含蓄不等于晦涩，通晓不等于浅显。含蓄是指通向无限，启人遐思；而通晓则导人遐思，指向无限。无通晓，含蓄则没有任何价值；无含蓄，则境界就没有了。

王国维说的"真"不仅是主观与客观的统一、诗人与读者的统一，而且还是现实与理想的统一。为此，他提出"造境""写境"说。"造境"重在表达理想，"写境"重在摹写现实，"此理想与写实二派之所由分。然二者颇难分别。因大诗人所造之境，必合乎自然，所写之境，亦必邻于理想故也。"② 由此，他得出结论："写实家，亦理想家"，"理想家，亦写实家"。③

在中国历代的美学家中，王国维对艺术真实的看法可以说是最为全面、最为深刻的。

第三，"风骨甚高"。

有些学者认为王国维的"意境"说只谈美与真的关系，不谈美与善的关系，这是一种不应有的疏忽。王国维谈意境，还是注重意境的格调的，他说："文文山词风骨甚高，亦有境界，远在圣与、叔夏、公谨诸公之上。"④ 文文山即文天祥，著名的民族英雄，王国维认为他的词有境界，所持的标准就是善。"风骨"在这里侧重于诗文的精神格调，它是诗人人品的反映。王国维十分推崇屈原，在《人间词话》中引用屈原《离骚》中的诗句"纷吾既有此内美

---

① 王国维：《人间词话》。
② 王国维：《人间词话》。
③ 王国维：《人间词话》。
④ 王国维：《人间词话》。

兮，又重之以修能"，并予以发挥道："文字之事，于此二者不可缺一。然词乃抒情之作，故尤重内美。"①"内美"就是指高尚的道德情操。王国维赞赏清代词人宋直方的词"寄兴深微"②；推许东坡、稼轩词"雅量高致"③，都涉及内容的善。

在《人间词话》第十八则，他还这样说："尼采谓：'一切文学，余爱以血书者。'后主之词，真所谓以血书者也。宋道君皇帝《燕山亭》词亦略似之。然道君不过自道身世之感，后主则俨有释迦基督担荷人类罪恶之意，其大小固不同也。"④ 这里他引用尼采的话，强调文学以"血书"为贵。"血书"含义有二：一为真，一为善。它是最为真挚强烈的情感与最为崇高伟大事业相统一的产物。王国维所征引的李后主的词当然够不上此，但他所提出的"俨有释迦基督担荷人类罪恶之意"，却是一种至善，是非常高的道德标准。

第四，"自有名句"。

名句对于意境来说，十分重要，它是意境最有魅力之处；而名句中的关键词，通称为"诗眼"。名句、"诗眼"的影响达于全局。一首诗往往只需一名句就全篇不凡。有些诗句句都不错，但就缺名句，因而给人的感觉平平。王国维非常看重名句对于意境的作用。他说：

　　"红杏枝头春意闹"，著一"闹"字，而境界全出。"云破月来花弄影"，著一"弄"字，而境界全出矣。⑤

"红杏枝头春意闹"和"云破月来花弄影"分别是宋祁《玉楼春·春景》和张先《天仙子·水调数声持酒听》的名句。"闹"与"弄"分别为两名句的"诗眼"。

"境界"有总有分，可以说一首诗是一境界，但这境界又是由许多小

---

① 王国维：《人间词话》。
② 王国维：《人间词话》。
③ 王国维：《人间词话》。
④ 王国维：《人间词话》。
⑤ 王国维：《人间词话》。

境界构成的。好的作品，"语语有境界"①，如辛弃疾的《贺新郎·别茂嘉十二弟》。

以上是王国维对"意境"本质、特点的总体看法。

三、"有我之境"与"无我之境"

"有我之境"与"无我之境"是王国维"意境"说的重要组成部分，也是王国维"意境"说中历来遭人批评最多的部分。不少学者认为，王国维区分"有我之境"与"无我之境"是不科学的，说是艺术作品根本没有"无我之境"。那么，是不是王国维犯了这样常识性的错误呢？恐怕不是。因为从《人间词话》的整个体系来看，王国维不仅没有忽略"境界"中有"我"，而且大为强调"境界"中有"我"。他说："境非独谓景物也，感情亦人心中之境界。"在《二田画赜记》中他亦云："夫绘画之可贵者，非以其所绘之物也，必有我焉以寄于物之中，故自其外而观之，则山水云树，竹石花草，无往而非物也；自其内观之，则子文也，仲圭也，元稹也，叔明也，吾见之于墙而闻其謦咳矣。"那么，王国维又为什么提出一个"无我之境"呢？我们先看他是如何说的：

> 有有我之境，有无我之境。"泪眼问花花不语，乱红飞过秋千去。""可堪孤馆闭春寒，杜鹃声里斜阳暮。"有我之境也。"采菊东篱下，悠然见南山。""寒波淡淡起，白鸟悠悠下。"无我之境也。有我之境，以我观物，故物皆著我之色彩。无我之境，以物观物，故不知何者为我，何者为物。②

> 无我之境，人惟于静中得之。有我之境，于由动之静时得之。故一优美，一宏壮也。③

从王国维所举的例子看，"无我之境"，并非没有"我"，只是"我"隐在景物之中。"采菊东篱下，悠然见南山"不是分明有"采菊"者存在吗？"悠

---

① 王国维：《人间词话删稿》。
② 王国维：《人间词话》。
③ 王国维：《人间词话》。

然"是一种情感态度。"寒波淡淡起,白鸟悠悠下。""淡淡""悠悠"情感
意味很浓。为什么王国维说它们是"无我之境"呢?原来王国维说的"我"
不是作为单个人的"我",而是叔本华说的"生命意志"。"有我之境"的突
出特点是物象与意志对抗,主体内心产生冲突,出现痛苦,这种美即为崇
高,亦说为"壮美"。"无我之境"的突出特点是物象与意志和谐,主体内心
不产生冲突,感到愉快,这种美即为优美。两种美都是令人忘利害之关系
的,但一为静态,一为动态。"泪眼问花花不语""可堪孤馆闭春寒"均是
伤心人的形象,内心自然充满冲突、痛苦。按照叔本华的美学分类为崇高,
王国维称之为壮美或宏壮。"采菊东篱下""寒波淡淡起"则是物我和谐的
形象,人的内心一片宁静。按照叔本华的美学分类为优美。王国维的《叔
本华之哲学及其教育学说》正是这样说的:"美之中又有优美与壮美之别。
今有一物,令人忘利害之关系,而玩之而不厌者,谓之曰优美之感情;若其
物不利于吾人之意志,而意志为之破裂,唯有知识冥想其理念者,谓之曰
壮美之感情。"

　　这样说来,王国维说的"有我之境"与"无我之境",其区别不在一个境
中有"我",一个境中无"我"。而在一个境中"生命意志"与"物"的关系是
冲突的,一个境中"生命意志"与"物"的关系是和谐的。它们的外在表现
则一个呈动态,一个呈静态。其美学属性分别为"宏壮"("壮美",即"崇高")
和"优美"。

　　优美与宏壮在王国维看来都是美,无意偏爱哪一种,故"有我之境"与
"无我之境"在王国维的美学中处同等地位。

　　王国维的"意境"论可以看作中国古典美学的终结。值得特别注意的
是,中国的古典美学从以孔子为代表的儒家美学开始,一直将美育摆在非
常重要的地位上。孔子说"兴于诗,立于礼,成于乐",这意味着,审美既是
成人的开始,又是人格修养的最高境界。作为中国古典美学殿军的王国维
继承了这一传统,他的美学同样是"始于美育,终于美育"。王国维不仅是
中国古典美学的最高总结者,还是中国现代美学的开山祖师。他最早将西
方现代美学奠基人康德以及前此古希腊的亚里士多德、后此的德国叔本华

等人的美学思想引入中国,并尝试用西方现代美学来解析《红楼梦》和中国宋元戏曲,种种新见卓识让人耳目一新。王国维以其丰厚精湛的中国文化修养,对西方美学做了创造性的阐释,为中国特色的现代美学的建设开辟了广阔的道路。

第 七 章
马一浮的美学思想

马一浮（1883—1967），浙江会稽（今绍兴）人，他是中国由近代进入现当代为数不多的极其卓越的思想家之一。优秀的家学渊源，使得他早年就精通旧学，光绪二十四年（1898）应乡试名列榜首。其后，获公费出国留学，先后赴美国、德国、西班牙、日本学习，精通英、法、德、日及拉丁等多种语言。归国后，曾任中华民国教育部秘书长。刘梦溪主编《中国现代学术经典》为马一浮的著作编了一卷，在为这套书写的"总序"中，有专段论述马一浮。他说："即将过去的这一个世纪大师级的人物中，眼光最锐利的一个人是马一浮。马一浮学养之深和悟慧之高，在二十世纪中国学苑里难得有与之匹敌之人。如果说陈寅恪基于地上，马一浮则飘渺于云中。""其人格之特点，则超凡脱俗，高蹈独善，可谓神仙一流人物，是二十世纪师儒中的一个真正的隐者。"马一浮的学术成就主要是中国旧学研究，其中突出的是诗学研究。马一浮的研究，有两个突出特点，第一是采取新的时代的新视角，他将近代的自然科学与人文科学划入"六艺"，对"礼乐"做新的阐发。第二是立足于补充陈说之不足。比如，于诗的境界说，本已有相当深刻的看法，但他发现其中还有疏漏。他一方面认为"诗以感为体"，强调"境不自生"；另一方面又认为"心能摄境"，认为"玄者诗之本"。这些看法，实为王国维的境界说、梁启超"境由心生"说的有力补充。马一浮的诗歌美学代表了中国古典诗学研究的最高水平。

第一节　"六艺之教，莫先于诗"

马一浮治国学，有一个突出的特点，就是六艺一体，他不仅认为"六艺统诸子"①，而且"六艺统四部"②，而六艺又"统摄于一心"③。

《春秋繁露·玉杯》关于六艺有一个重要的说法，那就是："《诗》《书》序其志，《礼》《乐》纯其美，《易》《春秋》明其知。六学皆大，而各有所长。《诗》道志，故长于质。《礼》制节，故长于文。《乐》咏德，故长于风。《书》著功，故长于事。《易》本天地，故长于数，《春秋》正是非，故长于治人。"

马一浮根据这一观点，将今日的自然科学、人文社会科学划入六艺：

六艺，不唯统摄中土一切学术，亦可统摄现在西来一切学术，举其大概言之，如自然科学，可统于《易》，社会科学或人文科可统于《春秋》。因《易》明天道，凡研究自然界一切现象者，皆属之。《春秋》明人事，凡研究人类社会一切组织形态者，皆属之。……文学艺术统于《诗》、《乐》，政治法律经济统于《书》、《礼》，此最易知。宗教虽信仰不同，亦统于《礼》，所谓亡于礼者之礼也。哲学思想派别虽殊，浅深小大亦皆各有所见。大抵，本体论近于《易》，认识论近于《乐》，经验论近于《礼》。唯心者，《乐》之遗。唯物者，《礼》之失。凡言宇宙观者皆有《易》之意。言人生观者，皆有《春秋》之意。……全部人类之心灵，其所表现者，不能外乎六艺也，故曰"道外无事，事外无道。"……六艺之教，固是中国至高特殊之文化。唯其可以推行于全人类放之四海而皆准，所以至高。④

这种看法应该说是很精辟的。中国古代学术分类意识不强烈，传统的

① 《中国现代学术经典·马一浮卷·泰和会语》，河北教育出版社1996年版，第12页。
② 《中国现代学术经典·马一浮卷·泰和会语》，河北教育出版社1996年版，第14页。
③ 《中国现代学术经典·马一浮卷·泰和会语》，河北教育出版社1996年版，第17页。
④ 《中国现代学术经典·马一浮卷·泰和会语》，河北教育出版社1996年版，第21页。

经、史、子、集分类法，是不科学的。马一浮先生根据今日的科学分类法，将中国古代的学术归属于六艺，是有一定道理的。这里面，他强调六艺之教，不仅是中国至高的特殊的文化，而且可以推行于全人类，放之四海而皆准。这种创见，可谓闻所未闻。在这个基础上，马一浮进一步指出：

> 西方哲人所说的真美善，皆包括于六艺之中。《诗》、《书》是至善，《礼》、《乐》是至美，《易》、《春秋》是至真。《诗》教主仁，《书》教主智，合仁与智，岂不是至善么？《礼》是大序，《乐》是大和，合序与和，岂不是至美么？ ①

真善美是西方文化提出的价值标准，马一浮将六艺如此套进去，是不乏创见的。这里，可以商榷的是：

第一，《诗》至善，诚然。按儒家的《诗》教说，《诗》是对全民进行教化的重要手段。《毛诗序》说诗有"风"的功能，上以风化下，下以风化上。意思是，诗教像风一样感动全社会，影响全社会，这点没有疑义。有疑义的是，《诗》不只是至善，也至美。诗的美，在于它有形象，而且是一种审美的形象。诗用比兴的手法喻理，有鲜明的意象、浓郁的感情。诗的意象是诗人从生活、自然中创造出来的形象，诗中的情感是诗人经过提炼、升华的情感。象、情、理三者融为一体，因此，诗的意象不仅是美的，而且是善的。

第二，《礼》，作为儒家的一套社会制度与行为规范，无疑是至善的；但是，儒家的礼非常注重形式，而且形式与内容做到了高度的统一；因此，它不仅是至善的，而且是至美的。

第三，《春秋》是史书，固然是至真的；但是，春秋强调"微言大义"，一字褒贬，因而使乱臣贼子惧，可见它也是至善的。

按笔者的看法，六艺虽然有些重真，有些重善，有些重美；但是，总体来说，真善美都是看重的，区分不宜太细。

值得注意的是，马一浮先生提出"六艺之教，莫先于诗。于此感发兴起，乃可识仁。故曰兴于诗。又曰诗可以兴，诗者志之所之也。在心为志，发

---

① 《中国现代学术经典·马一浮卷·泰和会语》，河北教育出版社1996年版，第12页。

言为诗,故一切言教皆摄于诗"①。这话包含有两个重要的思想:

第一,中国古代的学术即六艺的源头是诗。言为心声,诗用美好的语言形式抒发人们的心声,它包括早期人类对宇宙、人生的思考,对理想生活的向往,对自然、社会的种种现象的记载,也包括早期人类最早的对形象的感受与把握,还有情感生活的自我回味与交流。后世所说的各种门类的学术均可以从《诗》中找到源头。

第二,中国人真善美的价值尺度也在《诗》中得到了充分体现。

另外,马一浮非常重视乐,乐与诗在古代是一体的,乐即诗,诗即乐。马一浮说《乐》为至美,这美,又是与快乐联系在一起的。其实,主张快乐,不只是《乐》教的主旨,也是中国儒家一切经典的主旨。马一浮谈《论语》首章说:

> 首章曰:"学而时习之,不亦说乎。有朋自远方来,不亦乐乎。人不知而不愠,不亦君子乎。"悦乐都是自心的受用,时习是功夫,朋来是效验。悦是自受用,乐是他受用。自他一体,善与人同,故悦意深微而乐意宽广,此即兼有《礼》、《乐》二教义也。②

马一浮认为,《论语》中的"悦乐"观兼有《礼》《乐》二教义;《礼》《乐》二教,马一浮认为是"至美"。那无异于说,《论语》品格也是兼有至美的。众所周知,《论语》的主旨是谈仁,仁属于伦理学范畴,这就是说,即使散文体的《论语》也具有《乐》和《诗》的品格。这又回到马一浮所说的"六艺之教,莫先于诗。于此感发兴起,乃可识仁"。马一浮基本的美学思想是:真善美相统一,这在他的诗歌理论中最为突出。

第二节　"心能描境,境不自生"

马一浮对诗的审美特征有足够的认识,这认识主要表现在他提出"诗

---

① 《中国现代学术经典·马一浮卷·诗教绪论》,河北教育出版社 1996 年版,第 239 页。
② 《中国现代学术经典·马一浮卷·泰和会语》,河北教育出版社 1996 年版,第 26 页。

以感为体"。他说:"诗以道志,志之所至者感也。自感为体,感人为用。故曰:正得失,动天地,感鬼神,莫近于诗。言乎其感。"[1]

这话非常深刻,虽然中国古代的诗歌理论对诗歌"感性"特征不是没有认识,但没有谁将"感"提到诗之"体"的高度。

"感"为诗之体包含了马一浮哪些重要的美学思想呢?

第一,诗的产生,是因事所感。这事可以是自然风物,也可以是社会人事;总之,是具体的实际的生活场景、自然场景触动了诗人的心弦,于是产生了兴,进而激发了情,发乎歌吟,成为诗。

第二,诗的本体,是感性的意象,它不是概念,不是教条。所谓感性的意象,包括两"感":一是活生生的自然、人文景象,二是活泼泼的情感意蕴。这两种"感"又是不可分割的,用王夫之的话来说,就是两者妙合无垠,巧者情中景,景中情。中国古典诗学谓之意象、兴象,我称之为情象。

诗之意象,象是载体,却不是灵魂,灵魂是情感。马一浮重情,说"感愈深者言愈挚"[2]。不同的时代,不同的社会,不同的诗人,不同的遭际,不同的境遇,自然会生出不同的情感。马一浮先生受儒家诗教的影响,比较多地注重哀怨之情。他说:"中土自汉魏以来,德衰政失,郊庙乐章不复可观。于是诗人多穷而在下,往往羁旅忧伤,行吟山泽,哀时念乱之音纷纷乎盈耳。或独谣孤叹,蝉蜕尘埃之外,自适其适。"[3] 而他自己,因为主要生活在旧社会,为社会的悲惨现实所感发,化为歌吟,自然也多伤痛之语了。他说:"余弱岁治经,获少窥六艺之指。壮更世变,颇涉玄言。其于篇什,未数数然也。老而播越,亲见乱离,无遗世之智,有同民之患。于是触缘遇境,稍稍有作。哀民之困以写我忧,匪欲喻诸行路。感之在己者犹虑其未至,

<hr>

[1] 《中国现代学术经典·马一浮卷·蠲戏斋诗自序》,河北教育出版社1996年版,第692页。

[2] 《中国现代学术经典·马一浮卷·蠲戏斋诗自序·附旧题自书诗卷语》,河北教育出版社1996年版,第694页。

[3] 《中国现代学术经典·马一浮卷·蠲戏斋诗自序》,河北教育出版社1996年版,第693页。

焉能感人哉!"①

第三,诗之审美效应,谓"感人"。所谓感人,就是以鲜明的形象作用于人的感官,同时,激动人的情感。

在马一浮看来,就一般功能来说,《诗》与《礼》《乐》《易》《春秋》等没有大的区别,区别就在于这"感"。它将这称为诗之体。从美学的观点来看,"感"是审美的本质。美学创始人德国理性主义哲学家鲍姆嘉通说:美是感性认识的完善。马一浮说,诗以感为体,无异于说,审美是诗的本质。

马一浮书法作品

马一浮较之别的理学家,似更重视感性,曾著文谈《论语》中的"视听言动"。他注意到,儒家很重视视听言动这些感性活动中,领悟宇宙人生的大道理。他说:

　　学者当知,人与物接,皆由视听。见色闻声,有外境观。心能描境,境不自生。色尽声消,而见闻之理自在。常人只是逐色寻声,将谓为物,而不知离此见闻,物于何在?此见闻者从何而来,不见不闻之时,复是何物? 当名何等? 须知有不见之见,不闻之闻。声色乃

────────────

① 《中国现代学术经典·马一浮卷·蠲戏斋诗自序》,河北教育出版社 1996 年版,第693 页。

是无常,而见闻则非断灭。此是何理?人心本寂而常照,照用之发乃有变化。云为形起名兴,随感斯应。故曰言行者,君子之枢机。虚而不穷,动而而愈出,运之者谁邪?或默或语,或出或处,法本从缘,莫非道也。①

视、听、言、动,属于人的感性生活方式。人的见闻,即认识,源于感性,但绝不止于感性,它要进一步抽象,化实为虚,从而进入"境"。境,接于外物,故有"外境观",但境的本质乃是心,境为心生。一方面,"心能描境",强调心的功能;另一方面,"境不自生",强调物的功能。总起来,境乃心物相互作用的产物。"声色"这些感性之物变化万千,为无常,而"境"作为感性之物的心理升华,它"常照",为有恒。儒家一方面重视感性,主张以感性接物;另一方面重视理性,主张以心造境。所以,儒家的人生观,最高层次为境界;境界是生气勃勃的,充满着鸢飞鱼跃的生命乐趣;境界又是深邃浩冥的,充满着无穷无尽的难以把握的神秘。如果将老子的学说引进来,感性是实,是有;理性则是虚,是无。老子强调实与虚的统一、有与无的统一。这种观点也可以用到儒家的人生哲学上来。儒家所追求的人生境界也是感性与理性的统一、实与虚的统一、有与无的统一。这种人生境界既是真的,又是善的,同时也是美的。

关于境界,马一浮强调构成境界的诸多因素的"化"。他是从孟子的"充实而有光辉之谓大,大而化之之谓圣"谈起的。他认为,这个"化"很重要,标志着境界的最高层次,是谓"化境"。说到颜渊,他达到了"充实而有光辉"的层次,但是未达到"大而化之"的层次。

儒家这种人生境界观在诗歌中得到了更为集中的体现。中国诗歌的审美本体就其最高层面而言为境界。王国维在《人间词话》中说:"言气质,言神韵,不如言境界。境界,本也。气质、神韵,末也。有境界而二者随之矣。"境界是实与虚的统一,有与无的统一。较之意象,境界重虚,重无。马一浮论国学,重视"三无":"无声之乐""无体之礼""无服之丧"。"三无"精神

---

① 《中国现代学术经典·马一浮卷·宜山会悟》,河北教育出版社 1996 年版,第 65 页。

是重虚，重无限。境界也是这样的，它灵动、变化，难以把握。中国美学，其基本点，可以归结为美在境界。也正是从这个意义上讲，中国的儒家学说其实是富有美学色彩的，儒家的人生境界观与中国古典诗学的境界观虽然不能等同，却是相通的。

关于诗歌内在因素的构成，马一浮在强调诗以感为体之后，又说："玄者诗之本，史者诗之迹。"① 玄具体指什么，马一浮没有说。联系魏晋玄学的"三玄"《老子》《庄子》《易经》，我们可以说它指中国的古典哲学；但玄学整合名教与自然，应该说也涉及伦理学，具体来说，涉及儒家的经学。从价值论来说，它属于真、善。

中国古代诗学中有诗与理关系的讨论，唐诗尚情，宋诗尚理。关于唐诗、宋诗孰优孰劣，自明以来争论不休，主流的观点是肯定唐诗，批评宋诗，这种情况直到当代钱锺书都是如此。其实，宋诗也有宋诗的价值。诗未必不能言理，只是不能直说，如果寓理于象，如苏轼的《题西林壁》："横看成岭侧成峰，远近高低各不同。不识庐山真面目，只缘身在此山中。"不也是好诗吗？马一浮强调诗以玄为本，真实意图是强调诗要有兴寄、有内涵，这是正确的，也是深刻的。其实，这也是中国诗歌的传统，只是没有像马先生说得如此明确。

至于"史者诗之迹"，这是说诗与史的关系，这也是中国古典诗学一个重要问题。自杜甫在诗中寓史事后，"诗史"说甚为流行。明代的杨慎曾提出过异议，明末清初的王夫之更是提出批评，说诗与史各有其功能，以诗为史，则诗的特质可能会消泯。这个问题不能绝对而论。一方面，诗中未必不能记史；另一方面，诗主要是表达时代精神，不一定记录具体的史实。

如果不是史诗这种体裁，诗之记史就有限。马一浮重申中国古典诗学的"诗史"说，其真实含义可能还不是强调诗的记史功能，而是诗的讽谕功

---

① 《中国现代学术经典·马一浮卷·蠲戏斋诗自序》，河北教育出版社 1996 年版，第693 页。

能,他说:"史以通讽谕,玄以极幽深。凡涉于境者,皆谓之史。"① 那么,这史重要的不是史实,而是史识了。而史识又联系到讽谕,则真与善相通了。另外,他讲的史迹,还不只是人文事迹,还有自然事物,他说:"山川、草木、风土、气候之应,皆达于政事而不滞于迹,斯谓能史矣。"而且,它还可能称为玄,因为上句话后,他接着说:"造乎智者,皆谓之玄。"②

马一浮先生论诗,其基本的观点与论六艺的看法一致,也主张真善美统一。

第三节 "《诗》教主仁"

中国儒家的诗歌传统是强调教化,从孔子开始一直到现在,中国的文学艺术都非常看重教化。

《毛诗序》,目前学界认为是儒家"诗教"说的渊薮,让人感到有些不解的是,《毛诗序》的教化说,并没有明确地提出"仁"这个概念。而马一浮的"诗教"说紧随孔子,明确地提出诗可以识仁,也就是说,《诗》教主于仁。马一浮说:

> 六艺之教,莫先于《诗》。于此感发兴起,乃可识仁。故曰"兴于诗"。又曰"诗可以兴","诗者,志之所之也。在心为志,发言为诗",故一切言教皆摄于诗。"苟志于仁无恶也",心之所之莫不仁,则其形于言者亦莫不仁。故曰"不学诗,无以言也"。③

这里,马一浮提出一系列与诗教相关的概念,主概念是"仁"。那么,首要的问题,何谓"仁"?马一浮说:"仁者,心之全德。人心须是无一毫私念时,斯能感而遂通,无不得其正。即此便是天理之发现流行,无乎不在全

---

① 《中国现代学术经典·马一浮卷·蠲戏斋诗自序》,河北教育出版社 1996 年版,第 693 页。

② 《中国现代学术经典·马一浮卷·蠲戏斋诗自序》,河北教育出版社 1996 年版,第 693 页。

③ 《中国现代学术经典·马一浮卷·诗教绪论》,河北教育出版社 1996 年版,第 239 页。

体是仁。若一有私系，则所感者狭而失其正，触处滞碍，与天地万物皆成睽隔，而流为不仁矣。故曰正得失，动天地，动鬼神，莫近于诗。"①

这里，马一浮对"仁"做了一种新的解释。它的要点是：(1) 仁是大公，无私念；(2) 仁是天理，流行天下；(3) 仁是天地万物无不得其正，即各自发挥其自身的功能；(4) 仁是天地万物感而遂通，天人合一。显然，这种理解已超出孔子了，吸取了宋明理学家的观点，自成体系。马一浮对"仁"的理解特别强调天地万物感通，所谓"天地感而万物化生，圣人感人心而天下和平。观其所感，而天地万物之情可见矣，于此会得，乃可以言诗教。"② 因此，这仁，不是伦理学的范畴，而是宇宙本体论的范畴。

作为宇宙本体的仁，既在天地万物之中，也在人的心中，是心之本体。诗歌的作用，就是通过特殊的手法，让宇宙本体转化成人心本体。这个过程又是如何完成的呢？

按马一浮的观点，主要通过"兴""志""言"等。马一浮没有解释"兴"，他采取的是通常义。"兴"，一般来说，它具有这样三个要素：象、情、理。朱熹说，兴是先言他物，以引起所咏之词。因而它具有比喻、引发的意味。诗的主要手法之一是兴，兴具有强烈的感发力，能逗发人们的审美情趣；但兴并不只是如此，兴的背后有理、有寄托，通常说的是"兴寄"。这"兴寄"寄的是什么呢？不是一己之悲欢，而是对社会、对人生的深刻感受与理解。这就是"志"了。儒家诗教强调"诗言志"，马一浮完全接受这个观点，他说："诗者，志之所之也，在心为志，发言为诗。"由"兴"起，到"志"立，是一个非常重要的过程，它意味着"仁"已经进入诗人的心胸了。下一步，则是"言"，诗人需要将心胸中的"志"，用诗的言语表达出来。仁是可以言说的，不同的言说方式具有不同的效果。诗的言说，不同于日常语言的言说，这是一种美学的言说，自然具有特殊的感染力。孔子说，不学诗，无以言。这当然不是说，不学诗不会说话；而是说，不学诗不会说仁话，而且是美好

---

① 《中国现代学术经典·马一浮卷·诗教绪论》，河北教育出版社 1996 年版，第 239—240 页。

② 《中国现代学术经典·马一浮卷·诗教绪论》，河北教育出版社 1996 年版，第 240 页。

的仁话。

如我们在上面所言，马一浮是主张六艺一体化的，他谈《诗》教也同样将它与六艺中的其他五艺联系起来。在这方面，他也有许多深刻的观点，我们略作分析。

关于《诗》教与《易》教的关系。他说："《易·乾·文言》曰：'君子体仁，足以长人，嘉会足以合礼，利物足以合义，贞固足以干事，君子行此四德者，故曰乾元亨利贞。'知仁包四德，即知诗统四教。"① 这方面的例子，马一浮举了不少，比如，《周易·系辞传》中说，"圣人之大宝曰位"。何以守位曰仁？他引孟子的话："天子不仁，不保四海。"然后得出结论："仁者，心无私系，以百姓为心。"②

关于《诗》教与《礼》教、《乐》教、《书》教的关系，他引《礼记》中的话："见其礼而知其政，闻其乐而知其德"，说"是以知诗书礼乐参互言之"③，"诗乐必与书礼通。"④ 马一浮同样举了大量的例子说明这一点。最有说服力的是《左传·襄公二十九年》有吴国公子季札观乐的一段记载，这是说诗最古者，马一浮说，这段记载充分说明，"闻其乐，而知其德也"⑤。

《孔子闲居》有一段重要的话："孔子曰：'志之所至，诗亦至焉。诗之所至，礼亦至焉。礼之所至，乐亦至焉。乐之所至，哀亦至焉。哀乐相生。是故，正明目而视之，不可得而见也；倾耳而听之，不可得而闻也；志气塞乎天地，此之谓五至。'"马一浮对《诗》教的"五至"说十分重视。他详尽地做了分析，其实，这也是他的六艺一体论或者说真善美统一论的发挥。他将《诗》教的"五至"最后归结到中国知识分子的历史使命："内圣外王。"马一浮说：

　　　　总显一心之妙。约之则为礼乐之原。散之则为六艺之用。当以

---

① 《中国现代学术经典·马一浮卷·诗教绪论》，河北教育出版社1996年版，第242—243页。
② 《中国现代学术经典·马一浮卷·诗教绪论》，河北教育出版社1996年版，第243页。
③ 《中国现代学术经典·马一浮卷·诗教绪论》，河北教育出版社1996年版，第243页。
④ 《中国现代学术经典·马一浮卷·诗教绪论》，河北教育出版社1996年版，第243页。
⑤ 《中国现代学术经典·马一浮卷·诗教绪论》，河北教育出版社1996年版，第244页。

内圣外王合释，二者互为其根。前至为圣，后至为王。如志至即内圣，诗至则外王。诗至即内圣，礼至即外王。礼至即内圣，乐至即外王。乐至即内圣，哀至即外王。此以礼乐并摄于诗，则诗是内圣，礼乐是外王。①

这说得极为透辟！

内圣外王，内圣是人心的修炼，外王是事功的成就。二者相互联系，互为其根，总为一体。《诗》《书》《礼》《乐》《易》《春秋》六艺，均有内圣外王的功用，如要区分，只能看"前至"和"后至"了。如仅就《诗》教与《礼》教、《乐》教的一般关系来说，诗是内圣，礼乐是外王。

中国古典美学主体是诗学。中国诗学，肇自先秦《诗经》学，到清，有王夫之的"情景"说，到近代，有王国维的"境界"说，应该说，从美学意义上，中国诗学已经做了很好的总结。马一浮则站在新的时代高度，用新视角、新方法，对中国古典诗学做了新的阐释，并在某些方面做了深刻的补充，可以说至此中国古典诗学的总结才真正完成。

---

① 《中国现代学术经典·马一浮卷·诗教绪论》，河北教育出版社 1996 年版，第 247 页。

第 八 章

张竞生的生命美学思想

　　张竞生（1888—1970）可说是中国近现代学术史、出版史上一个不应失踪的失踪者。他最大的罪名大概是在 20 世纪 20 年代不合时宜地编写了一本《性史》。这本书被卫道者视为有伤风化，张竞生因此遭受了很大的攻击。我国台湾地区当代学者李敖说，编《性史》的张竞生、主张在教室公开做人体写生的刘海粟和唱毛毛雨的黎锦晖被传统势力视为"三大文妖"。其实张竞生建树很多，是 20 世纪初中国最具创新意识的人物之一。他是中国最早提出"节制生育"的学者。20 年代他曾向广东军阀陈炯明递交"节育""优育"的报告，陈炯明将报告扔进废纸篓中，并大骂他为神经病。张竞生也是中国最早用西方自由平等的观点来研究婚姻、爱情的学者，他强调爱情应与婚姻统一，提出骇世惊俗的"情人制"。张竞生对性的问题做了非常严肃认真的研究，并将其公布出来，其大胆可谓当世无二。

　　张竞生 1912 年由中华民国临时政府选派出国留学，在法国里昂大学获哲学博士学位，1920 年回国，1921 年应蔡元培之邀担任北京大学哲学系教授。在北大任教期间，张竞生研究美学，撰写了《美的人生观》和《美的社会组织法》两部重要的美学著作。《美的人生观》先是作为北大教材印行，1925 年发行全国，多次再版，成为畅销书。《美的社会组织法》实际上是一部社会学著作，它集张竞生社会思想之大成，许多内容超出了传统美学的范围；但张竞生刻意将它写成一部美学书，这反映了张竞生对美学的独特理解。

张竞生作为哲学博士，在构造他的美学体系时，不是没有他的美学本体论的。与别的美学概论式的专著不同的是，张竞生不去抽象地谈什么是美，他更重实证性的研究。在他的美学专著中，他大量地谈日常生活包括衣食住行、婚姻爱情中的审美现象，提出一些他认为应如何如何的规律性的东西，他将这些规律视为美。

在近代美学的建构上，张竞生有独特的贡献，他的美学一方面有所据，基本观点来自西方，另一方面又结合中国实际有所创新。张竞生的美学属于应用美学，主要是应用于社会管理上，因此，它是社会管理美学。

第一节　广义的美和美学

张竞生对美和美学的理解是广义的。张竞生说，他在"行为论"（旧称为伦理学）上，将刊行六种书。这六种书是研究人的行为状态的，其中有的系正面立论，有的系"批评与破坏性质"的，另外还有三种书"为建设与实行上的研究"。这三种书是：《从人类生命、历史及社会进化上看出美的实现之步骤》《美的社会组织法》《美的人生观》。这三种书，张竞生认为是美学了。他对美提出不同于前人的看法：

> 美之一字，在此做广义解，凡历史进化，社会组织，人生观创造，皆以这个广义的美为目的，为根据，为依归。以美为线索，可知上列三书是一气衔接不能分开的。①

张竞生认为，"历史进化""社会组织""人生观"都以美为目的，为根据，为依归。这样，美就成为人类的最高理想了，美学也就成了涵盖一切学问的最高学问。他强调指出，"我主张美的，广义的美的，这个广义的美，

---

① 张竞生：《美的人生观》（1925），见《张竞生文集》上卷，广州出版社 1998 年版，第 28 页。

一面即是善的、真的综合物；一面又是超于善，超于真"①。张竞生还说："大美不讲小善与小真；大美，即是大善，大真，故美能统摄善与真，而善与真必要以美为根底而后可。"② 这作为真与善综合物又超于真善的美到底是什么，张竞生从来没有从理论上展开详尽的论述。

张竞生的泛美学观自然不很妥当，但是，他认为美是真与善相统一的产物、美高于真善的观点是深刻的。在近代西方哲学中，将美视为人类最

傅抱石：《二湘图》

---

① 张竞生：《美的人生观》（1925），见《张竞生文集》上卷，广州出版社 1998 年版，第 136 页。
② 张竞生：《美的人生观》（1925），见《张竞生文集》上卷，广州出版社 1998 年版，第 136 页。

高理想者不乏其人，德国大哲学家席勒就是一个。席勒说："在力的可怕王国与法的神圣王国之间，审美的创造冲动不知不觉地建立起第三王国，即游戏和假象的快乐王国"，"唯有美才会使全人类幸福。"① 中国的哲学家虽然没有明确这样说，而实际上中国的传统哲学是将美看得高于善与真的。

张竞生研究人的物质生活与精神生活各个方面的美学问题，既研究单个人的生活，也研究整个社会的组织机构。他有一个很重要的观点：

> 美是无间于物质与精神之区别的。"物质美"与"精神美"彼此中具有相当的价值：一个美的女儿身与一个神女的华丽同样地可爱惜；一种美的服装与一种云霓的云彩同样地可宝贵。人类对于美的满足，不在纯粹的精神美领域，也不在纯粹的物质美的实受，乃在精神美与物质美的两者组成的"混合体"上。当其美化时，物质中含有精神，精神中含有物质。②

张竞生认为，美既不在精神，也不在物质，而在物质与精神的混合体。他举例说，梦与神女交，虽是不可摸索的幻象，但觉得真有其事，这可说是精神中含有物质。反过来，在实际生活中，那种身体接触的爱也会让人觉得仿佛在做梦一样。

张竞生讲的物质与精神的关系，其实就是人的生命中的肉与灵的关系。他认为，"灵肉不但一致，并且是互相而至的因果。无肉无灵在，有灵也有肉"③。灵与肉不仅互相影响而且互为因果。在美化的作用下，物质必定精神化；同样，精神必定物质化，物质与精神、灵与肉实为一体不可分。张竞生说："一切既美化了，则精神的不怕变为物质，而灵的不怕变为肉。不但不怕，并且要精神的确确切切变为物质，灵的显显现现变成为肉，然后灵的始无空拟虚描的幻象，而精神上才有切实的慰藉。"④

张竞生这种物质与精神合一、灵与肉合一，显然是就人的生命而言的。

---

① [德] 席勒著，冯至、范大灿译：《审美教育书简》，北京大学出版社 1985 年版，第 153 页。
② 张竞生：《美的人生观》（1925），见《张竞生文集》上卷，广州出版社 1998 年版，第 34 页。
③ 张竞生：《美的人生观》（1925），见《张竞生文集》上卷，广州出版社 1998 年版，第 34 页。
④ 张竞生：《美的人生观》（1925），见《张竞生文集》上卷，广州出版社 1998 年版，第 34 页。

那么这有一个问题,自然呢? 自然界有没有美? 张竞生不否定自然有美,但是他认为,"自然美之所以美,不在自然上的本身,乃在我人看它做一种人造美与我们美感上有关系,然后自然美才有了一种意义"①。这"看它做一种人造美",无异于说,自然本身无美,它的美是人按照人造美的要求看出来或创造出来的。

这有两个问题:

第一,与宗白华认为自然界充满生命因而美不同,张竞生不同意人以外的自然本身是美的;那么,张竞生是不是认为只有人的生命才是生命,人以外的自然包括动物不具备生命呢? 这,张竞生没有说。

第二,既然自然本身不拥有美,那么自然美是如何来的呢? 张竞生说是"看"出来的,这"看"就牵涉人的修养了。是不是任何人都能看出自然美呢? 不是的。张竞生认为,"缺乏人造美的观念之农人樵夫与一切普通人","不能领略自然美"。"至于那些破落户的诗人和玄学派,及枯槁无生趣的宗教家,忘却人造美的作用,只会从虚空荒渺处去描拟想象,这些人最是与美趣无缘分者! 他如一班狭义的科学家仅知科学是实用,不但他们是科学的门外汉,尤其是美的科学的大罪人!"② 这种看法就很成问题。连"诗人"、有学问的"玄学派""宗教家""科学家"都不能看出自然美,这自然美也就太神秘了。仔细琢磨张竞生的这段文字,就可发现,张竞生强调要看出自然界美,必须具备一个条件,那就是有"趣"感,即能以寻趣的心态、以"趣"的眼光去观察大自然。

正是从人的本体立场出发,他在尽情赞美人的美的同时,又高度赞美自然界的美。他说:"虽然是,可赞美与可爱的莫如人类,但此外的名花佳卉,奇禽怪兽,自有其美与可爱的价值,也值我人的崇拜。他如薰风,和日,美景,良辰,也能引起我人无限的赞美与可爱的分量。"③ 他的赞美自然,完全

---

① 张竞生:《美的人生观》(1925),见《张竞生文集》上卷,广州出版社 1998 年版,第 31 页。

② 张竞生:《美的人生观》(1925),见《张竞生文集》上卷,广州出版社 1998 年版,第 31 页。

③ 张竞生:《美的社会组织法》(1925),见《张竞生文集》上卷,广州出版社 1998 年版,第 179 页。

是因为自然能给他一种情趣。他将这种情趣叫作"美趣"。他动情地说:"美啊! 落日! 可爱啊! 月生! 凡这些自然之物,花啊,月哪,柳中蝉声,山上飞禽,皆是我人最可崇拜的物。""清风明月的雅集,流水浮云的欢宴,追慕苏轼的高怀,则泛舟于赤壁,景仰我祖的雄略,则涉足于昆仑。人事,胜景,天光,月色,古迹,名区,并成一块为我人信仰与崇拜的资料,这些信仰,更觉为无上的美丽有趣与有情了!"①

第二节　美的根基——生命力

张竞生谈美,是立足于生命的,而生命在他看来又体现为一种力。他说:"生命的发展,好似一条长江大河。河的发展虽极渺小,一经长途汇集许多支流之后,遂成为一整个的浩荡河形。生命发源于两个细胞,其'能力' Energy 本来也是极渺小的,得了环境的'物力'而同化为它的能力后,极事积蓄为生命的'储力',同时它又亟亟地向外发展为扩张之'现力'。"②这个"现力",张竞生又说是"扩张力"。"储力"贵在善于吸收,"扩张力"贵在善于发展。如果说"储力"是美之源,"现力"则是美之流。

尽管生命力是美之本源,这生命力还有强弱兴衰之分,只有强有力的生命力才能创造美。那么,生命力如何做到充实有力呢? 张竞生提出"创造"与"组织"两种方法。所谓"创造"的方法即是"创造一些最经济最美妙的吸收与用途的方法,使生命扩张力不至有丝毫乱用,并且使用得最有效力"。所谓"组织"的方法,"即在如何组织环境的物力与生命的储力达到一个最协调的工作,并使储力如何才能得到一个最美满的分量"③。

不管是"创造"还是"组织",都以"用力少而收效大"为最高原则。张竞生说:

---

① 张竞生:《美的社会组织法》(1925),见《张竞生文集》上卷,广州出版社 1998 年版,第180 页。

② 张竞生:《美的人生观》(1925),见《张竞生文集》上卷,广州出版社 1998 年版,第 28 页。

③ 张竞生:《美的人生观》(1925),见《张竞生文集》上卷,广州出版社 1998 年版,第 29 页。

黄宾虹:《春日山水图》

　　美以"用力少而收效大"为大纲,由是我们得到一切之美皆是最经济的物,不是如常人所误会的一种奢华品啊。①

———————————

① 张竞生:《美的人生观》(1925),见《张竞生文集》上卷,广州出版社1998年版,第32页。

这倒是一个新观点。通常的美学观都将超功利性视为美的最重要的属性，康德、叔本华、尼采均作如是观。受西方美学影响很深，中国近现代美学家绝大多数都认为美是超功利的。张竞生则不这样看，他认为美应是具有最大功利性的。这种功利性不表现在用途广泛，也不表现在价值重大，而在"经济"，即"用力少而收效大"。这"少"与"大"的辩证法让人想到"巧"，想到"妙"，想到智慧。

张竞生在他的《美的人生观》和《美的社会组织法》两书中，详尽、具体地谈美的衣食住、美的体育、美的职业、美的科学、美的性育、美的艺术、美的娱乐、美的社会分工、美的国家机构、美的治国方针（"美治政策"）。他认为这些"创造的方法"和"组织的方法"都能够让人少花力气，而获得良好效果。

值得强调的是，这种"用力少而收效大"既是物质上的，又是精神上的。就前者来说，它可以给我们带来很大的经济效益。比如，采用衣食住的创造法，也就是以美为标准的衣食住，其费用便宜而又吃得好、穿得好、住得好；美的体育也一样，少花费，而能于快乐中得到健康的身体和敏捷的精神。张竞生说："救济贫穷莫善于美，提高富强也莫善于美。"这美竟成了创造巨大经济利益的手段。这只是一方面。另一方面是，"美不仅于物质的创造上得到最经济的利益而已。它对于精神上的创造更能得到最刚毅的美德。惟有美，始能使人格高尚，情感热烈，志愿坚忍与宏大"①。张竞生说的后一种收获，与梁启超、蔡元培的观点很相似。他们都主张用美育的手段去改良社会，培植高尚人格。总括物质与精神两方面，美真是具有非凡的伟力了。

谈到美的扩张力，张竞生分别从心理上的扩张与宇宙上的扩张两方面去阐述。从心理上的扩张来说，主要为极端的情感、极端的智慧、极端的志愿。张竞生认为人的本性是极端的，是伟大的，是天真烂漫、浩然巍然的。谁能发挥这个极端的本性，便能得到英雄的本色、名士的襟怀、豪杰的心胸

---

① 　张竞生：《美的人生观》（1925），见《张竞生文集》上卷，广州出版社 1998 年版，第 32 页。

与伟大的人格。就此而言，一方面极端可说是人的潜力的最大发挥，是人的主体性的最大体现。另一方面，极端又使人用力最小而收获最大，可说充分体现了经济的原则。这种极端最为美趣。张竞生说，这种心理上的扩张，"能把唯我扩张到忘我，又能把忘我结晶于唯我之中"①，此说可谓创见。它虽然有尼采的强力意志的色彩，但不属于强力意志论。它的"唯我"到"忘我"最后结晶于"唯我"说，有庄子哲学的意味，但又不属于庄子哲学。这样一种美学观对刚刚进入现代社会的中国的确有振聋发聩的作用，其积极意义是显而易见的。

扩张力在宇宙上的体现则可分为"美间""美流""美力"三个方面。"美间"是对空间而言的，它是人发挥特殊的主观能动性看出来的。这特殊的主观能动性包括"择境""择时""数理"的眼光、"艺术"的眼光，等等。"择境"就是选取最好的景象去观赏，"择时"就是选取最好的时间去观赏。它们都能收到普通观景所达不到的效果。拿"择时"来说，日间观景与夜间观景效果大不一样。白天看到的景物清晰，视野也开阔，胜于夜晚。但是夜晚观景，则别有风味，如若有月色，那就更佳了。张竞生描述自己在迷离的月色中立于社稷坛欣赏美景的感受，觉得那风景倍加妩媚，人居其中，恍如在仙境。

"美间"还有一个数理眼光与艺术眼光的问题。数理眼光可以让人"领悟无穷大深微的道理"，"唯有数理才能给我们无穷大、无穷小、无穷尽各种观念的妙趣"。这是指借助理性的思辨力去把握世界，它也能给人美的享受。艺术眼光则不同，它是感性的、细微的、想象的、情感的。张竞生主张用科学的和艺术的两种眼光去欣赏美，这与近代西方美学将审美的眼光仅归属于艺术是有所不同的。张竞生甚至认为，爱因斯坦的物理学理论有助于人们对自然美的欣赏。可见，张竞生是中国美学史上最早肯定有科学美存在的学者。

张竞生把审美所得的时间叫作"美流"。张竞生说："美流是一种精神力经过心理的作用而发展于外的一种现象。它的进行乃从最美的方面与采

① 张竞生：《美的人生观》（1925），见《张竞生文集》上卷，广州出版社1998年版，第122页。

取'用力少而收效大'的方法。"① "美流"实质是生命流,是生命力的发展。生命流的发展与瀑布一样,"要从最高的峰上与最便利的路程倾泻出去",也就是说,生命力的发展既要充满活力,充满英雄气概,充满灿烂的光辉,又要合乎"经济"的原则,最大量地济物利人。"美流"作为充满的生命,"在于极端的情感、极端的智慧和极端的志愿与极端的审美时才能得到"②。张竞生对"美流"的论述,也有一些很精彩之处。他提出一个"现在长存"的概念,他说:"凡能极端去发展情感,或极端智慧,或极端志愿,或极端审美者,即能得到一种'现在长存'的美流。"③ 这种将未来与现在统一起来的观点是很耐人寻味的。

张竞生还提出"美力"说,力可分为自然力、心理力、社会力等。"美力"究其实,也就是最大地发挥、利用各种力,使之为人类造福。

"美间""美流""美力"的提法新颖而又别致。

总之,生命力的扩张,不外乎内外两方面,内力的扩张为的是求"内兴";外力的扩张为的是求"外趣"。在张竞生看来,经过人的生命力的扩张,就可以美化宇宙、美化人生。

在美化宇宙与美化人生两方面,人生的美化是关键,或者说是根本。张竞生说:"美的人生观,一面,是一切物的指挥人,它的地位极占重要,别一面上,它又是一切美中的极复杂者,它一边是艺术化,一边是娱乐化,一边又是情感化,一边更是宇宙化。但它于极复杂中又极统一,一切艺术、娱乐、情感、宇宙观,都是以美为目标,为根据,为依归。"④ 正是因为以生命力为美之本,张竞生极力赞赏的是"动美",是最能体现生命力的"宏美"。

---

① 张竞生:《美的人生观》(1925),见《张竞生文集》上卷,广州出版社 1998 年版,第 126—127 页。
② 张竞生:《美的人生观》(1925),见《张竞生文集》上卷,广州出版社 1998 年版,第 126—127 页。
③ 张竞生:《美的人生观》(1925),见《张竞生文集》上卷,广州出版社 1998 年版,第 126—127 页。
④ 张竞生:《美的人生观》(1925),见《张竞生文集》上卷,广州出版社 1998 年版,第 132—133 页。

张竞生的美学本体论是很清楚的了,他的美学本体就是生命力的扩张。最能体现生命力的人物、事物就是美的。张竞生是生命力的功利主义者,他反对生命力的无端浪费,主张用最少的力而取得最大的效果。他的美学是不折不扣的功利主义美学。

第三节　美的社会组织

与一般的美学体系不同,张竞生的美学是囊括整个社会人生的。他的美学著作《美的人生观》立足点是个人,讨论的是人的生存方式的美;他的《美的社会组织法》立足点是社会,讨论的是社会的组织结构的美。美的人生观分为美的衣食住、美的体育、美的职业、美的科学、美的艺术、美的性育、美的娱乐等。美的社会组织包括社会职业分工、社会的信仰崇拜、国家的职能部门及管理等。这里面有很多内容是不切实际的,但颇能见出张竞生的唯美主义或美至上主义的人生观、社会观。这里,我们结合他的美学本体论来介绍他的有关社会美的几个观点:

第一,情爱与美趣的社会。这是张竞生的审美理想。一般来说,以情爱与美趣作为社会的审美理想并不出奇,许多美学家都是这样主张的。张竞生的创见主要有二:

其一,他将"职业"与"事业"区别开来,他认为职业与功利密切结合在一起,"经济是职业的出产品","职业仅为经济的根源",也就是说从事某项职业仅为了赚钱。事业则有更广大的意义,它除了作为经济的根源外,还是人类生活、情感、思想、志愿、艺术及政治的根源。张竞生主张将职业看作事业,不仅要重视它的经济价值,还要注重它其他方面的价值。在事业中,他又特别注重艺术的事业,他提出"一切需要的职业渐渐变成为艺术化","人类都是广义的艺术家"①。他这样说,不外乎因为艺术是超

---

① 张竞生:《美的社会组织法》(1925),见《张竞生文集》上卷,广州出版社 1998 年版,第144 页。

功利的，是充满情趣的。张竞生这种看法在相当程度上冲淡了他的功利主义。

其二，他非常看重女子在创造情爱与美趣社会上的作用。张竞生认为，社会事业可以分为男子的事业、女子的事业、男女都可从事的事业，女子的事业偏重于美趣的事业。他说，"女子本是多情感与爱美好的动物"，主张女子应为"艺术之花""慈爱之花""点缀之花""新社会之花"。张竞生主张"新女性中心论"。他的理论很清楚：一个美的社会必以情爱、美趣及牺牲的精神为主，而这些美德不能从男子方面获得，只能从女子方面获得，因为女性最富有情爱、美趣及牺牲精神。张竞生认为，今后进化的社会必以情爱、美趣和牺牲精神为要素，这个希望只有以女子为中心才能达到。谈到牺牲精神时，张竞生强调两点：一是女子总不如男子一样看铜臭过重；二是女子肯为情爱而牺牲。张竞生说："新女性如要占社会的中心势力，第一是当养成为情人，第二为美人，第三为女英雄。"①

张竞生这种女性中心论在 20 世纪 20 年代的中国具有很强的反封建意义，尽管封建王朝已经推翻，封建势力还相当强大，张竞生的新女性中心论虽然带有很强的空想成分，但其意义不可低估。从美学上讲，女子的天性较男子的确更近于审美。对爱、对美，女子有更多的敏感、更多的兴趣。当然，张竞生这种观点的片面性也是一目了然的。

第二，爱与美的信仰与崇拜。张竞生认为人类可以无宗教，但不可无信仰与崇拜。张竞生主张的信仰与崇拜是爱与美。这种观点与蔡元培有相同的地方，但也有不同的地方。张竞生说他的观点与"一班宗教仅顾念爱而遗却美的用意不相同，即和一班单说以美代宗教而失却了爱的意义也不一样"，他所主张的信仰与崇拜是"爱与美的合一"②。张竞生将这种爱与美的信仰与崇拜落实在纪念庙、诸种赛会上。实际上，他是将各种纪念活动与体育比赛都当作审美活动了。

① 张竞生：《美的社会组织法》（1925），见《张竞生文集》上卷，广州出版社 1998 年版，第 166 页。
② 张竞生：《张竞生文集》上卷，广州出版社 1998 年版，第 168 页。

第三，美治政策。张竞生认为，一个美的社会须由国势部、工程部、教育与艺术部、游艺部、纠仪部、交际部、实业与理财部、交通与游历部八部组成。他从他的审美理想出发，提出"美治政策"。换句话说，以美的原则从事治理国家与进行国际交流的活动。这里面，浪漫与空想甚至荒谬的成分非常之多。比如，他提出"情人政治"说，国家的"八部"其政治"可以说专使人类变成为情人而着想的"①。他又说"美的政府"中的人物"乃由'爱美院'所选出"。这实在是荒诞不经了。

张竞生自称是采取"科学"的和"哲学"的方法来研究美学的。他说的"科学"的方法指的是"分析"，他说的"哲学"的方法指的是"综合"。从他标榜"美以'用力少而收效大'为大纲"来看，他的美学确有科学主义因素，但张竞生的美学主体还是人本主义的。他对情与爱的大力赞颂就是证明。

张竞生的美学本体论比较复杂。他以"生命"为美的本体，但他的"生命"不同于宗白华说的生命。宗先生说的生命是自然界本身具有的，不限于人的；而张竞生说的生命只是人的生命。这一点它似同于吕澂、范寿康的美学，而吕、范的美学是以"移情"说为根基的，自然美是移情的产物。可是张竞生并不谈移情，他认为自然美不是移情的产物，而是人的情趣看出或创造出来的。张竞生的美学有浓厚的功利主义味道，仅就这点看，又似同于鲁迅。但只要稍许深入地比较他们的美学，则可发现，张竞生的功利主义的生命美学与鲁迅的以社会为本体的美学有实质上的不同。

---

① 　张竞生：《张竞生文集》上卷，广州出版社 1998 年版，第 237 页。

第 九 章
近代佛门三子的美学思想

  中国的佛教倡导出世，但并不绝对出世。在佛理上，他们承认不管是凡俗之人，还是出家之人，均是父母所生、国家之人，主张忠孝；在修行上亦如此。历史上不乏佛门子弟忠君爱国的故事。自唐代始，佛门开农禅之风，僧人亦种田，养活自己兼救济穷人。在日常生活上，僧侣一方面坚守佛门清规，与俗众有别；另一方面，在日常生活上也与俗众往来。个别高僧甚至参与国家重要的政治决策。更重要的是，不少僧人爱好诗琴棋书画等艺术活动，不仅以之为雅，而且以之为修行之途。因此，自古以来，诗僧、艺僧很多，其中一些甚至有着很高艺术成就，如南北朝的画僧宗炳，唐朝的诗僧皎然，清代的四大画僧——弘仁、髡残、八大山人、石涛。中国近代出了几位很有名的艺僧，主要有李叔同（弘一）、释敬安（八指头陀）、苏曼舒等，另外还有佛教居士丰子恺等，他们均具有很高的艺术才华，在艺术创作领域有突出的成就。他们也有杰出的美学观点，或体现在生活方式上，或体现在宗教情怀上，或体现在艺术观念上。

第一节　李叔同：以华严为境

  李叔同（1880—1942），法号弘一，初名文涛，更名岸，字息霜或惜霜，出生于天津富商家庭。李叔同自幼受过良好的中国传统文化教育,中国古典诗、词、画、琴均通晓。1905年,东渡日本东京美术学校学习美术,艺术天赋充分展示,不仅于中国艺术得到发展,而且于西方艺术、日本艺术也兴趣浓厚,在西画、话剧、西方音乐等方面崭露头角。1906年,李叔同回国,先在天津高等工业学校、杭州浙江第一师范学校任教,其间,开始深研佛学,并在虎跑寺进行佛教的断食体验。1918年,李叔同结束教务,去虎跑寺出家,法名演音,法号弘一。李叔同在人生境界上、艺术造诣上均达到很高水准。朱光潜说他"以出世的精神做入世的事业","为精神文化树立了丰碑"。① 他的音乐、绘画、诗词、书法为世推许,叶圣陶说弘一的书法"毫不矜才使气,意境含蓄在笔墨之外,所以越看越有味"②。

　　李叔同的美学思想主要体现他的家国情怀、华严境界、珍重生命和艺术审美上。

一、家国情怀

　　家国情怀是一个政治立场,也是一种伦理思想,更是一种美学观念。它有情,有怀,情中有怀,怀中有情,有血有肉,有理有志。当其落于行动,如电光石火,掀天揭地;当其落于歌咏,则音韵铿锵,穿云裂石。

　　家国情怀核心是视国为家,以子民的心爱祖国,爱江山,爱人民。这种爱决不只是停留在口头上,它落实为一种责任,一种自觉,一种舍身赴死的道义,一种无愧无怨的奉献,一种与山河同在的气概。

　　家国情怀的前提是对祖国无比深沉的爱。李叔同写过好几首歌颂祖国的歌词、诗歌。其中有《祖国歌》(1905作于上海)、《出军歌》(1905年作于日本)、《爱》(1905年作于日本)、《哀祖国》(1906年作于日本)、《我的国》(1906年作于日本)、《无题》(1909年作于日本)、《大中华》(在浙江一师任教时作)。现选摘这些作品中一些诗句如下:

---

① 转引自谷流、彭飞编著:《弘一大师谈艺录》,河南美术出版社1998年版,第185页。
② 转引自谷流、彭飞编著:《弘一大师谈艺录》,河南美术出版社1998年版,第181页。

视人之恶猶己之恶视己之恶猶人
之恶猛省力除無令愧怍法界眾生
三毒除彼我同歸無上覺

丁丑四月
沙門一音

(近代) 弘一法师书法

上下数千年，一脉延，文明莫与肩。国是世界最古国，民是亚洲人国民。(《祖国歌》)

我的国，我的国，我的国万岁，万岁万岁万岁！(《我的国》)

万岁，万岁，万岁，赤县膏腴神明裔。地大物博，相生相养，建国五千余岁。(《大中华》)

南蛮北狄复西戎，泱泱在国风。蜿蜒海水环其东，拱护中央中，称天可许万国雄，同！同！同！(《出军歌》)

愿我爱国家，愿国家爱我。愿国家爱我，愿国家爱我，灵魂不死者我。(《爱》)①

诗句气势磅礴，赤诚澎湃，对祖国予以高度的赞颂，显示出他对于祖国无比的热爱！

家国情怀突出体现为对祖国的责任感，这种责任感在国难之时最能见出。李叔同生于晚清，正是山河破碎，国家惨遭列强凌辱，人民生活于水火之中的时代。为了探寻救国之路，他东渡扶桑留学，临行前填了一首《金缕曲》。词云：

披发佯狂走。莽中原，暮鸦啼彻，几枝衰柳。破碎河山谁收拾，零落西风依旧。便惹得离人消瘦。行矣临流重太息，说相思刻骨双红豆。愁黯黯，浓于酒。

漾情不断淞波溜。恨年来絮飘萍泊，遮难回首。二十文章惊海内，毕竟空谈何有。听匣底苍龙狂吼。长夜凄风眠不得，度群生那惜心肝剖？是祖国，忍孤(辜)负。②

词中充满着一种责任感："破碎河山谁收拾？"这种反问，力重千钧！回答当然是"我们"。也就是为了这种责任感，他不得不暂时离别祖国，远赴日本求学，谋求救国之路。这个时候，他痛悔自己是一介书生，写得一手好文章有什么用处？"二十文章惊海内，毕竟空谈何有。"他已经感受到祖国

---

① 以上均引自谷流、彭飞编著：《弘一大师谈艺录》，河南美术出版社1998年版，第11页。

② 《李叔同集》，东方出版社2008年版，第3页。

这条遍体鳞伤的苍龙在怒吼了，他长夜难眠，决心以身许国，怎忍心辜负祖国？

李叔同 1910 年从日本毕业回国，第二年辛亥革命爆发，1912 年 1 月中华民国成立。此时的李叔同热血沸腾，渴望为新造的国家效力。他填了一首《满江红》。词曰：

> 皎皎昆仑，山顶月，有人长啸。看囊底，宝刀如雪，恩仇多少。双手裂开鼷鼠胆，寸金铸出民权脑。算此生，不负是男儿，头颅好。荆轲墓，咸阳道。聂政死，尸骸暴。尽大江东去，余情还绕。魂魄化成精卫鸟，血花溅作红心草。看从今，一担好山河，英雄造。[1]

词里充满着一股豪气，豪气就是两个字——担当。为创造"好山河"而有所担当。也许，看这首词，绝对想不到几年后，他就皈依佛门，剃发出家了。值得我们注意的是抗日战争爆发，作为佛门子弟的李叔同，并没有置身事外，他深知自己仍然是中华儿女，仍然有着御敌捍国的责任。他说："吾人吃的是中华之粟，所饮是温陵之水，身为佛子，于此时不能共纾国难于万一，自揣不如一支（只）狗子。"[2] 他反复书写："念佛不忘救国，救国不忘念佛。"[3] 以自己的方式参与各种抗日活动。

二、以华严为境

在人生境界的修炼上，李叔同提出"以华严为境"，他曾将此句写成条幅。华严有三种解释：一是指《大方广佛华严经》。二是指释迦牟尼成道之初在菩提树下说的大乘无上法门，龚自珍在《妙法莲华经四十二问》中说："隋以来判教诸师，皆曰'华严'日出时，'法华'日中时，'涅槃'日入时。"三是指华严宗所说的大乘境界。

《华严经》原经产生于印度，传为龙树菩萨所述。[4] 东晋始传入中国，

---

[1]　《李叔同集》，东方出版社 2008 年版，第 5 页。

[2]　谷流、彭飞编著：《弘一大师谈艺录》，河南美术出版社 1998 年版，第 14 页。

[3]　谷流、彭飞编著：《弘一大师谈艺录》，河南美术出版社 1998 年版，第 14 页。

[4]　传说是龙树菩萨在龙宫见到此部经书，将其携回人间。

唐朝时,武则天极为喜爱,组织强有力的翻译队伍译经,著名诗人王维也参与其事。此经传入中国后,经中国佛教大师杜顺、智俨、贤首、法藏等的阐释,遂成为一个重要的佛教大乘宗派。

李叔同修佛,兼律宗、华严宗、净土宗,学界认为:"弘一大师的佛教思想体系,是以华严为境,四分律为行,导归净土为果的。也就是说,他研究的是华严,修持弘扬的是律行,崇信的是净土法门。"①

李叔同曾为华严塔写经题偈:

> 十大愿王,导归极乐。华严一经,是为关阓。
>
> 大士写经,良工刻石。起窣堵坡,教法光辟。
>
> 深民随喜,功德难思。回共众生,归命阿弥。②

李叔同偏爱华严宗是有原因的。

第一,华严宗学极广博。李叔同在《佛法宗派大概》中介绍华严宗说:"此宗最为广博,在一切经法中称为教海。"③

第二,华严宗法极圆融。大乘诸流派中,有天台、华严两宗自称圆教。所谓圆教,就是他们自认为他们所阐述的佛理圆融通达。华严宗所主张的"十玄门"堪谓圆融的典范。"十玄门"为:"一、同时具足相应门;二、一多相容不同门;三、秘密隐显俱成门;四、因陀罗网境界门;五、诸藏纯杂具德门;六、诸法相即自在门;七、微细相容安立门;八、十世隔法异成门;九、由心回转善成门;十、托事显法生解门。"④ 这"十玄门",实际上是讲十对矛盾的对立统一。法藏给武则天讲华严宗的"十玄门",以金狮子为例,一一分析⑤,武则天为之叹服。著名的近代佛学家吕澂说:"十玄门的意义,可借用《华严经疏》的譬喻作为说明。第一同时,好象一滴海水便具备百川的

---

① 林子青:《弘一大师传(代序)》,见《李叔同集》,东方出版社 2008 年版,第 3 页。

② 《李叔同集》,东方出版社 2008 年版,第 242 页。

③ 《李叔同集》,东方出版社 2008 年版,第 11 页。

④ 法藏著,方立天校释:《华严金师子章校释》,中华书局 1983 年版,第 65 页。

⑤ 参见法藏著,方立天校释:《华严金师子章校释·勒十玄第七》,中华书局 1983 年版,第 62—65 页。

滋味。第二广狭，好象一尺镜子里见到千里的景致。第三一多，好象一间屋内千盏灯光的光涉。第四诸法，好象金黄的颜色离不开金子。第五秘密，好象片月点缀天空有明也有暗。第六微细，好象琉璃瓶子透露出所盛的芥子。第七帝网，好象两面镜子对照着重重影现。第八托事，好象造象塑臂处处见得合式。第九十世，好象一夜的梦便仿佛自在地过了百年。第十主伴，好象北极星被众星围绕着。"[①]

第三，华严境界极美妙。所有的佛经均用极美妙的景象来描绘佛教的境界，这方面做得最好的数《华严经》。如《华藏世界品》所言："在深广如海的华藏世界上，分布着佛国微尘一样多的香水海，每一香水海都有十种妙不可方的美盛景象。"

第四，华严故事极动人。《华严经》以善财童子参学经法不断地向善知识请教为线索，不仅将佛教理论的深邃无穷阐释得引人入胜，极富魅力；而且其向 55 位善知识求教的过程也波澜起伏，峰回路转，摇曳多姿，惊喜连连。一部《华严经》就是一部精彩的叙事文学作品。韩国艺术家张善宇受这样一种故事结构的影响，创作出一部名为《华严经》的电影。

以上四点，对于对哲学、艺术、美学有着深厚修养的李叔同来说，自然极富吸引力了。事实上，《华严经》充满着美学的智慧，作为中国美学最高范畴的"境界"概念，在《华严经》中也被演绎得淋漓尽致。

李叔同以华严为境，对于人生修养也做了深刻的阐述，这种阐述因为多以自然风物为比喻，具有浓郁的美学情调。如：

净峰寺客堂题联

自净其心，有若光风霁月（乙亥首夏，旧卧净山，书此补壁）

他山之石，厥惟益友明师（尊胜院沙门一音撰，时年五十有六）[②]

以冰霜之操自励，则品日清高；以穹窿之量容人，则德日庞大；以切磋之谊取友，则学问日精；以慎重之行利生，则道风日远。（摘自

---

① 吕澂：《中国佛学源流略讲》，中华书局 1979 年版，第 363 页。

② 谷流、彭飞编著：《弘一大师谈艺录》，河南美术出版社 1998 年版，第 5 页。

1942 年 2 月 15 日弘一大师在晋江福林寺试笔，书写藕益大师警训偈句)①

最能见出李叔同人生境界是他临灭遗偈：

> 朽人已于　月　日迁化。曾赋二偈，附录于后：

> 君子之交，其淡如水。执象而求，咫尺千里。问余何适？廓尔忘言。花枝春满，天心月圆。(1942 年 10 月 7 日作于泉州温陵养老院，又名《临寂报偈遗友诀别》，为弘一大师于圆寂前书写，分寄夏丏尊、刘质平)②

偈语中，特别精彩的是"花枝春满，天心月圆"两句。前一句说人的青年时代，应该像繁花满树，生机勃勃，美丽动人；后一句说人的老年时代，应该像碧空明月，圆润饱满，朗然清新。

李叔同关于人生境界的美，蕴含中国传统文化的精髓，而又以佛教的华严境界出之，堪谓既经典，又翘楚，魅力四射，光辉夺人。

三、珍重生命

1928 年，李叔同和李圆净③、丰子恺共同创作了一部名为《护生画集》的作品。这部作品的意义，李叔同在《护生画集题赞》中这样阐述：

> 李（圆净）、丰（子恺）二居士，发愿流布《护生画集》，盖以艺术作方便，人道主义为宗趣。每画一叶，附白话诗，选录古德者十七首，余皆贤瓶道人补题，并书二偈，而为回向。

> 我依画意，为白话诗。意在导俗，不尚文词。

> 普愿众生，承斯功德；同发菩提，往生乐园。④

这里李叔同提出可以从三个维度看《护生画集》的思想：一是西方的人道主义；二是佛教的"不杀生"思想；三是儒家的"仁爱"思想。在他为

---

① 谷流、彭飞编著：《弘一大师谈艺录》，河南美术出版社 1998 年版，第 1 页。

② 谷流、彭飞编著：《弘一大师谈艺录》，河南美术出版社 1998 年版，第 6 页。

③ 李圆净，又名李圆晋，广东人，佛教居士，著有《佛法导论》，与弘一、丰子恺共同创作《护生画集》，主要负责选材和编辑工作。

④ 《李叔同集》，东方出版社 2008 年版，第 242 页。

《护生画集》写的题词中,这三个方面的思想说得非常透辟。其实,还可以补充一个维度——美学的维度,李叔同事实上也从这一维度看待护生这一崇高的事业。从美学的维度来看护生,李叔同的题词主要体现四个美学观点。

(一) 生意之美

生命是美的根源,而生命始于生意。

在题词《十八、生机》中,他这样说:"小草出墙腰,亦复饶佳致,我为勤灌溉,欣欣有生意。"[1] 生机在于微,生意在于意,意即算微,只要有,就说明它是活的,有生命的,有生意肯定有大好前途。因此,像墙腰小草这样毫不起眼的自然风物,也"饶佳致"。"饶佳致",不仅美,而且是很丰富的美,具有旺盛活力的美。

(二) 自由之美

在《十九、囚徒之歌》中,李叔同说:"人在牢狱,终日愁歌。鸟在樊笼,终日悲啼。聆此哀音,凄入心脾。何如放舍,任彼高飞。"[2] 这里说的牢狱、樊笼均是生命的桎梏。生命需要自由。对于鸟来说,"任彼高飞"才是它所要的自由。不同的生物有不同的自由,于鸟是天空,于鱼是清水,于虎是山林,于人,首先是生存的可能,其次是发展的可能。自由,在这里不是胡来,而是本性生存。离开本性的生存不是自由,而是自杀。

(三) 残废之美

在《十七、残废之美》中,李叔同说:"好花经摧折,曾无几日香,憔悴剩残姿,明朝弃路旁。"[3] 李叔同痛惜好花的摧折,这是生命之美的悲剧,但是却是另一种美的产生,这种美为残废之美。花虽只剩下残姿,但仍留下了生命的痕迹,让人想象,让人反思。反思的积极成果是珍惜生命。

(四) 生态之美

生态也是生命,但重在生命的整体性、延续性。在《三十一、冬日的同

---

① 《李叔同集》,东方出版社 2008 年版,第 243 页。

② 《李叔同集》,东方出版社 2008 年版,第 243 页。

③ 《李叔同集》,东方出版社 2008 年版,第 244 页。

乐》中,李叔同说:"盛世乐太平,民康而物阜。万类成喁喁,同浴仁恩厚。昔日互残杀,而今共爱亲。何分物与我,大地一家春。"好个"何分物与我",这就是物我合一,合一在于生态的一体性、生命的相关性,命运的共同性。而"大地一家春"正是这一体性的积极成果。生命的永恒在于生态的永恒,而生态的永恒当然是自然的伟力所致,但也需要人类的珍惜与保护。

四、艺术审美

李叔同精通诸多艺术门类,不仅通晓中国艺术,而且通晓西方艺术。他虽然没有专门的艺术论著,但不少其他的文字作品谈到艺术,其中具有审美意味的主要有三个方面。

(一) 关于绘画

他不同意重视文字而轻视绘画的观点。他说:"夫图画之效力,与语言文字同,其性质复相似。脱以图画属娱乐的,又何解于语言文字?倡优曼辞独非语言,然则闻倡优曼辞,亦谓语言属娱乐的乎?小说传奇独非文字,然则诵小说传奇,亦谓文字属娱乐的乎?三尺童子当知其不然矣。"[1]这种观点值得重视。中国传统文化确有重文字轻绘画的现象,在新的时代,这种观点当予以纠正;不过,绘画的地位提高了,但对绘画的要求也就提高了。

(二) 关于书法

李叔同特别重视篆书。他说:"能写篆字以后,再学楷书。"他认为,这样做,可以减少写错字。"我们若先学会了篆书,再写楷字时,那就可以免掉很多错误。"另外,"学会了篆字之后,对于写隶书、楷书、行书就很容易——因为篆书是各种写字的根本。"[2]这种观点很特别,细思很深刻,也许,能写篆字,不仅能少写错字,还能提升书法的书卷气。李叔同的书法就具有篆味,他的书法,不管是行书还是楷书,都极耐品读。

---

① 谷流、彭飞编著:《弘一大师谈艺录》,河南美术出版社1998年版,第14页。
② 谷流、彭飞编著:《弘一大师谈艺录》,河南美术出版社1998年版,第32页。

(三) 关于诗歌

李叔同在给郑翘松的《卧云楼诗存》的题偈中说："一言一字，莫非实相。周遍法界，光明无量。似镜现像，若风画空。如斯妙喻，乃契诗宗。"[①] 这话具有浓郁的佛教意味。实际上，他是以佛理说诗，与宋朝严羽的以禅喻诗是一致的。总起来说，他强调诗要空灵，要有言外之意、韵外之致。

中国历史上出过不少德艺双馨的高僧，他们为中国美学事业的发展，为中国艺术事业的发展均作出重要贡献，中国美学史、中国艺术史上应该有他们的一页。在近代，贡献最巨的莫过于弘一大师了，弘一是不朽的。

第二节　丰子恺：生命大爱

丰子恺（1885—1975），浙江桐乡人，出身于书香门第，父亲是前清举人。丰子恺幼年读私塾，系统地接受封建文化教育。1914 年，他来到浙江省立第一师范学校读书。这是他人生至关重要的一站，在这里，他结识了美术老师李叔同，成为李叔同的高足。以后交往一生，丰子恺不仅因为李叔同接受了良好的美术教育，从而毕生奉献给了美术事业，成为中国第一位漫画家，第一位最为杰出的艺术教育家；而且受到李叔同佛教思想的影响，成为佛门的居家弟子。在思想上，丰子恺毕生的努力是融合佛教、儒家两家思想，并且将这种思想落实为爱国爱民的行为，具体来说，最主要的是落实到绘画实践上。丰子恺的代表作《护生画集》是这一实践的最重要的成果。

丰子恺曾去日本学习过，没有读学位，也仅学习了十个月，但对他来说，意义重大。在日本，他接触到了世界上最先进的绘画技法，受到日本画、西画的熏陶，对漫画产生了浓厚的兴趣。回国后，他在上虞白马湖春晖中学任教。当时在这所中学任教的，还有夏丏尊、朱自清、朱光潜等后来的文化大家，这些人的学识、文化修养对丰子恺有着重要的影响。是朱自清最先

---

① 谷流、彭飞编著：《弘一大师谈艺录》，河南美术出版社 1998 年版，第 137 页。

将丰子恺的漫画拿出去发表的,而"怂恿"丰子恺画这漫画的是夏丐尊。朱光潜在欧洲留学 8 年,专攻艺术、美学、心理学,对丰子恺自然影响更大、更深。

丰子恺在艺术上的成就,一是他的漫画创作,他的漫画充满着人性的温情,是艺术花园最为亲人的康乃馨。二是他的有关艺术的著作,其中主要的有《艺术修养基础》《艺术趣味》《艺术与人生》《世界大音乐家与名曲》《西洋画派十二讲》等。

丰子恺的美学思想主要体现为与佛教有关的美学思想和与艺术相关的美育思想。

一、佛教美学

(一)生命大爱

丰子恺努力地将佛教和儒家与艺术和人生等整合起来,适应社会需要,为国家为民族为人民作出贡献。他 1928 年绘制《护生画集》,起因是为他的老师弘一法师 1930 年 50 岁祝寿,心愿是老师 50 寿诞画 50 幅,60 寿诞画 60 幅……直至 100 幅。但画作感人之处,绝不只是这对老师的爱,还有对自然、对人类的爱,而且这大爱是主要的。有爱就有恨,这恨就有对残杀人类的德日法西斯的恨。丰子恺说,他当初作画的宗旨是"劝人爱惜生命,戒除残杀"。他说,劝儿童不要踩死蚂蚁,"并非爱惜蚂蚁,或者想供养是蚂蚁,只恐这一点残忍心扩而充之,将来会变成侵略者,用飞机载了重磅炸弹去虐杀无辜平民"。

"天地之大德曰生",生是爱的核心,也是美的主题。

在这一点上,丰子恺的爱恨与《周易》的重生思想、儒家的仁德思想、西方的人道主义没有什么不同,特殊处在于他的生命之美还来自于佛教。佛教的不杀生主义是他的生命之美的灵魂。

其实,无论是儒家的仁爱思想、西方的人道主义,还是佛教的"不杀生"主义,都有它的亮点,也有它的暗处,也就是说,有积极的一面,也有消极的一面,换句话说,不是十全十美的。丰子恺显然不想将这诸多学说关于生命的思想综合在一起,将好的坏的都吸收过来,他只是想吸收诸多学说中积极的一面、优秀的成分、好的东西,将它们融会在一起。

关于"护生",他强调,这是仁者的护生,而仁者是儒家的概念。他说:"仁者的护生,不是护物本身,而是护人自己的心。"①"能活用护生,即能爱人。"②

丰子恺致力创造的生命之美不只是佛教的宁馨儿,而是人类全部优秀精神成果的宁馨儿。

丰子恺的《护生画集》一、二集是由弘一法师自己题的字,弘一法师圆寂之后第三集请叶恭绰先生题的字;第四集请上海佛协副主席朱幼兰先生题的字,第五集请厦门的书法家虞愚题的字,最后一集第六集也是请朱幼兰先生题的字,此卷作于 1966 年前,而出版于 1980 年。

丰子恺:《小鸟回家》

---

① 《丰子恺集·桂林讲话之一》,东方出版社 2008 年版,第 135 页。
② 《丰子恺集·桂林讲话之一》,东方出版社 2008 年版,第 135 页。

丰子恺将他对老师的纪念进行到底,将他大爱进行到底,将他的大美播洒大地。

抗日战争期间,丰子恺担任全国文艺抗敌协会主办的刊物《抗战文艺》的编委,创作了很多具有鲜明抗日主题的优秀画作。他的《大树被斩伐,生机并不绝,春来怒抽条,气象何蓬勃》,表现出对于抗战胜利坚定的信念,对于祖国,对于人民极其深厚的爱。这种爱与他的佛教思想是统一的,属于大爱。

抗战胜利后,充满生命大爱、和平之念的丰子恺失望了。国民党野蛮地违背民愿,再次发动内战,致使中国大地再次陷于战火纷飞之中。是时,丰子恺住在杭州,杭州为国民党统治地区。面对着横征暴敛、民不聊生的黑暗社会,丰子恺的大爱化成了愤怒。他画了诸多漫画,也写了不少文章,对于蒋介石政权予以尖锐的讽刺和批判,同时也表达出对于广大百姓的同情与哀怜。漫画有《万方多难此登临》《再涨要破了》《屋漏更遭连夜雨》,文章有《口中剿匪记》《贪污的猫》。

大爱也有愤怒,大爱也有战斗。正如佛教,不只是有我佛慈悲,菩萨心肠,也有金刚怒目,天王挥刃。丰子恺的"怒向刀丛觅小诗",表现的正是大这样的爱。

(二) 宗教至美

丰子恺作为一名艺术家,艺术修养是精湛的;而作为一名佛教居士,他的佛学修养也是精湛的。他对于艺术与宗教的关系的认识是深刻的。关于这两者的关系,他在《我与弘一法师》一文中有过论述。

他认为,人生可以分为三个层面,第一层为物质生活,第二层为精神生活,第三层为灵魂生活。衣食之类为物质生活,学术艺术为精神生活,宗教为灵魂生活。三个层面好像三层楼。懒得登楼,就在第一层好吃好喝得了。不甘心如此生活的人,就登楼看看,这就是做学术研究或弄文学艺术。登到第二层的人,有的只是玩玩,就又回到楼下去享受了;有的则醉心于此,不以一楼的锦衣玉食为享受,而以学术艺术为享受。这种人为知识分子、艺术家、作家等。还有一种人,"人生欲"很强,对于二层楼的生活还不满足,就再上楼，于是登上第三层楼。这第三层楼是人生的最高楼，它属于宗教。那么，宗教生活是什么样的生活呢？

　　满足了"物质欲"还不够，满足了"精神欲"还不够，必须探求人生的究竟。他们以为财产子孙都是身外之物，学术文艺都是暂时风景，连自己的身体都是虚幻的存在。他们不肯做本能的奴隶，必须追究灵魂的来源，宇宙的根本，这才能满足他们的"人生欲"。①

从这一表述，我们看出宗教与艺术的区别。按一般的哲学观点，精神与灵魂是同义词；但在丰子恺的观念中，这是两个不同的词，它们分属两个层面。在这里，精神与物质划到一个层面去了；尽管它们不同，一个管身体感受，实实在在；一个管大脑活动，虚虚实实。然而灵魂远超出物质和精神，属于另一个层面。这两个层面的不同才是根本的不同：

第一，物质和精神只管人生的表面，而灵魂管人生的究竟。

第二，物质和精神可以不管宇宙的根本，而灵魂必然要管宇宙的根本。

第三，物质和精神都是虚幻的，而灵魂是永恒的。

第四，物质和精神是人之本能的奴隶，不能自由；而灵魂超越了人的本能，是自由的。

灵魂的领域是宗教领域。究竟、永恒、根本、来源，这些概念既是灵魂的关键词，也是宗教的关键词。从这个分析来看，在丰子恺的观念中，宗教远高于物质与精神，为人生的最高境界。

(三) 尽享人生

虽然宗教为人生至美的境界，但不是只有宗教境界有美，人生的各种生活均有它的美。

他仍然用登楼的比喻来说明问题。他说，登到三楼，有多种情况。有些人直接上第三楼，一楼、二楼都不停。有些人走走停停，哪一层楼都没有走好；物质欲没有享受足，精神欲也没有享受足。弘一法师不是这样，他是一层层楼爬上去的，每一层楼都好好地享受过。他认为：

―――――――――

① 《丰子恺集·我与弘一法师》，东方出版社 2008 年版，第 56 页。

　　弘一法师的"人生欲"非常之强！他的做人，一定要做得彻底。他早年对母尽孝，对妻子尽爱，安住在第一层楼中。中年专心研究艺术，发挥多方面的天才，便是迁居到二层楼了。强大的"人生欲"不能使他满足于二层楼，于是爬上三层楼去，做和尚，修净土，研戒律，这是当然的事，毫不足怪的。做人好比喝酒：酒量小的，喝一杯花雕酒已经醉了，酒量大的，喝花雕嫌淡，必须喝高粱酒才能过瘾。文艺好比花雕，宗教好比高粱。弘一法师酒量很大，喝花雕不能过瘾，必须喝高粱。我酒量很小，只能喝花雕，难得喝一口高粱而已。但喝花雕的人，颇能理解喝高粱的心。故我认为弘一法师由艺术升华到宗教，一向认为当然，毫不足怪的。①

丰子恺的这段论述说明：

第一，人生各个层次均有美，因为它们均是生，生是美之本。人的享受，不管是物质享受，还是精神享受、灵魂享受均有美的存在。

　　物质享受历来为儒家所嘲笑，说是腐化堕落；其实，物质享受本身是美的，只要不玩物丧志，无可指责。弘一法师就尽情享受过锦衣玉食的生活。艺术生活于人也是一种享受，人不能没有艺术生活，凡人均能享受艺术。艺术才能高的人可以做创作，艺术才能低的人可以欣赏艺术。中国历史上不乏批判艺术享受的文字，其实只要不玩物丧志，同样无可指责。南唐李后主、唐朝唐玄宗、宋朝宋徽宗都是大艺术家，他们均因爱好艺术遭到严厉的批评；其实不是艺术害了他们，害了国家，而是他们的不关心或不善于政治害了他们，害了国家。艺术实际上成了替罪羊。

　　第二，人对于生活的要求可以因人而异，不必苛求。李叔同是人生欲很强的人，他需要将人生的各种享受都享尽，无可指责，因为他有这种需求，而且有实现这种需求的能力。其他人有他们不同的人生需求，不同的实现人生需求的能力，每一个人只能按照自己的需求、自己的能力生活，不必要也不可能要求像弘一法师那样生活。弘一法师具有不可复制性。

①《丰子恺集·我与弘一法师》，东方出版社 2008 年版，第 56 页。

（四）佛、艺相通

丰子恺曾经为弘一法师创办的养正院写了一副对联,联为集唐人诗句:"须知情相皆非相,能使无情尽有情"。关于此联的意义,丰子恺进行了阐释:

> 上联说佛经,下联说艺术,很可表明弘一法师由艺术升华到宗教的意义。艺术家看见花笑,听见鸟语,举杯邀明月,开门迎白云,能把自然当作人看,能化无情为有情,这便是"物我一体"的境界。更进一步,便是"万法从心"、"诸相非相"的佛教真谛了。故艺术的最高点与宗教相通。最高的艺术家有言:"无声之诗无一字,无形之画无一笔。"可知吟诗描画,平平仄仄,红红绿绿,原不过是雕虫小技,于道未为尊。又曰:"太上立德,其次立言。"弘一教人,亦常引儒家语:"士先器识而后文艺。"所谓"文章"、"言"、"文艺",便是艺术;所谓"德"、"器识",正是宗教修养。宗教与艺术的高下重轻,在此已经明示;三层楼当然在二层楼之上的。①

丰子恺认为艺术在最高点上与佛教相通,这最高点就是"化无情为有情""物我一体",这其实就是美。美是有情物;美为大爱,故"物我一体"。它们之不同,在于艺术为技,而宗教为道,这技、道之别就是艺术与宗教之别;于是艺术为轻,宗教为重,宗教高于艺术了。这一说法,当然是不到位的。艺术是分层次的,低层次的艺术可以说是技,但高层次的艺术就不好说是技,它也是道了。

不管怎样,丰子恺作为艺术家、佛教徒,同时亦作为学贯中西的学者,更重要的是作为普通人,对于人生之美、艺术之美、宗教之美的认识达到时代的最高峰。

二、美育思想

作为艺术教育家,丰子恺终其一生在实践美育,研究美育。近代蔡元培、

---

① 《丰子恺集·我与弘一法师》,东方出版社 2008 年版,第 57 页。

梁启超、王国维、鲁迅等都提倡美育；但是他们主要是提倡，对于美育的基本理论没有深入研究，而丰子恺做了这方面的研究。

(一)"美欲"说

丰子恺认为："人欲有五：食欲，色欲，知欲，德欲，美欲是也。"① 丰子恺认为，食色为物质的，是人生根本二大欲；但人生不能仅此满足即止，还要求精神的三大欲，这种求是人的发展本能，也"为人生快乐向上"。"向上不已，食色二欲中渐渐混入美欲，终于由美欲取代食色二欲，是为欲之升。升华之极，轻物质而重精神。"②

从人性的维度看美欲的重要性，这是深刻的。美的追求，是人性的实现，也是人性的升华。爱美之心人皆有之，而且爱美之心唯人有之。物质追求有限，精神追求无限。精神追求中，以美的追求为最高，因此，美才是人之所以为人的最终也是最高的确证。

(二)"童心"说

丰子恺认为，儿童与大人观察事物、理解事物有一个很大的不同，大人多从功用上认识事物，而儿童多从本真上认识事物。他举了一个例子，一个孩子拿一块洋钱玩，要大人帮他将洋钱穿一个孔，把线穿进去，挂在脖子上玩；而大人想到这是钱，它是可以用来购物的。丰子恺于是反省："天天见洋钱，而从来不曾认识洋钱的真面目"，洋钱的真面目是什么呢？不就是一块圆形的可爱的金属片吗？洋钱的真面目就是洋钱的本体。"我们平日讲起或看到洋钱，总是立刻想起这钱的来路、去处、效用及其他的关系，有谁注意'洋钱'的本体呢？孩子独能见到事物的本体"③。这种识见事物本体的能力，丰子恺称之为"童心"。

事物是有本体与现象之别的。本体为事物的本真，它没有功利性；它就是它，而不是为它。然而，当它进入人的世界以后，就有些变化了。人们为了功利的目的，突出它的于人的利益关系的一面，而将它属于自身的

① 《中国现代美学名家文丛丰子恺卷·精神的粮食》，中国文联出版社2017年版，第39页。
② 《中国现代美学名家文丛丰子恺卷·精神的粮食》，中国文联出版社2017年版，第39页。
③ 《中国现代美学名家文丛丰子恺卷·童心的培养》，中国文联出版社2017年版，第32页。

一面忽视了。这就影响到审美判断。我们通常对于事物的审美，其实是受到功利影响的。像洋钱，就只注重它有用；如果要说洋钱美，那就美在它的有用。其实，这种美并不是美，而是善，只不过我们是将善看成美了。儿童没有这种功利的观念，所以，他能径直发现事物的本体，发现事物本真的美。

美与善皆是独立的，以美为善或以善为美均为误识。

(三)"绝缘"说

丰子恺认为美不在它的效用，而在它的本真。人要怎样才能直接获得事物的美呢？丰子恺认为就应该向孩子学习，用童心观物。然而，人成长为大人以后，哪能做到儿童那样，直击事物的本真呢？丰子恺提出"绝缘"这一概念。

> 所谓绝缘，就是对一种事物的时候，解除事物在世间的一切关系、因果，而孤零地看。使其事物之对于外物，像不良导体的玻璃的对于电流，断绝关系，所以名为绝缘。……绝缘的眼，可以看出事物本身的美，可以发见奇妙的比拟。……要把洋钱作胸章，就是因绝缘而看出事物的本身的美……①

"绝缘"观是康德的审美无利害观，也是叔本华的形象直觉观。中国传统美学也有类似的观点，那就是"用志不分，乃凝于神"，而其实现则是"物我两忘"。人移情于物，物也移姿于人，情物合一，情象产生，审美就产生了。

丰子恺认为，美育就是要培育人的"童心"，以绝缘的态度观看世界的真面目，获取美的享受，以陶冶心灵。

绝缘的态度，当然只是人与外物关系的一种。人当然不可能全部时间、全部活动都沉浸于这种"物我两忘"的关系之中；但是，人不可能没有这种关系，没有这种对物的态度；如果那样，人也就不成其为人了。审美是人之所以为人的重要性质之一。

---

① 《中国现代美学名家文丛丰子恺卷·童心的培养》，中国文联出版社 2017 年版，第 33—34 页。

（四）"艺术教育"说

关于艺术教育的性质，丰子恺认为："科学是真的、知的；道德是善的、意的；艺术是美的、情的。这是教育的三大要目。故艺术教育，就是美的教育，情的教育。"[1] 明确地将美、情定为艺术教育的性质，在近代可能丰子恺最早，这种认识至今还是先进的。

艺术教育的目的是"教人以这艺术的生活"，即我们通常说的生活艺术化，艺术的生活化，何谓生活的艺术化？丰子恺说：

> 所谓艺术的生活，就是把创作艺术、鉴赏艺术的态度应用在人生中，即教人在日常生活中看出艺术的情味来。对于一朵花，不专念其为果实的原因；对于一个月亮，不专念其为离地数千万里的星；对于一片风景，不专念其为某县某村的郊地；对于一只苹果，不专念其为几个铜板一只的水果。这样，我们眼前的世界就广大而美丽了。[2]

这种生活态度的突出特点是超越生活的功利性而专注生活本身的意义，不仅能使人更多地发现生活中的美，而且能更深入地发现生活中的真和善。人所面对的生活是有限的，但艺术的态度，可以让人发现生活中的无限，从中"体验人生的崇高、不朽"。

丰子恺所谈的艺术态度就是审美态度，所以，他所谈的艺术教育实为美育。

虽然艺术教育可以包含审美教育，但不是所有的艺术教育都是审美教育。原来丰子恺的艺术教育是特定的，其性质即如上所论，是审美教育，而实际上有些艺术教育不是以审美为宗旨的，它是培养艺术技能的教育。另外，艺术教育也不只体现在艺术科的教育中，也体现在其他学科的教育中，还体现在日常生活中。他说："艺术教育的范围是很广泛的，是及于日常生活中的一茶一饭、一草一木、一举一动的。故不但学校中的各科，凡属

---

[1] 《丰子恺集·关于学校中的艺术科》，东方出版社 2008 年版，第 92 页。

[2] 《丰子恺集·关于学校中的艺术科》，东方出版社 2008 年版，第 93 页。

人生的事——倘要完全地、认真地施行'艺术教育'——都应该处处'间接'地教以艺术方面的意义,先生——尤其是小学校的先生——应该时时处处留意指导儿童的美的感情的发达,与时时处处留意其道德品性的向上同样。"①

　　丰子恺与李叔同有诸多相同之处,主要是均以实现佛教人生与艺术人生的统一为人生的最高境界不同的是,在李叔同,这种统一更多地统一于佛教;而在丰子恺,这种统一更多地统一于艺术。

第三节　八指头陀:学佛未忘世

　　释敬安(1851—1912),字寄禅,俗姓黄,名读山,法号八指头陀,湖南湘潭县姜畲村人。其《冷香塔自序铭》中说,"在阿育王塔前然二指供佛,众称八指头陀"。

　　八指头陀是中国近代著名僧人。他出生湖南湘潭一户农家,由于家境贫寒,他自幼并没有正式上学读过书,然而凭自学,凭聪明,凭勤奋,成为中国近代极其罕见的诗僧。他的诗作获得了中国近代诸多名士如王湘绮、杨度、陈三立、杨树达等的高度赞赏。八指头陀圆寂后,杨度还亲自主持其诗集的编选、出版诸事宜。

　　八指头陀作为诗僧,他的诗以及他的其他文字具有很高的美学价值,他的文学作品及其佛教实践,体现他一些比较重要的美学思想。这些思想具有一定的代表性,是中华美学中不可忽视的重要的构成成分。

一、身在佛门,心萦家国

　　八指头陀身处乱世,国难深重。他出家为僧,不是为了避世,据他自述,是为生活所迫。八指头陀年幼丧父,生活极其艰辛,14 岁从师学手艺,受尽鞭打,昏死数次,18 岁无奈投湘阴法华寺出家为僧。他的诗虽然有清高之

———————————

① 《丰子恺集·关于学校中的艺术科》,东方出版社 2008 年版,第 94 页。

慨，但也有世俗之怀。著名湘籍学者杨树达对他评价甚高，其中特别说到"敬安虽身在佛门，而心萦家国"①。

八指头陀的家国情怀，是通过他的诸多行事，还有他的诗歌及文字表现出来的。

光绪三十二年（1906），宁波师范学堂的师生来太白山采集植物标本，八指头陀十分兴奋，说是"禅悦法喜，无此乐也"。他从师生的身上，看到了中国的希望。他专为师生的到来，发表祝词并作序。在序中，他议论纵横，对于祖国的现状忧心忡忡。他深知救国的唯一之路，唯有自强，而自强必须重视教育。他说："凡可以富国强兵、兴利除弊者，靡不加意讲求，驯至妇人孺子，亦知向学，热心教育，共矢忠诚。"在祝词中，他慷慨高歌，为师生们的爱国热情擂鼓助威。词云：

> 四明之山高插天，甬江之水清且涟。含灵毓秀生英贤，痛心国步垂危颠。力图砥柱回百川，热血能将沧海煎……金瓯未缺当重圆，银河待挽洗腥膻……②

八指头陀高呼："睡狮将醒，猛虎可驯。大局转机，山僧拭目。"此时他虎目圆睁，叱咤风云，一派大将出征号令三军的风采，而完全不像是慈眉善目的和尚了。

八指头陀说："我虽学佛未忘世。"出家而不忘世，这是中国宗教的一个重要传统。中国历史上，不乏出家的僧人、道士在国难当头之时，挺身而出，为国家出力的英雄故事。即算不是非常岁月而是平常时节，僧人、道士也不忘世。他们竭尽其所能，爱惜百姓，教化人民，伸张正义，维系平安。

出世与入世的统一，僧（道）俗的统一，最终统一在国家民族的根本利益上，这是中国社会美学的一道绚丽的风景，至今依然。

---

① 杨树达：《八指头陀文集一卷》，见《八指头陀诗文集》，岳麓书社1984年版，第450页。
② 《八指头陀诗文集·宁波师范育德学堂教员偕诸生入太白山采集植物祝词》，岳麓书社1984年版，第489页。

二、融会三教，中华本色

八指头陀自幼接受儒家和道家学说的熏陶，出家后专研佛经。他的思想复杂但并不矛盾，三教在他的观念中是统一的，这种统一突出地表现在他的梅花诗中。八指头陀于梅花情有独钟，梅花诗在他的全部诗歌中占有绝对中心的地位，成为他诗歌的主要题材。众所周知，松、竹、梅、兰、菊等几种植物在中华民族文化中具有极高的地位，被誉为"君子"的象征。儒家认同它们，道家也认同它们。佛教是外来的文化，它所崇尚的植物不是这几种植物，而是莲花，八指头陀作为中华僧人很认同梅花，他借梅花将儒道释三教的精神——儒家的君子之志、道家的隐士之逸、佛家的处士之清一并表现出来：

> 荒草萋萋掩墓门，杜鹃啼断月黄昏。
>
> 欲知亡国当年恨，万树梅花是泪痕。[1]

史阁部是史可法。史可法因守扬州的事，名垂青史。在清王朝风雨飘摇之际，八指头陀来谒史可法的墓，意义非同寻常。缅怀先烈，告慰英魂，其济世之怀，报国之心，光辉夺目。此诗的主题是，借梅花表达儒家的家国之志。

> 高冷不宜人，萧然自绝邻。
>
> 四山残月夜，孤驿小梅春。
>
> 暂对翻疑雪，清香不是尘。
>
> 逋仙犹认影，谁复识其真。[2]

朦胧的月夜，梅树的倒影映在雪地上，孤洁清冷中，隐隐然有一种对抗流俗的傲气，让人油然而生敬意。此梅，显然是道家精神的写照。

> 孤蒲再来久失群，瘦梅花下独逢君。
>
> 共谈圆泽三生事，惊起寒山一片云。

---

[1]　八指头陀：《梅花岭谒史阁部墓》。

[2]　八指头陀：《月下对梅》。

风月聊同高士赏,烟霞未许俗人分。

相留无奈天将暝,钟磬萧萧报夕曛。①

此诗中用的典故"圆泽三生"是属于佛教的,"钟磬萧萧报夕曛"也是佛寺景观的写照。"瘦梅花下独逢君",显然是说僧人的友情故事。

儒道释三教思想在中华民族是融汇于一体的,它们共同构成中华民族的灵魂,成为中华民族观念的无穷渊源,衍化出中华民族审美的大千世界:氤氲于华夏大地,高耸于浩瀚长天,绚丽多姿,光辉灿烂。

三、冰霜操守　处子情怀

八指头陀是僧人,他的思想品格突出的是孤洁情怀、冰霜操守。这种情怀在他的咏梅诗中得到了充分的表达。

孤洁之情是八指头陀咏梅诗中表达得最多的一种情感。《梅》诗云:

和羹怕作帝王师,生就冰霜雪月姿。甘住溪边与林下,青松翠柏是相知。

此诗可以看作八指头陀人生观的自白。"和羹"典出《左传》,晏子对齐侯说治国的大道理,说"和"与"同"不一样,"和如羹焉"。八指头陀说自己不愿像晏子那样去做帝王的谋士,生就的是梅花的品格,宁愿住在溪边与林下,与青松翠柏为友。在中国知识分子中,有两种人生观。一种是学成文武艺,货与帝王家,目的是获取功名利禄。另一种是甘于清贫,坚守气节,不愿与帝王为奴。后一种人生观,虽然在知识分子中不占主流,却一直受到人们普遍的钦敬。八指头陀持的正是这种人生观。

在《答夏公子二绝句》中,八指头陀借咏梅更为明确地表白这种操守:

公子前身绿萼华,樊山应是赤城霞。

老僧自抱冰霜质,朱尘碧雾少一些。

虽然就其自然本性来说,绿梅、红梅、白梅是没有多大的区别的;八指头陀都将它们的色彩从梅中脱离开来,专意从色彩独立的文化意义上,来

---

① 八指头陀:《次韵陆蕙亭茂才见赠之作》。

标榜他的操守。"冰霜质"在诗中是用来形容白梅品格的,八指头陀用来表白自己的人格。

在八指头陀的咏梅诗中,见得最多的一个字是"冷":

> 霜钟摇落溪山月,惟有梅花冷自香。①
> 北斗横天夜欲阑,梅花睡鹤冷相看。②
> 应笑白梅甘冷淡,独吟微月向溪桥。③
> ……

不管是冷看,还是冷对、冷笑、冷淡,体现的均为孤洁之情。这种孤洁之情,作为出家的禅僧来说,是对红尘的决绝;而对于具有正直品格的知识分子来说,是与流俗的对抗;而作为爱国主义者,则是对国家民族命运的深沉忧患。

八指头陀的诗中也有极少的咏梅诗所表现了温馨的境界,如《过天竺林和翠云长老原韵》:

> 草鞋踏破为谁忙,一锡飞来满面霜。
> 长老不须重说偈,梅花犹在鼻头香。

此诗似是偈语,却明确地表达了他对生活的热爱。诗中的梅花一改苦寂的形象,而像少女一般可爱。那嗅在鼻头的梅花传达的是怎样一种信息?显然不是冷寂,不是苦寒,而是欢快,是自然的春天,也是生命的春天。"身如槁木"的躯体中,藏着这样一颗处子般的心。应该说,这才是八指头陀最为本质的地方。

他有一首《暑夜访龙潭寄禅上人》与此诗异曲同工,诗云:

> 一瓶一钵一诗囊,十里荷花两袖香。
> 只为多情寻故旧,禅心本不在炎凉。

"一瓶""一钵""一诗囊",三个概念准确地概括了诗僧的生活品格,这三个词,体现了出禅修之苦。然而,下一句"十里荷花两袖香",却完全

---

① 八指头陀:《感事二十截句附题冷香塔》。
② 八指头陀:《月夜不寐》。
③ 八指头陀:《答夏公子二绝句》。

是另一种意味，粉红色的荷花在这里不是状佛境之高，而是显红尘之美，从"两袖香"三字中可以看出诗僧心中充满着喜悦。虽然出家为僧，却难掩对生活的热爱，这才体现了佛禅的本色！最后两句诗近乎宣言。诗人明确地说，他的心中其实涌动着极为丰富的情感，唯一不同的地方，就在他已经不再为世俗的炎凉而动心了。从这些地方，我们真切地感受到八指头陀离我们这些俗人其实很近，我们的心其实可以相通。这大概是八指头陀诗歌最为可贵的地方。

四、镜花水月，唯在妙悟

在诗学上，八指头陀崇尚的是宋朝严羽的妙悟说。他善于构制一种虚虚实实的意境，如同空中之音、相中之色、水中之月、镜中之象。

八指头陀善于写影，有人记下他的这样一则逸事：

> 上人又曾为阿育王寺当家。有武弁数人，联袂入山，憩坐寺中，忽发诗兴，一操湘音者微吟曰："一步一步紧"。旁一人曰："行过育王岭"。相与大笑。上人应声续曰："夕阳在寒山，马蹄踏人影"。皆为之拍案叫绝。又有以《寒江钓鱼图》向上人索题者，题曰："垂钓板桥东，雪压蓑衣冷。寒并水不流，鱼嚼梅花影"。与人游岳麓，援笔吟曰："意行随所适，佳处辄心烦。林声阒无人，清溪鉴孤影"。以是人称之为三影和尚。①

善于写影，说明八指头陀善于用虚。艺术形象的塑造，有实写与虚写两种手法。用实为了写形，用虚为了传神。虚实相生，境界就成了。

梅影是梅的虚姿。梅影的形成，要么在月色中，要么在水光中。《月下对梅》云：

> 古洞云归人散去，
> 夕阳钟动鸟飞回。
> 黄昏独坐谁为伴，

---

① 《八指头陀诗文集·诗僧八指头陀遗事》，岳麓书社 1984 年版，第 529 页。

月借梅花瘦影来。①

梅影是在月色中。朦胧的月夜,梅树的倒影映在雪地上,孤洁清冷中,隐隐然有一种对抗流俗的傲气,让人油然而生敬意。《白梅诗》中"自写清溪影,如闻白雪吟",则是写水中的梅影了。

写梅影有特别的美学效果。影为虚,它有助于营造一种空灵的艺术境界;更重要的是,梅影更能揭示梅的神韵:是那样高洁,又是那样缥缈、神秘。它让人想到"道",这梅是不是有"道"在? 梅之道是什么? 是不是也像梅影一样神秘而缥缈?

八指头陀曾受业于名儒郭菊荪,学诸子百家,传统文化功底深厚,但有个人喜好。他说他"喜《楞严》《圆觉》杂《庄》《骚》以歌",这正构成了他诗歌奇诡冷峻的艺术特色。

关于作文,八指头陀在《赵种青二尹诗序》中说:

夫言为心声,文为理窟。心妙则言清,理胜则文茂也。②

此话可以作为他的夫子自道。

作为诗僧,我们从他的诗作中能够感受到一种既体现时代风雨又体现民族灵魂的美学思想。它是佛门的,更是中华民族的。这种美学冷峻中包裹热烈,隐避中时见锋芒,它柔弱如水却力重千钧!

八指头陀离开尘世已近百年,读他的诗恍然真有隔世之感。但是,隐约间,我们仍能看到那个时代的一些侧影。八指头陀并没有将自己完全封闭起来,他的诗作中不时闪现着那个时代的烟云和呼喊,让人感受到那个时代特有的苦难与痛楚。八指头陀虽然没有做那个时代的弄潮儿,但是,他以爱国僧人固有的善良、正直默默地关注着、支持着那些进步人士的活动。他的诗作谈不上时代的主旋律,却仍与时代的脉搏相和谐。他的诗的确视野不够宽广,但诗中精致的情感不仅悄然温暖着我们的心,而且让我们遥思那样一个风雨如晦的年代有一颗僧家的心在怎样思考着人生,思考

① 《八指头陀诗文集》,岳麓书社 2007 年版,第 43 页。
② 《八指头陀诗文集·赵种青二尹诗序》,岳麓书社 1984 年版,第 498 页。

着祖国的未来。诚然,国势如此衰颓,人的生存只能是艰难的。然而,虽然艰难,却绝不放弃;而且愈是艰难,愈见坚贞,亦如寒梅,傲霜迎冰。而祖国,这有着5000多年历史的华夏故国,在历尽劫难之后,定然会有一个如同红梅般的灿烂的未来。

第 十 章
鲁迅的美学思想

鲁迅（1881 年 9 月 25 日—1936 年 10 月 19 日），原名周樟寿，后改名周树人，字豫山，后改字豫才，浙江绍兴人。中国新文化运动的坚强斗士、五四运动的积极参与者。鲁迅在文化界以作家著称，但他不是一般的作家，他有深刻的思想、宏阔的胸襟，是有哲人智慧的小说家，天地黑暗危机四伏全民昏睡时代的最早觉醒者，高举大旗呐喊着率领文化新军向着旧社会、旧势力英勇冲击的元戎。毛泽东称誉"鲁迅的方向，就是中华民族新文化的方向"。鲁迅的思想可以分为前期与后期，大体上以 1927 年前后为界，此前，他主要是民主主义的斗士，后期，他主要是马克思主义的思想家。鲁迅不以美学上的建树彪炳于世，但他有卓越的美学思想，他的美学思想也可以分为前期与后期。前期，主要是介绍叔本华、尼采的生命哲学及生命美学，根据中国的实际，构建一种以反抗旧社会、批判旧文化为主题的革命美学。这种美学与梁启超、王国维、蔡元培的美学完全不一样，它没有那种高妙的学究气，而具有更为可贵的革命实践意识。鲁迅的美学，更多的不是理论，而是精神。在中国时代变革的大潮中，鲁迅的美学具有特殊重要的意义，它是中国民主主义的美学向马克思主义美学过渡的代表。

第一节 掊物质而张灵明

中国近代文化高举的两面旗帜，一面是科学主义，一面是人文主义。

鲁迅在 20 世纪初投身文学活动时写了四篇重要的文章：《人之历史》《科学史教篇》《文化偏至论》《摩罗诗力说》。这四篇文章，前两篇分别从宏观的角度论述人的发展史和自然科学的发展史，彰显科学主义精神；后两篇则从文化和诗歌两个方面，彰显人文主义精神。

与当时诸多学者有别的是，鲁迅不是唯科学主义，也不是唯人文主义，更不是为学问而学问，他从改造中国、改造社会出发，将弘扬科学主义、人文主义落实到改造人身上。他认为，我们所要做的"首在立人，人立而后凡事举"[1]。

鲁迅重视科学技术对人类生存和发展的价值。物质的丰富依赖于科学技术固不必言，人类精神世界的扩展与提高也离不开科学技术。人类对自然、对世界的认识远非过去可比，不惟科学家们"扩脑海之波澜，扫学区之荒秽"，就是普通人士，也观念一新。科学的发达可说刷新了整个时代。鲁迅说："科学者，神圣之光，照世界者也，可以遏末流而生感动。时泰，则人性之光；时危，则由其灵感，生整理者如加尔诺，生强者强于拿坡仑之战将云。"[2]

尽管如此，鲁迅认为："顾犹有不可忽者，为当防社会入于偏，日趋而之一极，精神渐失，则破灭亦随之。盖使举世惟知识之崇，人生必大归于枯寂，如是既久，则美上之感情漓，明敏之思想失，所谓科学，亦同趋于无有矣。"[3]

这段话非常重要。在一片科学万能、科学全有的科学至上主义思潮中，鲁迅冷静地看到，科学并不能代替一切。"惟知识之崇"即唯科学主义，可能导致人们失去精神世界的重要部分：美与善。科学主义是讲理性的，理

---

① 鲁迅：《文化偏至论》，见《鲁迅全集》第一卷，人民文学出版社 1981 年版，第 57 页。

② 鲁迅：《文化偏至论》，见《鲁迅全集》第一卷，人民文学出版社 1981 年版，第 35 页。

③ 鲁迅：《文化偏至论》，见《鲁迅全集》第一卷，人民文学出版社 1981 年版，第 35 页。

徐悲鸿:《愚公移山》

性诚然是人类文化心理结构的重要组成部分,但人的文化心理结构不只是理性,还有情感、意志等。情感的地位剥夺了,人生必大归于枯寂;意志的地位剥夺了,人生就失去了活力。人生没有了情趣,没有了活力,又有何意义呢? 科学本是有助于人生意义的,然如走到这一步,科学也就趋于无有了。

正因为如此,鲁迅说:

> 故人群所当希冀要求者,不惟奈端已也,亦希诗人如狭斯丕尔(Shakespeare);不惟波尔,亦希画师洛非罗(Raphaele);既有康德,亦必有乐人如培得诃芬(Beethoven);既有达尔文,亦必有文人如嘉来勒(Garlyle)。凡此者,皆所以致人性于全,不使之偏倚,因以见今日之文明者也。[①]

是的,人们需要科学家奈端、波尔、达尔文,需要哲学家康德,但是人们也需要诗人狭斯丕尔(莎士比亚)、画家洛非罗(拉菲尔)、音乐家培得诃芬(贝多芬)、历史学家嘉来勒(卡莱尔)。这里,鲁迅从"致人性于全"的高度将审美作为人类不可或缺的精神需要提出来了。

鲁迅对于西方物质文明给予充分的肯定,但是并不迷信,他指出:"物质也,众数也,十九世纪末叶文明之一面或在兹,而论者不以为有当。"[②] 为

---

① 鲁迅:《文化偏至论》,见《鲁迅全集》第一卷,人民文学出版社 1981 年版,第 35 页。

② 鲁迅:《文化偏至论》,见《鲁迅全集》第一卷,人民文学出版社 1981 年版,第 46 页。

什么不以为"有当"呢？按鲁迅的看法，"盖今所成就，无一不绳前时之遗迹，则文明必日有其迁流，又或抗往代之大潮，则文明亦不能无偏至。"① 这话非常正确，文明是发展的，变化的，也是时有偏至的，为了"抗往代之大潮"，也"不能无偏至"。

鲁迅对于物质主义，有着清醒的认识，这与洋务派一味羡慕西方的坚船利炮完全不一样。

那么，若为今立计，稽求以往，当如何呢？鲁迅说：

> 掊物质而张灵明，任个人而排众数。人既发扬踔厉矣，则邦国亦以兴起。②

这里，鲁迅提出两条：一是掊物质而张灵明，二是任个人而排众数。先看第一条，所谓"掊物质而张灵明"，所谓"掊"，在这里有批判意义，批判不是否定，而是要正确对待物质，打破物质主义的绝对性。鲁迅认为，在物质主义大潮的冲击下，诸凡事物，无不质化，而灵明日以亏损，人的旨趣流于平庸，人唯物质世界是趋，而内在的精神则舍置不之一省。这样，物欲横流，重外轻内，取质遗神，使社会憔悴，进步以停。

鲁迅说的改造社会"首在立人"就立在人的精神上，因此，没有比培植健康的灵魂更重要的了。值得我们注意的是，鲁迅所说的"张灵明"，其"张"也建立在"掊"上，这掊，就是对封建人格的批判。他要张的不是洋务派津津乐道的礼乐文明，而是新的科学观和民主观、新的人生观和世界观。

鲁迅弃医从文，很大程度上就源于此。鲁迅在《呐喊·自序》中谈到的"电影事件"只不过是他弃医从文的一个契机，深层次的原因，是他的"掊物质而张灵明"的思想。不是用别的手段而是用文学的手段去从事"张灵明"的工作，这固然与他的兴趣爱好有关，但包含有对审美的重视。他讲得很清楚："我们的第一要著，是在改变他们的精神，而善于改变精神的是，我那时以为当然要推文艺。"③

---

① 鲁迅：《文化偏至论》，见《鲁迅全集》第一卷，人民文学出版社 1981 年版，第 46 页。

② 鲁迅：《文化偏至论》，见《鲁迅全集》第一卷，人民文学出版社 1981 年版，第 46 页。

③ 鲁迅：《呐喊·自序》，见《鲁迅全集》第一卷，人民文学出版社 1982 年版，第 417 页。

近代，梁启超、蔡元培都对于文艺的重要性有所论述。将他们的论述与鲁迅比较一下，高下立见。梁启超提倡趣味主义、审美人生，由此出发，重视文艺，他的文艺观止于培植健全人格；蔡元培运用康德的现象世界与实体世界沟通论来谈美育，由美育到文艺，其对文艺的重视，同样止于健全人格的培植。而鲁迅不仅把文艺与健全人格的培养联系起来，而且把它与国家、社会的改造联系起来，他说得很清楚："人既发扬踔厉矣，则邦国亦以兴起"。"凡是愚弱的国民，即使体格如何健全，如何茁壮，也只能做毫无意义的示众的材料和看客，病死多少是不必以为不幸的。"① 中国的改造，始于中国人人格的改造，而中国人人格的改造终于整个中国的改造。鲁迅的文艺学、美学从来就不是欣赏游乐的雕虫小技，而是改天换地的惊涛骇浪，是培善育美的春风化雨。

第二节　尊个性而张精神

在"张灵明"的问题上，鲁迅对于人的个性特别重视，也就在他说"掊物质而张灵明"之后说"任个人而排众数"并在此文结束时说"必尊个性而张精神"。②

鲁迅的"尊个性而张精神"来自19世纪的法国的资产级革命思想，在《文化偏至论》中，他介绍这一思想的由来：

法国资产阶级革命，崇尚自由平等，普及国民教育，国民素质有很大的提高，在此背景下，因"久浴文化，则渐悟人类之尊严，既知自我，则顿识个性之价值"③。但是，这种个性主义"一转而之极端之主我"，于是就遭遇社会的反对。是时，"社会民主之倾向，势亦大张，凡个人者，即社会之一分子"，在社会民主势力的排斥下，个性论遭到压制。但是，这种"社会之内，荡无高卑"的社会理想，虽然是好，却不利于社会的发展进步。鲁迅认

① 鲁迅：《呐喊·自序》，见《鲁迅全集》第一卷，人民文学出版社1981年版，第417页。
② 鲁迅：《文化偏至论》，见《鲁迅全集》第一卷，人民文学出版社1981年版，第57页。
③ 鲁迅：《文化偏至论》，见《鲁迅全集》第一卷，人民文学出版社1981年版，第50页。

为,它的流弊"将使文化之纯粹者,精神日益固陋,颓波日逝,纤屑靡存焉"。这样,"物反于极,则先觉善斗之士出矣"。

鲁迅实际上认为,自由平等不应该成为压制个性精神的理由。个性精神的必要性,在于人类社会必须要克服凡庸。而在当时的中国,平等自由远不及个性精神之重要,因为中国社会充满着疲惫、凡庸、虚伪、萎缩、退让,正是从改造中国社会的需要出发,鲁迅积极倡导个性精神。他需要寻找精神的资源。他从19世纪的西方思想界找到了黑格尔、斯蒂纳、克尔凯郭尔、叔本华、易卜生等思想家,而于尼采最为佩服。他在《文化偏至论》中如此介绍尼采:

> 若夫尼佉(尼采),斯个人主义之至雄桀者矣,希望所寄,惟在大士天才;而以愚民为本位,恶之不殊蛇蝎。盖意谓治任多数,则社会元气,一旦可毁,不若用庸众为牺牲,以冀一二天才之出世,递天才出而社会之活动之亦萌,即所谓超人之说,尝震惊欧洲之思想界也。①

尼采崇尚天才,崇尚个性,鼓吹超人,这自然有他的特有背景。而鲁迅的张扬个性,则处于中国特定的社会环境之下,与尼采不一样。鲁迅的崇尚个性,明显地具有反封建的意义。鲁迅说:"个人一语,传入中国未三四年,号称识时之士,多引以为大诟,苟被其谥,与民贼同。"鲁迅这话是在《文化偏至论》中说的。《文化偏至论》发表于1908年,当时辛亥革命还没有发生,然中国已处于大革命的前夕,鲁迅强调个人的价值,其目的正是为了反对封建主义对生命的扼杀,也是对民主平等的吁求。他认为:"既知自我,则顿识个性之价值;加以往之习惯坠地,崇信荡摇,则自觉之精神,自一转而之极端之主我。且社会民主之倾向,势亦大张,凡个人者,即社会之一分子,夷隆实陷,是为指归,使天下人人归于一致,社会之内,荡无高卑。"②"社会之内,荡无高卑",这只有在尊重个性的前提下才能充分实现。

鲁迅在赞颂尼采的文字中,用到了"天才""超人"等概念,其实,天才、

---

① 鲁迅:《文化偏至论》,见《鲁迅全集》第一卷,人民文学出版社1981年版,第50页。
② 鲁迅:《文化偏至论》,见《鲁迅全集》第一卷,人民文学出版社1981年版,第50页。

超人,并不神秘,在鲁迅心目中,就是反抗旧社会的英雄。他由衷地赞美天才,赞美超人:

> 惟超人出,世乃太平。苟不能然,则在英哲。……建说创业诸雄,大都以导师自命,夫一导众从,智愚之别即在斯,与其抑英哲以就凡庸,曷若置众人而希英哲? 则多数之说,谬不中经,个性之尊,所当张大,盖撄之是非利害,已不待繁言深虑而可知矣。①

鲁迅对个性的张扬,明显地借鉴了尼采的天才论。如何评价尼采的天才论那是需要专门论述的另一问题,而就鲁迅来说,他张扬个性,含有呼唤改造世界的英雄的意义。在旧中国,中庸、宽恕、从众,越来越走向一种可怕、可憎的苟且、疲惫、消极、怠惰。中国太需要反潮流的勇士,太需要先知先觉的天才,太需要不同凡俗的狂狷。鲁迅说:"与其抑英哲以就平庸,曷若置众人而希英哲?"②

在《摩罗诗力说》中,鲁迅对英哲的呼唤,得到美学化的张扬。在这篇长文中,鲁迅论述了近代欧洲裴伦(拜伦)、修黎(雪莱)等"立意在反抗,旨归在动作,而为世所不甚愉悦"③的诗人,他称他们为"摩罗诗人"。所谓"摩罗"就是佛教中说的魔鬼,亦即欧洲文化中说的撒旦。鲁迅颂扬这些诗人,其政治意义是反对封建主义;在文艺上是提倡使命意识;在美学上则是标举一种刚健的美、雄强的美。

鲁迅的这一看法,当然是有缺点的,不符合唯物史观。但是,他的出发点是好的,他认为中国社会,固然要发动民众,但费时费力,不若培植英雄、超人,以他们超卓的能力,改造中国,缔造新的中国。鲁迅的英雄史观,1927年后,有了变化。对于工农大众的力量开始有了新的看法,尼采就很少提到了,在1935年写的《中国新文学大系小说二集序》中,称尼采为"世纪末的思想家",就明显地带有贬义了。

---

① 鲁迅:《文化偏至论》,见《鲁迅全集》第一卷,人民文学出版社1981年版,第53页。
② 鲁迅:《文化偏至论》,见《鲁迅全集》第一卷,人民文学出版社1981年版,第52页。
③ 鲁迅:《摩罗诗力说》,见《鲁迅全集》第一卷,人民文学出版社1981年版,第66页。

第三节　生命的路是进步的

1919 年,鲁迅发表了一篇名为《生命的路》的文章,这篇文章可以看作他的生命哲学的宣言,也可以看作他的生命美学的宣言。这篇文章云:

想到人类的灭亡是一件大寂寞大悲哀的事;然而若干人们的灭亡,却并非寂寞悲哀的事。

生命的路是进步的,总是沿着无限的精神三角形的斜面而向上走,什么都阻止他不得。

自然赋与人们的不调和还很多,人们自己萎缩堕落退步的也还很多,然而生命决不因此回头。无论什么黑暗来防范思潮,什么悲惨来袭击社会,什么罪恶来亵渎人道,人类的渴仰完全的潜力,总是踏了这些铁蒺藜向前进。

生命不怕死,在死的面前笑着跳着,跨过了灭亡的人们向前进。

什么是路? 就是从没路的地方践踏出来的,从只有荆棘的地方开辟出来的。

以前早有路了,以后也该永远有路。

人类总不会寂寞,因为生命是进步的,是乐天的。①

鲁迅在这篇文章中概括而又精辟地论述了他的生命观。主要有五点:其一,生命是战斗的;其二,生命是勇敢的;其三,生命是悲壮的;其四,生命是进步的;其五,生命是乐天的。这五点可视为他生命美学的基本原则。

结合鲁迅同一时期在其他文章中所表达的相关论点,鲁迅对于生命之路,还有下列深刻的思想。

一、战斗与文明

鲁迅从人类文明发展史的角度认识战斗的人生。他说,在这个世界

---

① 鲁迅:《生命的路》,见《鲁迅全集》第一卷,人民文学出版社 1981 年版,第 368 页。

上，不可能有"平和"。强谓之平和者，不过战事方已或未始之时。外表平静，然暗流涌动。自然界如此，人类社会也是如此。从文明的发生、发展来看，都离不开战斗。鲁迅说："生民之始，既以武健勇烈，抗拒战斗，渐进于文明矣。"① 由战斗而进入文明，进入文明后还需战斗才能让文明发展。鲁迅深深地感受到历史赋予给他们这代人的神圣使命，多次表示要"自己背着因袭的重担，肩住了黑暗的闸门，放他们到宽阔光明的地方去；此后幸福的度日，合理的做人"②。这里说的"他们"指青年。处"风雨如磐"的中国，面对黑暗的旧势力，鲁迅强调的就是战斗。杭州西湖上雷峰塔的倒掉，他为之作过两篇文章，他庆贺雷峰塔的倒掉，因为这意味着某种诸如"十景病"这样的旧观念的崩塌。鲁迅强调的战斗首先是对旧社会的破坏，但是，破坏不是目的。他高瞻远瞩地说："无破坏即无建设，大致是的；但有破坏却未必即有新建设。""瓦砾场上还不足悲，在瓦砾场上修补老例是可悲的。我们要革新的破坏者，因为他内心有理想的光。"③

二、正视现实

鲁迅特别强调要正视现实，直面人生。从精神上来看，是自欺欺人还是直面人生，首先是一个生命意志问题，是坚强还是脆弱，是勇敢还是胆怯，不惟是一个人而且是一个民族、国家生命力强弱的重要标尺。它是关系一个人或一个民族、国家能否立世、能否发展的大问题。鲁迅坚决反对自欺欺人的态度，反对懦夫的行为。在《论睁了眼看》中，鲁迅一针见血地指出："中国的文人，对于人生，——至少是对于社会现象，向来就多没有正视的勇气。我们的圣贤，本来早已教人'非礼勿视'的了；而这'礼'又非常之严，

① 鲁迅：《文化偏至论》，见《鲁迅全集》第一卷，人民文学出版社 1981 年版，第 66 页。
② 鲁迅：《我们现在怎样做父亲》，见《鲁迅全集》第一卷，人民文学出版社 1981 年版，第 130 页。
③ 鲁迅：《再论雷峰塔的倒掉》，见《鲁迅全集》第一卷，人民文学出版社 1981 年版，第 194 页。

不但'正视'，连'平视''斜视'也不许。"① 古训既然如此，千百年来造就的民族精神也就可知。鲁迅说，现在的青年在体质上，大半是弯腰曲背、低眉顺眼，表示老成的子弟、驯良的百姓。这种凡事怕出头，有事缩回头的态度对于须得解决的问题先是不敢，后便不能，再后自然是不视、不见了。如果说，这种畏事如虎、畏敌如虎的态度能自甘承认，也不失为一种坦白真诚，可怕的是他们还要自视为"英雄"。这"英雄"要说得像，就只有自欺欺人了。鲁迅对这种自欺欺人深恶痛绝。他说："中国人的不敢正视各方面，用瞒和骗，造出奇妙的逃路来，而自以为正路。在这路上，就证明着国民性的怯弱，懒惰，而又巧滑。"② 鲁迅将这种可恶的国民性的危害提到亡国灭种的高度。他的著名小说《阿Q正传》其主题正在此。鲁迅倡导的生命精神首先就在这"敢"字上，敢作敢为，敢笑敢哭，敢爱敢恨，在许多文章中他都谈到了这一点。而在若干的"敢"中，须以敢于正视为前提。鲁迅说："诚然，必须敢于正视，这才可望敢想，敢说，敢作，敢当。倘使并正视而不敢，此外还能成什么气候。"③

三、生命是进步的

鲁迅对生命的认识，其核心是：生命是进步的。尽管前期的鲁迅还不能以历史唯物主义的观点来看待进步，他的主要思想武器还只能是进化论，但在当时的历史条件下还是非常可贵的。鲁迅一个基本的观点就是青年要胜过老年，未来要胜过现在。在著名的小说《狂人日记》中，他喊出"救救孩子！"的呼声。鲁迅痛斥封建礼教残害年轻生命的罪恶，那些顽固的封建遗老"要占尽了少年的道路，吸尽了少年的空气"④。在《现在的屠杀者》这篇杂感中，鲁迅尖锐地批判这些反对改革的复古者："做了人类想成仙；生在地上要上天；明明是现代人，吸着现在的空气，却偏要勒派朽腐的名教，

---

① 鲁迅：《论睁了眼看》，见《鲁迅全集》第一卷，人民文学出版社1981年版，第237页。
② 鲁迅：《论睁了眼看》，见《鲁迅全集》第一卷，人民文学出版社1981年版，第240页。
③ 鲁迅：《论睁了眼看》，见《鲁迅全集》第一卷，人民文学出版社1981年版，第237页。
④ 鲁迅：《四十九》，见《鲁迅全集》第一卷，人民文学出版社1981年版，第338页。

僵死的语言，侮蔑尽现在，这都是'现在的屠杀者'。杀了'现在'，也便杀了'将来'。——将来是子孙的时代。"①

鲁迅对生命的未来是乐观的。他豪迈地说："生命是进步的，是乐天的。"② 他认为"进化的途中总须新陈代谢。所以新的应该欢天喜地的向前走去，这便是壮，旧的类也应该欢天喜地的向前走去，这便是死；各各如此走去，便是进化的路"③。鲁迅坚信光明的未来，坚信他的主义，正是这种坚信，鼓舞他在黑暗时代不屈不挠地战斗。鲁迅说："因为所信的主义，牺牲了别的一切，用骨肉碰钝了锋刃，血液浇灭了烟焰，在刀光火色衰微中，看出一种薄明的天色，便是新世纪的曙光。"④

第四节　论悲剧与喜剧

鲁迅对生命的悲剧性有独到的深刻的理解。死是任何人不可逃避的，观察一个人在这铁定的自然法则面前的态度，最能看出他的人生观。

鲁迅在许多文章中谈到过死的问题。

最能表现鲁迅死亡观的还是《生命的路》。在这篇文章中，鲁迅强调的是两点：一是"人类的灭亡是一件大寂寞大悲哀的事"；二是"不怕死"，"在死的面前笑着跳着，跨过了灭亡的人们向前进"。"大寂寞大悲哀"，这是情感性的，而"不怕死"则理性的。前者，任何人都如此，植根于人的自然本性，而"不怕死"则依仗于对于生命的理念，不是任何人都能做到不怕死的，更不是任何人都能"跨过了灭亡的人们向前进"的。因此，只有"不怕死"才彰显了人作为社会性动物的伟大。

"不怕死"意味着还有比生死更重要的东西，为了这东西，可以将生命付与。

---

① 鲁迅：《现在的屠杀者》，见《鲁迅全集》第一卷，人民文学出版社 1981 年版，第 350 页。

② 鲁迅：《生命的路》，见《鲁迅全集》第一卷，人民文学出版社 1981 年版，第 368 页。

③ 鲁迅：《四十九》，见《鲁迅全集》第一卷，人民文学出版社 1981 年版，第 339 页。

④ 鲁迅："圣武"》，见《鲁迅全集》第一卷，人民文学出版社 1981 年版，第 356 页。

由此,也决定了鲁迅对悲剧的看法。鲁迅在《再论雷峰塔的倒掉》中说:

> 悲剧将人生的有价值的东西毁灭给人看,喜剧将那无价值的撕破给人看。①

鲁迅这两句话,为诸多的美学教科书作为悲剧与喜剧的定义。鲁迅当然无意为美学上的悲剧与喜剧下个定义,他只想表明自己对于生命的两大重要形态——悲剧与喜剧——的认识。

在古希腊,戏剧有悲剧和喜剧两种形态,由此延展到生活,在生活,同样有这样两种形态。生活中的悲剧与喜剧,其本质与戏剧中的悲剧与喜剧是一致的。当这样的形态提升为美学的形态后,它的性质就有某种深刻的规定性。

虽然,悲剧和喜剧的标志是它们的美感效应上的悲与喜,但并非凡悲、凡喜的生活形态或艺术形态就能称得上悲剧与喜剧。那么,它们还有哪些更重要的本质属性?

第一,价值的性质问题。悲剧是"有价值"的,喜剧是"无价值"的。这里的"有""无"不是简单的肯定与否定的意思。"有价值"指的是正价值或好的价值,好的价值是分为诸多层次的,按意义的深广、大小而做分析。"无价值"不是真的无价值,而是价值的丧失或毁灭。

人的生命无疑是有价值的,它的价值是正价值还是负价值,要看这生命是做什么的,这人是如何活着的。当生命遇到生死这样的大限之时,生命的价值立刻显示出来了,民族英雄的英勇战斗及慷慨就义与卖国贼的罪恶生涯及可耻下场,当然不可同日而语。

第二,价值的处置问题。悲剧是"将人生有价值的东西毁灭给人看","毁灭",措辞甚重。"毁灭",一是说明悲剧对象是被人毁灭的,毁灭者应是反面力量;二是说明,"毁灭"在这里,不仅含打击、灭亡义,还含有升华、涅槃义。以生命作为悲剧的付出,那这生命的毁灭,其意义之伟大,就不言

---

① 鲁迅:《再论雷峰塔的倒掉》,见《鲁迅全集》第一卷,人民文学出版社 1981 年版,第 192 页。

而喻了。喜剧是"将那无价值的撕破给人看"，这"撕破"同样措辞不一般的。它同样说明两点：一是喜剧本体是被人撕破的，二是这"撕破"含有揭露的意思，揭开喜剧对象的真面目，让喜剧对象处于尴尬、狼狈的地位。悲剧主体是英雄，其审美效应，既悲又壮；喜剧对象是小丑，其审美效应为可笑，这种笑，含着轻蔑、嘲弄，这是胜利者的笑。

鲁迅的悲剧观和喜剧观具有强烈的战斗性。"将人生的有价值的东西毁灭"，"将那无价值的撕破"，这力重千钧的措辞，说明真善美与假恶丑的斗争，何等惊心动魄！

鲁迅的审美趣味是偏向崇高的。鲁迅所论的悲剧直接通向崇高；他所论的喜剧间接通向崇高，当强大的真善美将假恶丑的真面目一把"撕破"，让其处于无处可容身的境地，其真善美同样是崇高的。

鲁迅的生命哲学的本质是战斗。他说："中国一向就少有失败的英雄，少有韧性的反抗，少有敢单身鏖战的武人，少有敢抚哭叛徒的吊客；见胜兆则纷纷聚集，见败兆则纷纷逃亡。"[1] 这种批判是深刻的，爱之深，才责之切。他是多么希望中华民族能够觉醒，不再怕失败，不再怕挫折，从悲剧中获得力量，从喜剧提高智慧，通过百折不挠的战斗，取得最后的胜利。

鲁迅没有美学的专著，也没有对于美及审美的本质做出分析，但从他对于悲剧与喜剧的精辟论述中，我们可以体会他对于美及审美本质的理解。鲁迅所认为的美，应该就是他在为烈士白莽的《孩儿塔》写的序文中所说的："这《孩儿塔》的出世并非要和现在一般的诗人争一日之长，是有别一种意义在。这是东方的微光，是林中的响箭，是冬末的萌芽，是进军的第一步，是对于前驱者的爱的大纛，也是对于摧残者的憎的丰碑。一切所谓圆熟简练，静穆幽远之作，都无须来作比方，因为这诗属于别一世界。"[2]

这是一种什么样的美？这就是他在《摩罗诗力说》所说的"伟美"："无不刚健不挠，抱诚守真，不取媚于群，以随顺时俗；发为雄声，以起国人之

---

① 　鲁迅：《这个与那个》，见《鲁迅全集》第三卷，人民文学出版社 1981 年版，第 142 页。

② 　鲁迅：《孩儿塔序》，见《鲁迅全集》第六卷，人民文学出版社 1981 年版，第 494 页。

新生,而大其国于天下。"①

这种美"抱诚守真",以真诚真实真理为基础,可谓至真;这种美"起国人之新生,而大其国于天下",以国人的新生、民族的复兴、国家的强大为旨归,可谓至善;而在风格上,它"刚健不挠"、光华灿烂,既是国人不屈意志之反映,更是照亮民族精神之明灯。

第五节　发扬真美,以娱人情

在《摩罗诗力说》中,鲁迅专门谈到了文艺的本质问题。他说:

> 由纯文学上言之,则以一切美术之本质,皆在使观听之人,为之兴感怡悦。文章为美术之一,质当亦然,与个人暨邦国之存,无所系属,实利离尽,究理弗存。故其为效,益智不如史乘,诚人不如格言,致富不如工商,弋功名不如卒业之卷。特世有文章,而人乃以几于具足。英人道覃(E.Dowden)有言曰,美术文章之桀出于世者,观诵而后,似无裨于人间者,往往有之。然吾人乐于观诵,如游巨浸,前临渺茫,浮游波际,游泳既已,神质悉移。而彼之大海,实仅波起涛飞,绝无情愫,未始以一教训一格言相授。顾游者之元气体力,则为之陡增也。故文章之于人生,其为用决不次于衣食,宫室,宗教,道德。②

> 文章之于人生,其为用决不次于衣食,宫室,宗教,道德。盖缘人在两间,必有时自觉以勤劬,有时丧我而倘恍,时必致力于善生,时必并忘其善生之事而入于醇乐,时或活动于现实之区,时或神驰于理想之域;苟致力于其偏,是谓之不具足。严冬永留,春气不至,生其躯壳,死其精魂,其人虽生,而人生之道失。文章不用之用,其在斯乎?③

这段话关于文艺的本质提出一个重要观点:"兴感怡悦"。

"兴感怡悦"应做广义的理解,艺术不同于科学,也不同于道德,它要给

---

① 鲁迅:《摩罗诗力说》,见《鲁迅全集》第一卷,人民文学出版社1981年版,第99页。
② 鲁迅:《摩罗诗力说》,见《鲁迅全集》第一卷,人民文学出版社1981年版,第71页。
③ 鲁迅:《摩罗诗力说》,见《鲁迅全集》第一卷,人民文学出版社1981年版,第71页。

人以一种快感，这种快感可能是甜的，让人在轻松恬静中陶醉；也可能是苦的，然品尝这苦涩能生甘美；它也可能是咸酸苦辣甜五味俱全的，不管情感的内涵是多么丰富、多么复杂，它最后总是将人的情感引向升华，引向超越，引向一种净化的精神境界。

对于价值的理解，鲁迅主张要宽泛。人的任何创造都是有价值的。艺术也有它的价值。鲁迅说："涵养人之神思，即文章之职与用也。"① 这种职用当然不同于衣食、宫室这样的物质职用，也不同于科学、宗教、道德这样的精神职用。科学的职用是求真，给人增加知识，扩大对世界的了解，它是理性的。宗教让人超越红尘，净化灵魂，具有很强的非理性的因素。道德主要是用来约束人的行动，以维护整个社会的安定、健康和发展，道德亦是理性的。这三者与艺术属于一个大类，它们都属于人的精神生活，但是它们的职用有差别，亦不同于艺术。艺术里有真，因而它能增加知识，但通过艺术去获得的知识是有限的，它不能代替科学；艺术里有善，它能净化灵魂，能提高人的道德修养，但它显然不能取代宗教与道德。艺术虽然有很多的用处，在某些方面、在一定程度上，它可以辅翼科学、宗教、道德，但这都不是它的主要职能，它"益智不如史乘，诚人不如格言，致富不如工商，弋功名不如卒业之券"② 。它的职能是"涵养神思"，"人生诚理，直笼其辞句中，使闻其声者，灵府朗然，与人生即会"③ 。在这方面，科学、宗教、道德都不可代替。

兴感怡悦，主要来自中国传统美学。兴感怡悦的核心是情感的愉悦，在这点上，似是没有新的创造，但是，他说的文艺"实利离尽，究理弗存"就明显地来自西方美学了。"实利离尽"，就是康德的审美无功利论；"究理弗存"即康德的审美非概念论。

如此说来，能否得出文艺无益论呢？鲁迅说，不行。他说，他喜欢"观诵"，"观诵"就是审美。"观诵"能获得什么样的感受与精神上的收获呢？

---

① 　鲁迅：《摩罗诗力说》，见《鲁迅全集》第一卷，人民文学出版社 1981 年版，第 71 页。

② 　鲁迅：《摩罗诗力说》，见《鲁迅全集》第一卷，人民文学出版社 1981 年版，第 71 页。

③ 　鲁迅：《摩罗诗力说》，见《鲁迅全集》第一卷，人民文学出版社 1981 年版，第 72 页。

他说,好比在江海游泳,前临渺茫,浮游无际,天地广阔,十分自由。游完之后,"神质悉移",这"悉移"包含诸多精神的升华与快乐。

在这里,鲁迅提出,对于人来说,不能一味以实际功用来看待事物,他说,人其实不是生活在实用之中,而生活在实用与非实用之间:有时自觉而勤勉,有时丧我而惝恍,有时努力干活,有时一味享乐,有时活动于现实之区,有时神驰于理想之域。这就是人!

从人性的需要来谈文艺的"不用之用",实际上是将文艺的本质建构在人性的基础上,它不失另一种深刻。

虽然,文艺有"兴感怡悦""涵养神思"以及诸多的"不用之用",但鲁迅并不太强调这一点,生活在战斗的时代,鲁迅更看重的是文艺的战斗作用,它将这种作用称之为"撄人心"。鲁迅说:

> 诗人者,撄人心者也。①

"撄"不是一般的感应,它是一种激发之力,振奋之力。鲁迅认为诗人好比弹琴的音乐家,"握拨一弹,心弦立应,其声澈于灵府,令有情皆举其首,如睹晓日,益为之美伟强力高尚发扬,而污浊之平和,以之将破。平和之破,人道蒸也"②。

诗以其强劲的撄人心的作用,激发人们去打破平和,推动社会进步。

正是从"诗人者,撄人心者也"这一立场出发,鲁迅赞同"诗言志"的观点,而不赞成诗"持人性情"的观点,其根本原因在诗言志的"志"有一种强劲的生命力量;而"持人性情"的"性情"固然也有生命力,但此力已成了温汤水,实则无力可言了。基于此,鲁迅对中国古代那些"持人性情"的诗评价甚低,认为它们"多拘于无形之囹圄,不能舒两间之真美"。他高度赞扬的是屈原的诗歌,认为那些诗"抽写哀怨,郁为奇文",这诗才是真正"撄人心"的诗。

鲁迅对文艺的精神品格有超越前人的深刻认识,在写于1925年的《论

---

① 鲁迅:《摩罗诗力说》,见《鲁迅全集》第一卷,人民文学出版社1981年版,第68页。
② 鲁迅:《摩罗诗力说》,见《鲁迅全集》第一卷,人民文学出版社1981年版,第68页。

睁了眼看》一文中，他用更为准确的语言表述了他的观点："文艺是国民精神所发的光，同时也是引导国民精神的前途的灯火。"①

鲁迅是深刻的，他相当全面地透视了人的生活，为艺术找到一个合适的位置，实际上也为美找到一个合适的位置，因为艺术的使命归到一点，不就是审美吗？ 鲁迅 1912 年在教育部任职时，为教育部写了一个关于美术教育的文件，他认为美术（art or fine art）有三个要素：一曰天物，即客观的世界；二曰思理，即思想感情；三曰美化。这美化是最重要的，前两个要素都要经过美化，否则就不能成为艺术品。虽然鲁迅在这个文件中，说到美术一些具体的功能，如"美术可以表见文化"，"美术可以辅翼道德"，"美术可以救援经济"等，但是美术的本质是审美，而且这美必须是真美，鲁迅明确地说："顾实则美术诚谛，固在发扬真美，以娱人情。"②

鲁迅的生命美学在后期有所变化，他很少谈生命哲学了。他寻找到了新的思想武器，那就是历史唯物主义。与之相关，他的美学观也有了新的内涵，但是鲁迅并没有完全放弃生命美学，只是对生命的解释不同了。尼采的强力意志悄然改换成阶级斗争。关于美，他更多地从社会生活、从生产、从物质功利而不是从生命意志去考察它的起源与本质。他更自觉地坚持真、善、美的统一，他的美学，从体系上来看，已属于马克思主义的了。

第六节　美是为人而存在的

审美本体问题是美学的核心问题，鲁迅对这一问题的认识，集中在以下三个问题上。

一、文艺起源

关于这一问题，鲁迅前、后期的看法有所不同。鲁迅前期的看法为多元

---

① 鲁迅：《论睁了眼看》，见《鲁迅全集》第一卷，人民文学出版社 1981 年版，第 240 页。

② 鲁迅：《儗播布美术意见书》，见《鲁迅全集》第八卷，人民文学出版社 1981 年版，第 47 页。

论,这以写于 1908 年的《破恶声论》为代表。在这篇文章中,鲁迅提出文艺起源于劳动与宗教。他说:"倘其朴素之民,厥心纯白,则劳作终岁,必求一扬其精神。"[1] 这种"一扬其精神"的方法之一就是吟诗,跳舞。另外,宗教也是文艺的起源之一。鲁迅说:"宗教由来,本向上之民所自建,纵对象有多一虚实之别,而足充人心向上之需要则同然。顾瞻百昌,审谛万物,若无不有灵觉妙义焉,此即诗歌也"。[2] 至于神话,鲁迅认为不仅是宗教的源头,也是艺术的源头。在《中国小说史略》中,他说:"神话不特为宗教之萌芽,美术所由起,且实为文章之渊源。"[3]

1924 年,鲁迅写的《中国小说的历史的变迁》,观点有所变化。他说:"在文艺作品发生的次序中,恐怕是诗歌在先,小说在后的。诗歌起于劳动和宗教。其一,因劳动时,一面工作,一面唱歌,可以忘却劳苦,所以从单纯的呼叫发展开去,直到发挥自己的心意和感情,并偕有自然的韵调;其二,是因为原始民族对于神明,渐因畏惧而生敬仰,于是歌颂其威灵,赞叹其功烈,也就成了诗歌的起源。至于小说,我以为倒是起于休息的。人在劳动时,既用歌吟以自娱,借它忘却劳苦,则到休息时,亦必要寻一种事情以消遣闲暇。这种事情,就是彼此谈论故事,而这谈论故事,正就是小说的起源。——所以诗歌是韵文,从劳动时发生的;小说是散文,从休息时发生的。"[4]

鲁迅在这里说的诗歌发生在小说之前,是很有道理的,这里,他虽然没有谈劳动与宗教二者何为第一性的问题,但突出了劳动的本源作用。

二、美感起源

关于这一问题俄国学者普列汉诺夫给予他很大的启示。普列汉诺夫从社会功利出发分析美感的形式,他认为,形式美的法则诸如韵律、节奏、均衡等,都可以或直接或间接地从生产劳动或人类其他的物质功利活动中去

[1] 《鲁迅全集》第八卷,人民文学出版社 1981 年版,第 32 页。

[2] 《鲁迅全集》第八卷,人民文学出版社 1981 年版,第 30 页。

[3] 《鲁迅全集》第九卷,人民文学出版社 1981 年版,第 19 页。

[4] 《鲁迅全集》第九卷,人民文学出版社 1981 年版,第 312—313 页。

找到根据。普列汉诺夫说："在原始部落那里，每种劳动都有自己的歌，歌的拍子总是十分精确地适应于这种劳动所特有的生产动作的节奏。"① 至于"对称的原则"，普列汉诺夫也是从生产活动的需要去解释的。他说，原始人的"武器和用具仅仅由于它们的性质和用途，也往往要求对称的形式"②。

鲁迅很欣赏普列汉诺夫的这种分析。他在转述普列汉诺夫的观点并做发挥时说："须'从生物学到社会学去'，须从达尔文的领域的那将人类作为'物种'的研究，到这物种的历史底运命的研究去。倘只就艺术而言，则是人类的美底感情的存在的可能性（种的概念），是被那为它移向现实的条件（历史底概念）所提高的。这条件，自然便是该社会的生产力的发展阶段。"③

三、功利与审美孰先孰后。

唯心主义者否认精神是第二性、物质是第一性这一观点。他们认为人类的审美活动与生产活动之间不存在关系，他们感兴趣的是宗教、原始巫术与审美的关系，认为后者产生于前者。普列汉诺夫用原始民族生活的事实已经驳斥了这种观点。他认为生产劳动才是审美的最终根源，而不是原始的宗教、巫术。生产劳动是人类最大的物质功利性活动。它解决的首先是人类的生存问题，其次是发展的问题。审美与功利的关系，不是审美先于功利，而是审美产生于功利。功利先于审美，功利也先于艺术。

鲁迅对普列汉诺夫的观点十分赞成，他认为普列汉诺夫所谈的劳动先于审美、先于艺术是唯物史观的一个根本命题。他说：

> 蒲力汗诺夫之所究明，是社会人之看事物和现象，最初是从功利底观点的，到后来才移到审美底观点去。在一切人类所以为美的东西，就是于他有用——于为了生存而和自然以及别的社会人生的斗争上有着意义的东西。功用由理性而被认识，但美则凭直感底能力而被认识。享受着美的时候，虽然几乎并不想到功用，但可由科学底分析而被发

---

① 普列汉诺夫：《没有地址的信——艺术与社会生活》，人民文学出版社 1962 年版，第 39 页。
② 普列汉诺夫：《没有地址的信——艺术与社会生活》，人民文学出版社 1962 年版，第 43 页。
③ 《鲁迅全集》第四卷，人民文学出版社 1981 年版，第 268 页。

见。所以美底享乐的特殊性,即在那直接性,然而美底愉乐的根柢里,倘不伏着功用,那事物也就不见得美了。并非人为美而存在,乃是美为人而存在的。①

鲁迅言简意赅地概括了审美与功利的关系。他除了表示赞成普列汉诺夫的观点外,还有自己的一些创见。这里,他提出:功利由理性而被认识,而审美则凭直感的能力而被认识。另外,他强调,并非人为美而存在,而是美为人而存在。这些都是普列汉诺夫没有提出来的。普列汉诺夫更多的是从发生学上认识审美与艺术的根底,而鲁迅还从美与艺术的特点上去认识它与功利的区别。这是鲁迅优于普列汉诺夫的地方。

值得我们注意的是,鲁迅说美的愉乐的根柢里"伏着功用",并没有说就是美的根柢就是功用,不这样说,意味着美的愉乐的根柢里还有别的,所有这些内容都为人的需要,人的需要即为人之本。因此,在鲁迅,实际上审美本体是人,而不只是功用。一句话,"美是为人而存在的"。

第七节 真善美的统一

鲁迅后期的美学思想虽然比较地突出社会功利性,但坚持真善美的统一,社会功利性与真实性、审美性的统一。换句话说,他的社会功利性以真实性为基础,最后升华到了美的高度。值得说明的是,鲁迅不是一般地谈真善美的统一,而是在谈艺术创造时谈真善美的统一的。所以他谈的功利性、真实性、审美性均是艺术的功利性、真实性、审美性。

关于真实性,一直是鲁迅所注重的。早在1908年,他发表的《摩罗诗力说》,就强调"真美"。鲁迅早期所谈的艺术真实,侧重于主观情感的真。后期,鲁迅对艺术真实性的认识,无论广度、深度都大大超过前期。他仍然重视主观情感的真,但也很重视客观事实的真,他将这二者水乳相融地结

---

① 《鲁迅全集》第四卷,人民文学出版社1981年版,第269页。

合起来,他说:"无真情,亦无真相也。"①

"真情"与"真相"二者的统一,是鲁迅所理解的艺术真实。无真相当然谈不上真情,但无真情,也谈不上真相。所以艺术的真实是主观与客观的统一。这就与生活真实从根本上划清了界限。生活真实只有客观的真相,并无主观的真情。

除此以外,与新闻真实也划清了界限。不能说新闻真实只有真相没有真情,但新闻真实重在真相,而艺术真实在真情与真相的统一之中,并重在真情。新闻真实要求"实有其事",而艺术可以虚构,只要合情合理就行了。

艺术作品的叙事方式不管是第一人称,还是第三人称,都是作者在说话。艺术的世界是作家、艺术家根据生活真实构造的如同生活的真实,并非生活实有的世界。换句话说,艺术的真实是审美的真实。审美的真实可以没有真事,但绝对不能没有真情。审美真实也有"相",但那"相"是以现实为基础经过审美者情感再创造的形象。它契合审美者的真情,也契合客观事实的真理,因此也可以说是"真相"。

艺术真实有两种情况:一种是现实主义艺术的真实,另一种是浪漫主义艺术的真实。鲁迅谈艺术真实,谈前一种比较多,但后一种也谈到了。比如他谈著名的神魔小说《西游记》:"承恩本善于滑稽,他讲妖怪的喜,怒,哀,乐,都近于人情,所以人都喜欢看! 这是他的本领。"② 这里,鲁迅强调"近于人情",把这看作这类作品真实性的根本标准。他谈《聊斋志异》,说:"花妖狐魅,多具人情,和易可亲,忘为异类。"③ 也是以"近于人情"为真实的。合乎人情的真实,是鲁迅艺术真实的核心。

在艺术真实的创造方面,鲁迅突出强调的是三点:深入生活的体验性,形象塑造的典型性,艺术效果的审美性。

鲁迅认为,作家、艺术家对生活的熟悉程度如何是能否获得艺术真实性的前提。而对生活的熟悉,重在体验。鲁迅对法捷耶夫的《铁流》很推

---

① 《鲁迅全集》第十三卷,人民文学出版社 1981 年版,第 87 页。

② 《鲁迅全集》第九卷,人民文学出版社 1981 年版,第 338 页。

③ 《鲁迅全集》第九卷,人民文学出版社 1981 年版,第 216 页。

崇,其中重要的一点是写得很真实。鲁迅说:"夜袭的情形,非身历者不能描写,即开枪和调马之术,书中但以烘托美谛克的受窘者,也都是得于实际的经验,决非幻想的文人所能著笔的。"[①]他强调作者是个战士,对战斗有深切的体会,这是这部小说之所以让人感到特别真实的关键。"宝贵的文字,是用生命的一部分,或全部换来的东西,非身经战斗的战士,不能写出。"鲁迅曾经有过写红军的想法,但最后没有写,其原因是对红军的生活不熟悉,没有亲身的体验。针对有人对体验的诘难:"写杀人最好是自己杀过人,写妓女还得去卖淫么?"鲁迅说:"不然。我所谓经历,是所遇,所见,所闻,并不一定是所作,但所作自然也可以包含在里面。"[②]

鲁迅非常看重艺术的典型化,艺术的典型化是艺术创造的中心。艺术典型化创造的不仅是艺术的真,也有艺术的善和美。

鲁迅说他"论时事不留面子,砭锢弊常取类型"[③]。这里说的"取类型"就是典型化。其实他不只是写杂文注重将所讽刺的对象典型化,他写小说尤其注重典型化。他小说中的许多人物都是不朽的典型,具有永久的生命力。

鲁迅的艺术典型化常用的手法之一是夸张。他在《什么是讽刺》一文中说:"一个作者,用了精炼的,或者简直有些夸张的笔墨——但自然也必须是艺术地——写出一群人或一面的真实来,这被写的一群人,就称这作品为'讽刺'。"[④]

鲁迅对艺术真实的审美效果是重视的。他认为艺术的真实应让人感到愉快,而不应让人感到憎厌。就选材来说,虽然一般说来,在艺术中没有什么不可以表现的,只是表现的手法有所讲究,但实际上,有些东西是要尽量不在作品中正面表现的,尽管它很真实。"譬如画家,他画蛇,画鳄鱼,画龟,画果子壳,画字纸篓,画垃圾堆,但没有谁画毛毛虫,画癞头疮,画鼻涕,画

① 《鲁迅全集》第十卷,人民文学出版社 1981 年版,第 367 页。
② 《鲁迅全集》第六卷,人民文学出版社 1981 年版,第 227 页。
③ 《鲁迅全集》第五卷,人民文学出版社 1981 年版,第 4 页。
④ 《鲁迅全集》第六卷,人民文学出版社 1981 年版,第 340 页。

大便。"① 这原因很简单,这些东西总是让人产生丑感。

有趣与肉麻也要区分开来,弄不好,将肉麻当成有趣,就糟糕了。鲁迅曾经批评过《二十四孝图》,不仅批评它的内容,也批评它的绘画。他说,老莱子娱亲,尽管说,这是在尽孝道,但做法让人感到肉麻。"孩子对父母撒娇可以看得有趣,若是成人,便未免有些不顺眼。放达的夫妻在人面前的互相爱怜的态度,有时略一跨出有趣的界线,也容易变为肉麻。"② 有趣是美,肉麻就是丑了。

艺术的真实性也不只是关涉到美,还关涉到善。艺术的真实性应该与功利性,或者说倾向性实现统一。事实上,写什么,怎样写,都有个立场问题,观点问题。鲁迅在许多文章中,批评过"十景病""大团圆主义"。这种"十景""大团圆"首先是不真实。中国古代文学,严格说,没有真正的悲剧,因为都要弄一个大团圆的结局。就是《窦娥冤》这样著名的悲剧,其结尾也逃不出平反、伸张正义的老套。这当然是不真实。然而为什么要这样做呢?鲁迅认为根本的还是自欺欺人的劣根性在作怪。

关于美,鲁迅有很多非常精辟的论述。鲁迅重视中国古典美学中"文"与"笔"的区别;"文章"与"文学"的区别。所谓"文"是指有文采的文学艺术作品;所谓"笔",一般指缺乏文采的论说文。"文"是有美感素质的;"笔"是缺少美感素质的。鲁迅1927年在知用中学的讲演中,分析了文学与文章的不同;研究文学的文学家与创作文学的作家不同。"研究是要用理智,要冷静的,而创作须情感,至少总得发点热。"③ 这就说明文学艺术的特质是情感,它正是艺术美的要素。鲁迅重视情感在审美构成中的重要作用,强调作为作家、诗人、艺术家,情感要热烈,要充沛,要真挚。他说:"唱着所是,颂着所爱,而不管所非和所憎;他得像热烈地主张着所是一样,热烈地攻击着所非,像热烈地拥抱着所爱一样,更热烈地拥抱着所憎——恰如赫尔库来斯(Hercules)的紧抱了巨人安太乌斯(Antaeus)一样,因为要折断他的

---

① 《鲁迅全集》第六卷,人民文学出版社1981年版,第620页。
② 《鲁迅全集》第二卷,人民文学出版社1981年版,第340页。
③ 《鲁迅全集》第三卷,人民文学出版社1981年版,第460页。

肋骨。"① 鲁迅虽然对情感的强度、力度非常看重,但是他并不是唯强度、唯力度,他认为作为美的感情,光强度、力度不够,还得经过审美的处理,即经过提炼,使强度、力度都很大的情感更有感染力,更有震撼力。所以他认为"感情正烈的时候,不宜做诗,否则锋芒太露,能将'诗美'杀掉"②。

前面我们谈的情感属于美的内容层面,鲁迅对美的形式层面也是很注重的。他在《汉文学史纲要》中提出"三美"说:"意美以感心,一也;音美以感耳,二也;形美以感目,三也。"③ 这"三美"中,音美、形美是属于形式美方面的

鲁迅是主张真善美三者统一的。他在论及文学批评的标准时说:"我们曾经在文艺批评史上见过没有一定圈子的批评家吗?都有的,或者是美的圈,或者是真实的圈,或者是前进的圈。"④ 这三个圈就是美、真、善。鲁迅是主张将这三个标准都统一起来的。而且在他看来,这三者也是水乳交融不可分的。鲁迅翻译过卢那察尔斯基的《艺术论》,对卢氏关于真善美合一的观点深为赞同。他说卢那察尔斯基在这本书中"所论艺术与产业之合一,理性与感情之合一,真善美之合一,战斗之必要,现实底的理想之必要,执着现实之必要,甚至于以君主为贤于高蹈者,都是极为精辟的"⑤。

鲁迅没有写过美学概论这样的专著,但鲁迅的美学思想,不管在深刻程度方面,还是在丰富程度方面,在中国近代的美学研究成果中都是杰出的。鲁迅的美学思想对 20 世纪后 50 年中国的美学研究也产生了深远而又巨大的影响。

---

① 《鲁迅全集》第六卷,人民文学出版社 1981 年版,第 348 页。
② 《鲁迅全集》第十一卷,人民文学出版社 1981 年版,第 99 页。
③ 《鲁迅全集》第九卷,人民文学出版社 1981 年版,第 354 页。
④ 《鲁迅全集》第五卷,人民文学出版社 1981 年版,第 449 页。
⑤ 《鲁迅全集》第十卷,人民文学出版社 1981 年版,第 326 页。

第十一章
西方美学的传入和美学学科的建立

　　1840年的鸦片战争轰开了中国的大门，闭关锁国的"天朝大国"被迫接受西方国家及近邻日本的丧国辱国的条约，被迫割让中国沿海诸多口岸，西方的大量商品进入中国，与之同时，西方的各种文化也进入中国。为了自强，应对西方及日本的侵略，中国政府被迫采取向西方和日本先进国家学习的态度，向先进国家派遣留学生，学习各种自然科学技术以及各种人文社会科学学说，这些留学生陆续回国，带回的不仅是西方先进的科学技术，而且还有各种人文社会科学学说，这其中就有美学。

　　中国古代也有自己的美学。在长达5000多年的历史发展过程中，也形成了自己的学术体系，但中国并没有美学学科。西方美学作为学科是1750年由德国学者鲍姆嘉通最早构建的，其后经过德国古典主义哲学家的完善，又有英国经验主义美学、法国的新启蒙主义美学以及近现代的欧洲心理学美学等的加入，基本上形成了由美的哲学、审美心理学和艺术社会学三个部分组成的美学体系。这个美学体系进入中国后，为中国学者不同程度地接受，他们也开始构建自己的美学学科，20世纪20—30年代出版了不少冠名为"美学原理"或"美学概要"的学术专著。这些著作的诞生，意味着美学学科在中国得以初步建立。

第一节　西方美学进入日本

中国的美学与日本有着重要的渊源。美学这一概念，在西文为 Aesthetics，意为感性学，当它传到日本时，日本人将它译名为"美学"。中国最早接触的西方美学是日本人已经接受过的西方美学，中国学人将这种美学连同日本人的汉文译名"美学"一并搬到中国。

1868 年，幕府统治被推翻以后，日本进入了具有伟大历史意义的时期，即"明治维新"时期。明治政府实施了一系列改革措施。一方面，采取措施巩固天皇为首的新政权；另一方面，"求知识于世界"，向西方国家学习，积极发展资本主义经济，力争实现民族振兴，摆脱外来压迫，建立近代化的独立国家。其中在思想文化方面，就是推行"文明开化"政策，即用西方资本主义文化改造日本封建文化，大力发展近代教育，培养资本主义建设人才。在这一时期，欧美政治的、经济的、军事的、思想文化的理论都被引进了日本。其中，美学也是在这一时期被引进日本的。

美学的英文是 Aesthetics，它有两个不同维度的理解，作为人的审美观念的理论系统，所有的人类都有自己的美学。从这个维度讲，它不存在发明权的问题。另一个维度是将美学作为一门学科来理解。虽然各个民族都有自己的美学观念体系，但是作为学科，它却是西方学者最早确定下来的，即现在学术界公认的德国哲学家鲍姆嘉通于 1750 年创立的。美学本义为感性学，日本最早将美学学科引入东方。日本在将这门学科引进时，西周、中江兆民和菊池大麓在翻译、介绍西方美学方面做了出色的启蒙工作。

西周发表于明治五年（1872）的《美妙学说》，是东方第一篇美学论文；中江兆民的《维世美学》是东方第一部美学著作。美学学科的名称在日本明治时期经历了一个艰苦的探索过程，刚开始称之为"佳趣论"，直到明治十六年（1883）《维氏美学》出版，才正式以"美学"表述，美学学科的名称才正式确立。

西周是日本近代大启蒙思想家,他精通汉学,熟悉朱子理学,掌握结构归纳法和实证方法论,又曾被幕府派赴荷兰留学,有条件在厚实的传统学问基础上,直接接受西方文化的洗礼,吸收正在风靡欧洲的实证主义理论,以及康德、席勒的哲学思想和美学思想。西周在《百学连环》(1870)中将美学作为"佳趣论"列为哲学的一个分支,给美下的定义是"外形完美无缺者",同时将文章分为语典学、文辞学、语源学和诗学,将诗和音乐、绘画、雕刻、书法统称为"雅艺",强调文艺"不重理而重意趣",并对美、趣味和艺术作出了自己的解释。在这一基础上,他创作了日本第一部独立的美学专著《美妙学说》(1872)。这是西周第一次将美学作为一种学问置于整个学问体系中,给予美学一个独立的位置。在书中,开篇的第一句话是:"哲学之一种为美妙学,与美术相通,穷美术之原理。"[①] 这是世界史上第一次提出"美妙学"。

徐悲鸿:《八骏图》

关于美妙学适用的范围,《美妙学说》一书中是这样写的:

西洋现今是美术中有画学、雕刻术、工匠术,另外诗歌、散文、音乐、书法也属此类,皆适用于美妙学原理,而且舞乐与戏剧也可算作

_____

① [日]神林恒道:《"美学"事始——近代日本"美学"的诞生》,武汉大学出版社 2011 年版,第 42 页。

此类。①

神林恒道认为，虽然目前一般认为"美术"这一译词最早出现于明治六年（1873）维也纳万国博览会举行之际发行的邀请书中，但根据《美妙学说》稿本最后写着"又一月十三日御前演说"，这御前演说的年份，应是明治五年（1872），因此"美术这个词的最早用例应该出现在《美妙学说》中"②。

明治七年（1874）西周出版了《百一新论》。在这本书中，他正式提出美学为善美学的观点。关于西周这一观点的提出，日本美学家神林恒道这样说：

> 西周提出"百教一致"的思想，即"百教趣旨之极意皆归于同一趣意"，他还说可以把构建诸教的根本方法译成哲学（philosophy），在欧洲自古至今哲学都被学者们所论述。并进一步说道："美学属于人性学（anthropology）范畴，被称为善美学。"文中他多次使用"善美能好"的这一词汇，对于这个词汇他是这样解释的：
>
> "善现于形为美，现于事为能，现于物之质则为好。"
>
> 由此可见，他的这个"善美学"的名称是源于古希腊"善美一致"的思想。③

中江兆民与西周不同，他自己没有出版系统的美学专著，只是于1883—1884年翻译出版了维龙的《美学》，即通称的《维氏美学》以及在《一年有余》和《续一年有余》（1901）中，通过阐释维龙美学的观点而零散地抒发了自己对艺术的鉴赏与批评，没有形成自己的体系。但他首次提出了"美学"这个术语，并用它翻译英文"Aesthetics"。

① ［日］神林恒道：《"美学"事始——近代日本"美学"的诞生》，武汉大学出版社 2011 年版，第 44 页。

② ［日］神林恒道：《"美学"事始——近代日本"美学"的诞生》，武汉大学出版社 2011 年版，第 44 页。

③ ［日］神林恒道：《"美学"事始——近代日本"美学"的诞生》，武汉大学出版社 2011 年版，第 42 页。

1877—1880 年，由日本文部省翻译出版的《百科全书》中的美术分册，收录了菊池大麓译的《修辞与文采学》(1879)。该书除了论述修辞学之外，还运用心理学的美学来探讨语言美的分类和效果以及诗的本质和分类等。从此，"美学"一词得到了正式认可，与"美学"相关的讨论此起彼伏，热波不断。而且，日本本土的美学资源也不断得到挖掘和发扬。这样，就不仅出现了"美学"在日本，而且日本的"美学"也开始兴起。

日本明治时期的美学在日本现代化转型过程中起到了积极的思想启蒙和巨大的社会推动作用。同时，它对东方美学的学科建设作出了较大贡献，与美学相关的最基本的术语和概念，如文学、艺术、美术等，都是在明治时期形成的。可以说，它对中国乃至整个东方美学都具有重要的参考意义，起到了重要的桥梁和辅助作用。

第二节　西方美学经日本传入中国

自从 1840 年西方人用大炮轰开了中国封闭的大门以后，100 多年的近代中国，一直都处于"自强御侮"这一历史主题下，人们面临着两种相互矛盾的选择。一方面由于受到西方列强的侵略、欺凌，因而反抗、排斥、抵制西方的各种势力（政治的、经济的、军事的、思想文化的）。另一方面，"天朝王国"的美梦被打碎了，人们看到了西方社会的进步、富强，因而想向它"取经"，学习它的科学技术、法律制度和思想文化。这样，就出现了"西学东渐"。近代中国对西方文化的引入，经历了"夷务"→"洋务"→"西学"→"新学"几种称呼不同的阶段。从贬义性的"夷"到尊重性的"新"，三字之易，反映着深刻的思想变革过程。无数有识之士充分认识了这一点，只有自觉地去学习西方先进的东西，才能达到"为我所用"的目的。因而，他们不断地学习、引进西方先进的科学技术和思想理论。开始大量翻译西方书籍，起初以翻译政治、自然科学为主，后来在梁启超的倡导之下，文学翻译也发展起来。从而，西方的自然科学、政治体制及文化源源不断地向古老的东方帝国涌来。

由于中日两国存在着诸如国际环境、儒教文化的影响、思想逻辑方法等许多相似之处，同时中国在近代初期也存在走日本那样的由改革而实现近代化的道路的可能性（这种可能性只是到戊戌变法失败后才彻底消失了），许多有识之士都东渡日本，向国人介绍西方和日本的思想理论。因而日语起着重要的媒介作用，翻译日本著作，或者通过日语转译西方著作成为一种风潮。

林风眠:《白蛇传》

在这一过程中，美学也由西方传到中国。中国最早的美学先行者如王国维、吕澂、鲁迅、范寿康、陈望道等都曾东渡日本，借助日语来学习西方和日本的美学思想。他们接受了日本"美学"这个提法并开始按照西方美学的模式来写作美学论著和文章，同时在美学的传播和发展过程中，不断地将目光转向本国传统美学资源，从而兴起中国的"美学"。但直到今天，中国美学的体系还是西方的。

1900 年 12 月,王国维在罗振玉的资助及藤田、田岗两位日本教师的帮助下,赴日本东京物理学校学习。留学期间,在罗振玉主办的《教育世界》发表了大量译作,继而成为该刊的主笔和代主编,通过编译并加以自己的论述,介绍了大量近代西方学人及国外科学、哲学、教育学、美学、文学等领域的先进思想。他撰写了《〈红楼梦〉评论》《古雅之在美学上的位置》等美学文章,以及《文学小言》等文艺杂感。从此西方的"美学""美育"等概念以及叔本华、康德、席勒、尼采等人的美学思想、文艺观点,开始为中国人所了解和接受。

王国维的美学观主要是受康德和叔本华的影响。王国维用康德的观点解释美的性质,他说:"美之性质,一言以蔽之,曰:可爱玩而不可利用者是已。虽物之美者,有时亦足供吾人之利用,但人之视为美时,决不计其利用之点。其性质如是,故其价值存于美之自身,而不存乎其外。"① "可爱玩而不可利用者是已",即是康德关于审美超利害关系的另一种说法。他还根据康德的观点来讨论审美范畴,王国维说:"美学上之区别美页也,大率分为二种:曰优美,曰宏壮。自巴克(今译博克)及汗德(即康德——引者注)之书出,学者殆视此为精密之分类也。"② 同时认为任何事物都可以区分为内容和形式两部分。内容是事物的实质所在,与人的功利目的直接相联。形式是事物的外部形象或表现。形式的对称、变化、调和以及多样统一等等,是构成"美之自身"的诸因素。"一切之美,皆形式之美也。就美之自身言之,则一切优美皆存与形式之对称、变化及调和。至宏壮之对象,汗德虽谓之无形式,然以此种无形式之形式,能唤起宏壮之情,故谓之形式之一种,无不可也。就美之种类言之,则建筑、雕刻、音乐之美之存于形式,故不俟论。即图画、诗歌之类之兼存于材质之意义者,亦以此材质适于唤起美情故,故亦得视为一种之形式焉。"③ 同时,王国维接受了康德的影响而提倡天才论。他认为:"美术者,天才之制作也。"

① 《王国维遗书·静安文集续编》第五册,商务印书馆 1940 年版,第 23 页。
② 《王国维遗书·静安文集续编》第五册,商务印书馆 1940 年版,第 23 页。
③ 《王国维遗书·静安文集续编》第五册,商务印书馆 1940 年版,第 23 页。

　　值得注意的是，王国维虽然接受了康德的天才论的影响，但却没有像康德那样把天才绝对化，而是提出"古雅"范畴，并对此补充和发挥，他说："此自康德以来，百余年间学者之定论也。然天下之物，有绝非真正之美术品而又绝非利用品；又其制作之人，绝非必为天才，而吾人之视之也，若与天才之所制作之美术无异者，无以名之名，曰古雅。"[①] 王国维在其美学论文《古雅之在美学上的位置》中，不仅提出了古雅，还提出了"眩惑"这一美学范畴，并对"眩惑"作了发挥。他认为眩惑这一特性在一切美的形式、种类之中，是普遍存在的。王国维说："夫优美与壮美，皆使吾人离生活之欲，而入于纯粹之知识者。若美术中而有眩惑之原质乎，则又使吾人自纯粹之知识出，而复归于生活之欲。……眩惑之与优美及壮美相反对，其故实存于此。"[②]

　　总之，在中国近代美学史上，王国维最早引进和运用西方美学新观念、新方法、新标准并对之作了发挥。而且他还自觉运用这些新观念、新标准来批评中国的古典小说、诗词、戏曲乃至书画并取得了卓越的成果。这种对中国文艺旧传统的批判，具有重要的启蒙意义，产生了深刻的影响，以至于没过十几年就发展为"五四"前后的"文学革命"新思潮。

　　1904 年 9 月，在东京弘文学院求学的鲁迅来到仙台医学专门学校学习，1906 年 10 月离开仙台弃医从文。他在弃医从文之后的 1907—1908 年撰写的论文主要有《人之历史》《科学史教篇》《文化偏至论》《摩罗诗力说》等。尤其是《摩罗诗力说》这一篇论文，系统地介绍了 19 世纪浪漫主义的重要诗人拜伦、雪莱、普希金、密支凯维支、莱蒙托夫、斯洛伐茨基、裴多菲等的创作思想。"凡立意在反抗，指归在行动，而为世所不甚愉悦者悉人之"，他们的作品，"大都不为顺世和乐之音，动吭一呼，闻者兴起，争天抗俗，而精神复深感后世人心，绵延至于无已。虽未生以前，解脱而后，或以其声为不足听；若其生活两间，居天然之掌握，辗转而未得脱者，

① 《王国维遗书·静安文集续编》第五册，商务印书馆 1940 年版，第 22—23 页。
② 《王国维遗书·静安文集续编》第五册，商务印书馆 1940 年版，第 44 页。

则使之闻之，固声最雄桀伟美者矣。"① 这种诗歌美学反对静观无为的美学、超功利的美学，代表了一种新的美学精神即怀疑、挑战、反抗、破坏、永远斗争、永不妥协、不怕失败。鲁迅渴望的是行动美学，是魔鬼般的力与崇高之美。基于此，鲁迅无情地批判了中国传统美学，彻底否定了传统美学"中庸""和谐""平和""完备"的审美理想，反对传统诗学用"诗无邪"的伦理教化来约束"诗言志"的艺术冲动。认为这扼杀了人的自由性情和创造精神，而只能使民族精神委顿，丧失生命力，最终使国家走向衰落。

鲁迅美学思想的核心，主要是受尼采的思想影响。认为只有少数的天才人物才使社会改革、进步，这些天才人物能洞观人生真理，能争天拒俗，因而能兴邦救国。在五四运动前夕至 20 世纪 20 年代后期，鲁迅接受了日本厨川白村的思想影响，翻译了厨川白村的代表作《出了象牙之塔》和《苦闷的象征》。他说："作者据柏格森一流的哲学，以进行不息的生命力为人类生活的原本，又从弗罗特一流的科学，寻出生命力的根柢来，用以解释文艺——尤其是文学。然与旧说又小有不同，柏格森以为未来不可测，作者则以诗人为先知，弗罗特归生命的根柢于性欲，作者则云其力的突进与跳跃。这在目下同类的群书中，殆可以说，既异于科学家似的专断和哲学家的玄虚，而且也并无一般玄学论者的繁碎。作者自己就很有独创力，于是此书也就称谓一种创作，而对于文艺，即多有独到的见地和深切的会心。"②

鲁迅虽"苦闷"，但并不消极，而是"立意在反抗，指归在行动"，坚持主张"为人生而艺术"，把文艺实践同革命斗争完全结合在一起。可以说，鲁迅美学是他对旧世界最深沉的悲愤、最彻底的怀疑和最无情的批判，是当时时代最进步、最健康的美学。

---

① 《鲁迅全集》第一卷，人民文学出版社 1981 年版，第 65 页。
② 《苦闷的象征引言》，见《鲁迅全集》第十卷，人民文学出版社 1981 年版，第 232 页。

第三节　中国美学学科的初步构建

与王国维、鲁迅不同，吕澂、范寿康、陈望道等中国美学先行者们着力开设美学学科的理论建构，并卓有成效。

齐白石：《虾》

1915年，吕澂20岁时曾自费到日本学习美术，专攻美学。"五四"前夕，陈独秀、胡适发动了"文学革命"运动。吕澂积极拥护这场运动，写成了著名的《美术革命》，他说："革命之道何由始？曰阐述美术之范围与实质，使恒人晓然美术所以为美术者何在，其一事也。阐明有唐以来绘画雕刻建筑之源流理法（自唐世佛教大盛而后，我国雕刻与建筑之改革，亦颇可观，惜无人研究之耳。），使人恒知我国固有之美术如何，此又一事也。阐明欧美美术之变迁，与夫现在各新派之真相，使人恒知美术界大势之所趋向，此又一事也。即以美术真谛之学说，印证东西新旧各种美术，得其真正之是非，而使有志美术者，各能求其归宿而发明光大之，此又一事也。使此数事尽明，则社会知美术正途所在，视听一新，嗜好渐变，而后陋俗之徒不足辟，美育之效不难期矣。"①吕澂不仅如此说，他也是如此做的，他对西方美术史的研究、介绍，对西方美学思想的积极传播，就是最好的证明，主要美学著作有《美学概论》《美学浅说》《现代美学思潮》《西洋美术史》以及同美学有关的《色彩学纲要》等。

　　吕澂的美学思想，主要受德国立普斯和摩伊曼的影响。他最先接受了立普斯（Lipps）的观点，以立普斯的"移情"说（即依赖自己内省的经验解释一切问题，是一种纯粹心理学的美学）为模式，撰写了《美学概论》，其后又接受了摩伊曼（Meumann）的"美的态度"说（即主张不仅从心理学角度研究美感经验，同时还要从社会学的角度研究艺术作品同社会的关系及其社会价值意义，要把两个方面结合统一起来），撰写了《美学浅说》《现代美学思潮》等。在吕澂看来，美感的产生，主要取决于主体是否有一种"美的态度"，而不在于客观对象是什么。有了"美的态度"，艺术品是美，花木草石，飞禽走兽……世上可见的一切，也无一不是美。"我们用'美的态度'鉴赏艺术品固然辨得一种艺术，用同样态度去对待人事，自然也没有什么不是艺术。反之，如果不抱着'美的态度'，那末即使是艺术品，也和一般的物品没有什么不同。"②同时他认为美感与创作二者是密不可分地联系在一起的。他说："美感是孕育，创作便是结果，他们仍然一气。"③

　　范寿康于 1913 年留学日本，先后就读于东京第一高等学校、东京帝

① 《新青年》第 6 卷第 1 号（1919 年 1 月）
② 吕澂：《美学浅说》，商务印书馆 1931 年版，第 37 页。
③ 吕澂：《美学浅说》，商务印书馆 1931 年版，第 28 页。

国大学文学部,1923年获教育与哲学硕士学位。他的美学著述,除了《美学概论》外,还有《艺术之本质》《原美》等。范寿康的美学观点是受立普斯影响的结果。他认为,美既不是客观对象,也不是主观思想、意志,而是主观作用于客观的一种经验。因而,"我们既不能单由感觉自身来规定他,我们也不能单由客观的对象来规定他。……我们现在只能说美的经验,与其他经验同样,乃成立于主观与客观之对立的关系上面。那末,我们不能不于这主观与客观两者关系内找出美的特殊性。除此而外实无他法。"① 所谓"美的经验"是由"美的对象"和"美的态度"两方面构成的。而"美的对象"是指物象本身符合"美的形式原理","有唤起我们快感的性质"者。"美的形式原理"主要有三:一是"多样的统一",这是最基本的;二是"通相分化的原理",即有一种共同的因素把各个不同的部分统一起来,使之符合"平衡的法则";三是"君主从属的原理",即物象的各个部分不仅要从属于"通相",还要从属于部分中的某一部分。当然,仅具有以上的形式原理,并不就是美,还必须有主体方面的"美的态度",即必须有主体的感情移入到对象中去,使符合形式原理的物象有了生命活动和人格精神。"所谓感情移入,是指把我们的感情移入物象,然后再把这一感情看作物象本身所有的感情这一件事而言。我们在美的对象里面能够找出生命或人格都是根据这感情移入的。"② 感情移入有两大障碍:一是用概念思维临诸世界,所以物象皆成为"死物";二是以自己的利害为标准看待世界,因此把握不了对象的"生命"。所以美是一种直觉或表现。"普通的人们往往以为艺术作品就是美的对象。他们以艺术作品四字来分别美的经验和其它的经验。……就是说,美的经验始于艺术作品之感觉,终于艺术作品之判断。"③ 其实,这种见解是错误的,因为他们忽略了"美的态度"即"感情移入"的方面。所以,我们平时所说的"艺术作品"并不是"美的对

---

① 范寿康:《美学概论》,商务印书馆1927年版,第12页。
② 范寿康:《美学概论》,商务印书馆1927年版,第42页。
③ 范寿康:《艺术之本质》,商务印书馆1930年版,第1页。

象"，而"不过是构成美的对象的材料罢了"①，从这个意义上说，艺术作品和任何事物的表象并没有什么区别，都是构成美的对象的一种材料。再进一步说，"艺术作品"也不是"艺术"，"艺术"乃是一种表现，一种美的观照活动，即直觉活动。

吕澂、范寿康等通过学术著作，向国人进一步介绍了西方和日本美学，同时也初步建立起了中国的美学学科理论框架，对美学在中国的发展和中国美学的发展起了重要的推动作用。与此同时，马克思主义美学也开始传入中国大地。

1915 年，陈望道赴日本留学，先后在东亚预备学校、早稻田大学、东洋大学、中央大学攻读 4 年，结识了日本著名进步学者河上肇、山川均等。陈望道的美学思想最初也是受了立普斯的影响，他于 1927 年出版的《美学概论》，就是以立普斯的"移情"说为主要的理论出发点，同时又注意吸取众家之长。他把美学研究的对象分为：一是美；二是自然、人体、艺术；三是美感、美意识。这三个方面六项内容又以艺术为中心。所谓"艺术"就是"制作和欣赏"，制作是发表，欣赏是受纳，制作就是要表现美、自然、人体；欣赏必然产生美感和美意识，所以用"艺术"即可概括美学研究的对象。而艺术活动即"制作和欣赏"之所以可能，主要是因为有"感情移入"这一事实。"所谓感情移入，也称移感，即投入感情于对象中的意思"，"断言没有实际的感情移入终究是不切实际的"。② 当然，"感情移入"并不决定于主观方面，还需要客观对象具有某种形式美的因素。他说，"所谓美者都是从具象的直观的对象经由感觉所呈的特殊的形式和内容所生的静观的愉悦的心境"③。具象性、直观性、静观性、愉悦性，乃是美或审美的四大特征；以此把审美活动和其他活动区别开来。

后来，他全身心地投入到新文化运动中进而在俄国十月革命的影响

---

① 范寿康：《艺术之本质》，商务印书馆 1930 年版，第 2 页。

② 陈望道：《美学概论》，见《陈望道文集》第 2 卷，上海人民出版社 1979 年版，第 67、68 页。

③ 陈望道：《美学概论的批评和批评》，见《陈望道文集》第 1 卷，上海人民出版社 1979 年版，第 467 页。

下，开始信仰马克思主义。他于 1928 年翻译了青野季吉的《艺术简论》，从经济结构及社会的技术水平决定艺术的这一观点出发考察了从原始社会至近代资本主义社会的艺术发展历史，这个观点和马克思的经济基础决定上层建筑是一致的。20 世纪 30 年代他接受了卢那卡尔斯基的影响。他在卢氏的《实证美学的基础》译序中说："在美学中有两个人的美学最为我所爱读：一个是立普斯；一个是卢那卡尔斯基。他们的立脚点虽则不同，但都含有精明的见解，可供研究艺术以至研究一般文化的人们的参考。"可以说，陈望道是中国马克思主义美学研究的先驱，马克思主义美学开始进入中国大地。

从日本传入美学，只是美学进入中国的一条途径，这一途径只是在中国近代早期有着特殊重要的作用，但事实上，美学进入中国的途径是很多的。瞿秋白等中国共产党人从苏联带回了马克思主义美学，还有俄国革命民主主义者的美学；蔡元培等人从欧洲带回德国古典主义美学、英国经验主义美学等。可以说，至 20 世纪 20—30 年代，西方所有重要的美学均已进入中国。几乎与此同时，各种中国人自己写的美学著作，如雨后春笋般出现在中国的图书市场上，其中主要有：吕澂《晚近的美学学说和美学原理》（教育杂志社 1925 年版）、《现代美学原理》（商务印书馆 1931 年版）、《美学浅说》（万有文库 1931 年版）；范寿康《美学概论》（商务印书馆 1927 年版）；华林《艺术文集》（上海大光书局 1927 年版）；徐庆誉《美的哲学》（世界学会 1928 年版）；李安宅《美学》（上海世界书局 1934 年版）；丰之恺《艺术趣味》（上海开明书店 1934 年版）、《绘画与文学》（开明书店 1934 年版）、《艺术漫谈》（人间书屋 1933 年版）；李石岑《李石岑论文集》第一辑（北京商务印书馆 1924 年版）；徐蔚南《生活艺术化之是非》（世界书局 1927 年版）；邓以蛰《艺术家的难关》（古城书社 1928 年版）；徐朗西《艺术与社会》（上海现代书局 1932 年版）；徐懋庸《怎样从事文艺修养》（三江书店 1936 年版）、《艺术漫谈》（人间书屋 1936 年版）；梁实秋《偏见集》（正中书局 1934 年版）；潘大道《诗论》（上海商务印书馆 1924 年版）；马仲殊《文学概论》（现代书局 1930 年版）；王森然《文学新论》（上海光华书店1930年版）；赵景深《文学概论》；洪毅然《艺术家修养论》（粹华印刷所1936年版）；戴岳《美与人生》（上海商务印书馆1923年版）；朱光潜《给青年的十二封信》（上海开明书店1929年版）、《变态心理学派别》（上海开明书店1930年版）、《谈美》（上海开明书店1932年版）、《变态心理学》（上海商务印书馆1933年版）、《悲剧心理学》（斯特拉斯堡大学出版社1933年版）、《文艺心理学》（上海开明书店1936年版）。

第十二章

宗白华的美学思想

宗白华（1897—1986），原名宗之櫆，祖籍浙江杭州，出生于安徽安庆。1916年升入大学医学预科，但他无意学医，而把主要精力用于研读德国文学和哲学。1918年从同济学校毕业后参与发起"少年中国学会"的工作，负责编辑学会刊物《少年中国》。1920年赴德国留学，1925年学成回国，受聘为南京东南大学（后改名中央大学）哲学系副教授、教授，1952年院系调整后调入北京大学哲学系。

宗白华是中国现代美学史上的一代宗师。早期曾深研西方哲学美学尤其是德国康德、叔本华、歌德等人的思想，基本美学思想可以概括为生命美学，这种生命美学为西方近代生命美学与中国古代生命美学的统一。他的人生美学、艺术美学均是这种生命美学的实践。这两者中，以艺术美学研究最有成绩。对于中西艺术的异同，他有着深刻认识，代表时代的最高水平。特别值得注意的是，他将中国艺术的重要范畴——"境界"用到全球艺术理论中去，认为"境界"理论适用于全球艺术。

宗白华美学思想主要建构于20世纪20、30年代，这里评介他这个时期的美学思想。

第一节　关于"美"的本质认识

关于美,宗白华并没有做哲学性的概括,然而,在不少言论包括艺术化的言论中,他表达了他对美的看法。

一、美与生命

宗白华认为"宇宙是无尽的生命"①。美就在这生命。他说:

> 什么叫做美?……"自然"是美的,这是事实。诸君若不相信,只要走出诸君的书室,仰看那檐头金黄色的秋叶在光波中颤动,或是来到池边柳树下看那白云青天在水波中荡漾,包管你有一种说不出的快感。这种感觉就叫做"美"。②

这种显现在大自然中的美,宗白华突出强调的是动态的美。为什么要强调"动"呢?宗白华有两条理由:其一,物即是动,动即物,不能分离。这种动象,积微成著,瞬息万变,不可捉摸。这就是自然的真相。自然是无时无刻不在动的。其二,动是生命的表示。生命的本质就在于动。宗白华这两条理由很能见出他的美学本体论。第一条实际上是强调美在"真";第二条是强调美在"生"。这"真"与"生"在这里是统一的,"真"统一于"生"。

"生命"概念是什么。宗白华没有专门论述这个问题。但是我们可以从一些有关的论述来揣摩。宗白华在谈自然美时说:"你试看那棵绿叶的小树。他从黑暗冷湿的土地里向着日光,向着空气,作无止境的战斗。终竟枝叶扶疏,摇荡于青天白云中,表现着不可言说的美。一切有机生命皆借物质扶摇而入于精神的美。"③这里谈的是小树的美,这小树美在哪里呢?"枝叶扶疏,摇荡于青天白云中",这是它外形的美,然这外形并不是孤立

---

① 宗白华:《美学与意境》,人民出版社1987年版,第112页。
② 宗白华:《美学与意境》,人民出版社1987年版,第56页。
③ 宗白华:《美学与意境》,人民出版社1987年版,第56页。

的，它由内在的精神所决定。这精神指什么呢？指它"从黑暗冷湿的土地里向着日光，向着空气，作无止境的战斗"。小树的这种战斗精神就是它的生命。宗白华认为，"一切有机生命皆凭借物质扶摇而入于精神的美"。可见，在宗白华看来，生命的本质在于精神。

这就很清楚，宗白华对美的本质的看法则是：美在生命，生命在精神，故美在精神。

问题是这"精神"是什么的精神，按理，只有人才有精神，可是宗白华又明明说"自然始终是一切美的源泉"①，自然界是"无往而不美"的，那是不是说自然是精神的呢？按宗白华的哲学，是这样的。宗白华说："这大自然的全体不就是一个理性的数学、情绪的音乐、意志的波澜么？一言以蔽之，我感到这宇宙的图画是个大优美精神的表现。"②

自然哪来的"理性"，哪来的"情绪"，哪来的"意志"？是移情所致？宗白华不谈移情，他认为，自然本就有生命。宗白华的自然生命论有多个来源：第一，叔本华的"生命意志"说。叔本华视世界的本质为生命意志，不仅人有意志，整个自然界都有意志，意志"它呈现于一株或千百万株橡树，都是同样彻底的"③。宗白华年轻时受叔本华哲学影响很深，1917年他在《丙辰》发表哲学处女作《肖彭浩哲学大意》，赞赏叔本华的生命哲学。第二，宗白华对歌德的泛神论美学观非常推崇，宗白华的《流云小诗》就体现出这种泛神论的美学观。比如，他的《深夜倚栏》："一时间，觉得我的微躯，是一颗小星，莹然万星里，随着星流。一会儿，又觉着我的心，是一张明镜，宇宙的万星，在里面灿着。"这种自然生命与人的生命一体的美学观与移情说是完全不同的，移情说认为自然是没有生命的，因人将感情移入，方才有感情。泛神论则不这样看，泛神论认为自然本就是有感情的，它与人一样。人的生命与自然的生命是贯通的，宗白华谈到歌德的人生时说："当他纵身于宇宙生命的大海时，他的小我扩张而为大我，他自己就是自然，就

① 宗白华：《美学与意境》，人民出版社1987年版，第57页。
② 宗白华：《美学与意境》，人民出版社1987年版，第56页。
③ [德]叔本华：《作为意志和表象的世界》，商务印书馆1982年版，第189页。

是世界,与万有为一体。"① 这种人是小宇宙,自然是大宇宙的观点,来自德国莱布尼茨的宇宙观。莱布尼茨认为宇宙中活跃着许多的精神原子,他称之为"单子",每个单子都是一个独立的宇宙。宗白华认为歌德的生活与人格就是这样一个单子。

宗白华认为美在于生命,这生命的感性表现则是"动"。"动"显示生命的活力。"大自然有一种不可思议的活力,推动无生界以入于有机界,从有机界以至于最高的生命、理性、情绪、感觉。这个活力是一切生命的源泉,也是一切'美'的源泉。"②

进一步要问"活力"又是什么?宗白华认为它是不可思议的,但其本质是"创造"。他说:"我自己自幼的人生观是相信创造的活力是我们生命的根源。"③ 这就是说,宇宙中有一种本能的活力,是它创造了世界。这种对宇宙创造能力的赞颂又分明来自柏格森的生命哲学。宗白华明确地说:"柏格森的《创化论》中深含着一种伟大入世的精神,创造进化的意志。最适宜做我们中国青年的宇宙观。"④

二、美与形式

宗白华一方面认为美在"无穷的生命,丰富的动力",另一方面又认为美在"严整的秩序,圆满的和谐"⑤。这二者的关系何在呢?可以这样理解:宗白华说的"生命""动力"是美的内容,"秩序"是美的形式,"和谐"是美的总体性质。

宗白华对美的形式十分看重,这在他关于艺术美的论述中尤其明显。宗白华说:"美是丰富的生命在和谐的形式中。"⑥ 这句话可看作宗白华为美

---

① 宗白华:《美学与意境》,人民出版社 1987 年版,第 71 页。
② 宗白华:《美学与意境》,人民出版社 1987 年版,第 56 页。
③ 宗白华:《美学与意境》,人民出版社 1987 年版,第 56 页。
④ 宗白华:《读柏格森〈创化论〉杂感》,《时事新报》1919 年 11 月 12 日。
⑤ 宗白华:《美学与意境》,人民出版社 1987 年版,第 112 页。
⑥ 宗白华:《美学与意境》,人民出版社 1987 年版,第 113 页。

下的定义。"生命""形式""和谐"三个要素都有了。

形式是宇宙固有的要素。"宇宙(Cosmos)这个名词在希腊就包含着'和谐、数量、秩序'等意义"①。毕达哥拉斯以数为宇宙的原理,他发现音的高度与弦的长度成整齐的比例,一面是数的永恒定律,一面是美的音乐,于是他认为美即是数,数是宇宙的中心结构,是宇宙的最重要的秘密。作为音乐来说,它一面植根于人的心灵深处,一面又体现出宇宙活动的秩序。它的旋律、节奏是数的关系的具体显现。因此,"音乐是形式的和谐,也是心灵的律动,一镜的两面是不能分开的。心灵必须表现于形式之中,而形式必须是心灵的节奏,就同大宇宙的秩序定律与生命之流动演进不相违背,而同为一体一样"②。艺术是个小宇宙,自然是大宇宙,换句话说,自然也如同艺术,有它的内容与形式,其内容与形式是和谐的,不可分的。"宇宙间含有创造一切的定律与形式。"③定律是生命活动的定律,形式是生命创造的形式。

第二节　关于人生美的认识

宗白华用他的生命美学来认识人生。他认为人生亦是一个宇宙,是大宇宙的一个部分,亦是大宇宙的缩影。人生的要义无疑是创造,这正是宗白华所肯定的。他认为,歌德人格的中心是无尽的生活欲与无尽的知识欲,这无尽的生活欲和知识欲就是创造。创造不是空的、抽象的,它必然会显示在一种形式之中。如果生命的创造能够体现在和谐的形式之中,它就是美的。宗白华说"歌德人生的问题,就是如何从生活的无尽流动中获得谐和的形式,但又不要让僵固的形式阻碍前进的发展"④。

---

① 宗白华:《美学与意境》,人民出版社 1987 年版,第 109 页。
② 宗白华:《美学与意境》,人民出版社 1987 年版,第 109 页。
③ 宗白华:《美学与意境》,人民出版社 1987 年版,第 75 页。
④ 宗白华:《美学与意境》,人民出版社 1987 年版,第 74 页。

宗白华认为："生命与形式,流动与定律,向外扩张与向内收缩,这是人生的两极,这是一切生活的原理。"① 这就牵涉到两个问题:一是生命与形式的关系问题;二是小我与大我的关系问题。

一、生命与形式

关于生命与形式的关系,宗白华认为二者是密不可分的,离开一定的形式,生命不会存在,而形式如果是生命的形式当然不能离开生命。生命的发扬、前进,必定体现为生命形式的变化。"一部生命的历史,就是生活形式的创造与破坏。"② 然生命与形式不可分,但并不等于生命能自然地找到与它和谐的形式。正因为如此,"歌德的人生问题,就是如何从生活的无尽流动中获得和谐的形式"③。

生命与形式的关系,在人生与在自然是不同的。在自然,生命与形式的和谐是非自觉的,是天然的,不存在寻找与选择的问题。而在人生,由于主体是有思想情感的人,他对于自己的生活,无论其内容、形式都要进行寻找与选择,而这种选择并不是自由的,要受到许多条件的限制,这样,主体与客体之间就会产生种种矛盾、冲突。人生的喜怒哀乐究其根本原因就在这里。宗白华说:"人生飘堕在滚滚流转的生命海中,大力推移,欲罢不能,欲留不许。这是一个何等的重负,何等的悲哀、烦恼。"宗白华认为歌德所塑造的浮士德的形象其意义就在于敢与命运做顽强的抗争。这种抗争的实质就是希望自己人生的内容能获得与这内容所需要的形式。宗白华用歌德的《浮士德》来说明这一问题。他说:"浮士德情愿拿他的灵魂的毁灭与魔鬼打赌,他只希望能有一个瞬间的真正的满足,俾他可以对那瞬间说:'请你暂停,你是何等的美啊!'"④ 这里,用了一个概念——"美"。在浮士德,生命愿望的实现即是生命内容与生命形式的统一,就是"真正的满足",这

---

① 宗白华:《美学与意境》,人民出版社 1987 年版,第 71 页。
② 宗白华:《美学与意境》,人民出版社 1987 年版,第 73 页。
③ 宗白华:《美学与意境》,人民出版社 1987 年版,第 74 页。
④ 宗白华:《美学与意境》,人民出版社 1987 年版,第 73 页。

个满足,就是人所企盼的"美"。

二、小我与大我

关于小我与大我的关系,实质是人与自然的关系。所谓"向外扩张"就是小我扩大为大我;所谓"向内收缩"就是大我收缩为小我。宗白华谈歌德时说:"当他纵身于宇宙生命的大海时,他的小我扩张而为大我,他自己就是自然,就是世界,与万有为一体。他或者是柔软地像少年维特,一花一草一树一石都与他的心灵合而为一。"①宗白华这种小我与大我合一的哲学来自歌德的泛神论。

生命,不管是小我的生命,还是大我的生命,都以和谐为美。宇宙是和谐的,它既有无尽的生命,又有严整的秩序。人"当以宇宙为模范,求生活中的秩序与和谐,和谐与秩序是宇宙的美,也是人生美的基础"②。

三、执中

那么,怎样实现这种和谐呢? 宗白华提出"执中"。这"执中"并非来自中国古代的中庸之道,而是亚里士多德的思想。宗白华说:"达到这种美的道路,在亚里士多德看来是'执中'、'中庸'。但是中庸之道并不是庸俗一流,并不是依违两可、苟且折中。乃是一种不偏不倚的毅力、综合的意志,力求取法乎上、圆满地实现个性中的一切而得和谐。所以中庸是'善的极峰',而不是善与恶的中间物。"

这种"中庸"是以充分展示生命的力度为前提的,它不是简单地将两个对立物调和,而取其中。比如,大勇是怯弱与狂暴的执中,但它不愿向怯弱靠拢,而是宁愿近于狂暴。人的一生,青年时血气方刚,偏于粗暴;老年时过分考虑,偏于退缩。唯中年时刚健而又温雅,方是中庸。宗白华非常推崇中年的美。他认为中年,"它的以前是生命的前奏,它的以后是生命的尾

---

① 宗白华:《美学与意境》,人民出版社 1987 年版,第 71 页。
② 宗白华:《美学与意境》,人民出版社 1987 年版,第 112 页。

声,此时才是生命丰满的音乐。这个时期的人生才是美的人生,是生命美的所在"①。

宗白华以和谐为美,这种审美趣味是古典主义的,他赞扬古希腊的审美理想。希腊人看人生,采取一种静穆观照的态度,"他是一切都了解,一切都不怕,他已经奋斗过许多死的危险。现在他是态度安详不矜不惧地应付一切"。

这种古典的美既是内容与形式的统一,又是小我与大我的统一,同时还是真与善的统一,故而,宗白华说:"美是丰富的生命在和谐的形式中。美的人生是极强烈的情操在更强毅的善的意志统率之下。"②

宗白华生活的时代是近代心理学美学泛滥的时期,然宗白华却很少受其影响,而更多地倾向于德国古典哲学的审美趣味,德国古典哲学的审美理想基本上是属于古希腊的,康德、黑格尔、文克尔曼、歌德都推崇古希腊的美。宗白华是那样地推崇德国的这些哲学家,自然深受其影响,因此,他以古希腊的和谐说为立论的依据,是很自然的。

第三节　关于艺术美的认识

宗白华对艺术的看法与他的生命美学密切相关。实际上,宗白华的艺术观是他的生命美学的一个重要的组成部分。

艺术是艺术家的创造,它有两个要素:心灵,形式。所谓艺术创造,从本质上来说,就是心灵如何最好地、最富有魅力地表现在形式之中。宗白华说:

> 心灵必须表现于形式之中,而形式必须是心灵的节奏,就同大宇宙的秩序定律与生命之流动演进不相违背,而同为一体一样。③

这就是说,艺术也是一个宇宙,它如同大宇宙一样,是生命与形式的

① 宗白华:《美学与意境》,人民出版社1987年版,第113页。
② 宗白华:《美学与意境》,人民出版社1987年版,第113页。
③ 宗白华:《美学与意境》,人民出版社1987年版,第109页。

统一。

艺术作品作为生命与形式的统一，宗白华将它命名为"境界"。他说：

> 一个艺术品里的形式的结构，如点、线之神秘的组织，色彩或音韵之奇妙的谐和，与生命情绪的表现交融组合成一个"境界"。每一座巍峨崇高的建筑里是表现一个"境界"，每一曲悠扬清妙的音乐里也启示一个"境界"。①

"境界"本是中国古典美学的范畴，宗白华将它用到这里，显然是将这一范畴国际化了，或者说是对"境界"做新的解释，使这一范畴不仅能解释中国古代艺术的现象，而且能解释所有民族、各个时代的艺术现象。在中国古典美学，境界侧重于心造的含义，梁启超说："境者，心造也。"②唐代刘禹锡说"境生象外"③，基本上奠定了"境"在中国古典美学中的品格。这就是说，与"象"相比较，"境"比较空灵虚幻，所谓"象外之象""味外之旨"。境界在中国美学中本也包含有生命的含义，它是情与景的统一，但它这方面的含义只是作为题中应有之义，并未加以强调。宗白华在将境界作为一个艺术学的最普遍范畴使用时，则将这方面的含义突出强调了。

艺术作为境界，有三个问题很值得深入探讨。

第一，艺术的形式组织。尽管艺术境界的意蕴是生命，但众所周知，生命首先是客观地、现实地存在着的，它就体现为人的各种活动，艺术之所以有别于日常的人的活动，艺术中的生命之所以有别于现实的生命，最为重要的是因为艺术中的生命是体现在一种特有的形式之中的。一定的形式组织对于艺术十分重要。宗白华说，艺术家在从事艺术创造时，凭着对人生对宇宙最为虔诚的"爱"与"敬"去深入感受生活，在感官直观的现实情境中领悟人生与宇宙的真境，再借感觉界的对象表现这种真实。"但感觉的境界欲作真理的启示须经过'形式'的组织，否则是一堆零乱无系统的印

---

① 宗白华：《美学与意境》，人民出版社 1987 年版，第 114 页。
② 梁启超：《自由书·惟心》。
③ 刘禹锡：《董氏武陵集记》。

陈师曾：《水墨山水图轴》

象。"① 宗白华还说："艺术家往往倾向于以'形式'为艺术的基本,因为他们的使命是将生命表现于形式之中。"②

不同的艺术品种有不同的形式结构,正是这种形式结构使得艺术获得了不同于现实的美的品格,使平凡的现实进入美境,具体来说,形式的作用有三项:其一,美的形式组织所具有的"间隔"作用。宗白华认为,美的对象之第一步需要间隔,图画的框、雕像的石座、舞台的帘幕乃至观景的窗,都起一种间隔作用。间隔在一定时空中的情景往往是美的,甚至可以说,"美的境界都是由各种间隔作用造成"③。艺术的形式组织使一片自然或人生的内容自成一独立的有机体形象,引动我们对它能有集中的注意、深入的体验。经过如此间隔的艺术尽管展现的生活场景亦如现实,但实已与现实无功利关系,"艺术是要人静观领略,不生欲心的"。它"超脱于实用关系之上,自成一形式的境界,自织成一个超然自在的有机体"④。其二,艺术形式组织的"构图"作用。宗白华认为艺术的形式组织能使片景孤境组成一内在自足的境界,无待于外而自成一意义丰满的小宇宙,启示着宇宙人生更深一层的真实。其三,艺术形式组织的"由美入真"的作用。宗白华认为这是形式最后与最深的作用。艺术形式它不仅化实相为空灵,为我们制造一个独立自足的小宇宙,以独特的美的魅力陶醉我们,而且,它能让我们在美的欣赏、迷醉之中,去深入领略"真"的伟力。宗白华说:

> 每一个伟大时代,伟大的文化,都欲在实用生活之余裕,或在社会的重要典礼,以庄严的建筑、崇高的音乐、阂丽的舞蹈,表达这生命的高潮、一代精神的最深节奏。(北平天坛及祈年殿是象征中国古代宇宙观最伟大的建筑)建筑形体的抽象结构、音乐的节律与和谐、舞蹈的

---

① 宗白华:《美学与意境》,人民出版社1987年版,第116页。
② 宗白华:《美学与意境》,人民出版社1987年版,第108页。
③ 宗白华:《美学与意境》,人民出版社1987年版,第149页。
④ 宗白华:《美学与意境》,人民出版社1987年版,第116页。

线纹姿式，乃最能表现吾人深心的情调与律动。①

这就是艺术的伟大作用，它虽然无关实际生活，却同样显示出生命的意义，正如《庄子》一书中说的"大而无用"的樗树，在惠子看来，"其大本臃肿，而不中绳墨，其小枝卷曲而不中规矩，立之涂，匠者不顾"。然在庄子看来，这顶天立地的大樗却是用处很大。他说："今子有大树，患其无用，何不树之于无何有之乡，广莫之野，彷徨乎无为之侧，逍遥乎寝卧其下，不夭斤斧，物无害者，无所可用，安所困苦哉！"艺术正是这样的"无用之用"②。

第二，艺术的价值结构。关于艺术的价值，宗白华认为至少有三种：艺术的第一种价值是形式的价值，就主观感受而言，即为"美的价值"。宗白华认为，人类在生活中所体验的境界与意义，如用逻辑体系来表示，是哲学与科学；如在人生的实践行为、人格心灵里表达出来，是道德与宗教。"但也还有那在实践生活中体味万物的形象，天机活泼，深入'生命节奏的核心'，以自由谐和的形式，表达出人生最深的意趣，这就是'美'与'美术'。"③宗白华进一步指出："美与美术的特点是在形式、在'节奏'，而它所表现的是生命的内核，是生命内部最深的动，是至动而有条理的生命情调。"④艺术的第二种价值是抽象的价值，就客观言，为"真的价值"，就主观感受而言，是"生命的价值"，这种生命的价值，宗白华又解释为"生命意趣之丰富与扩大"。宗白华对"真"的理解显然不取自西方哲学，而取自中国的古典哲学。西方的哲学传统，将"真"看成真理；中国的古典哲学才将"真"主要理解成生命。中国古典哲学中的"道""太极"都可看作生命本体。宗白华认为艺术不是机械的摄影而是以象征的方式提示人生情景的普遍性，通过艺术，我们可以体验人生的意义。"艺术的里面，

---

① 宗白华：《美学与意境》，人民出版社 1987 年版，第 149 页。

② 《庄子·逍遥游》。

③ 宗白华：《美学与意境》，人民出版社 1987 年版，第 148 页。

④ 宗白华：《美学与意境》，人民出版社 1987 年版，第 148 页。

不只是'美'，且饱含着'真'。"① 这种"真"的呈露，使艺术欣赏者，周历多层的人生境界，扩大胸襟，以至于与人类的心灵合为一体，这样，艺术的"真的价值"已升华到艺术的第三种价值，即"启示的价值"了。这"启示的价值"，到底是什么，宗白华借清代大画家恽南田对一幅画景的描述来说明。恽南田说："谛视斯境，一草一树、一丘一壑，皆洁庵灵想所独辟，总非人间所有。其意象在六合之表，荣落在四时之外。"宗白华说这几句话真说尽了艺术所启示的最深的境界。首先，它说明艺术的境象是幻象，它出自艺术家的"灵想"，并不是生活本身，但它显示出的真实却高出于生活，现实生活总是在一定时空之中，而艺术的真实却可以是超时空的，所谓"其意象在六合之表，荣落在四时之外"。显然，艺术显示的真实是宇宙本体的真实。宗白华说："艺术同哲学、科学、宗教一样，也启示着宇宙人生最深的真实。"② 这"最深的真实"就是宇宙本体的真实。在这点上，艺术与哲学、科学、宗教没有什么不同，只是艺术显示真实的方式是幻想与象征，它不直接诉诸人的理智而诉诸人的直觉与情感。也就是说它以美入真。

从字面上看，宗白华对艺术价值的认识似乎比较重视美与真，而忽视善。其实善并没有被忽视掉，宗白华说的"抽象的价值"就包含善。所谓"生命的价值""人生的意义"难道不是善？宗白华对艺术价值的认识很大程度上受中国道家哲学的影响，特别是他谈艺术的"启示价值"，简直就像在谈道家的"体道"。

第三，艺术境界与生命境界。宗白华关于艺术境界与生命境界的关系有很精彩的认识。宗白华认为，生命境界广大，包括着经济、政治、社会、宗教、科学、哲学。这一切都可以反映在文艺里，可见艺术的境界是生命境界的反映，但是"文艺不只是一面镜子，映现着世界，且是一个独立的自足的形相创造。它凭着韵律、节奏、形式的和谐、彩色的配合，成立一个自己

---

① 宗白华：《美学与意境》，人民出版社 1987 年版，第 126 页。
② 宗白华：《美学与意境》，人民出版社 1987 年版，第 126 页。

的有情有相的小宇宙。这宇宙是圆满的、自足的，而内部一切都是必然性的，因此是美的"①。艺术的境界虽然是独立自足的，但并不是与外界封闭绝缘的，它"从左邻'宗教'获得深厚热情的灌溉"，又"从右邻'哲学'获得深隽的人生智慧、宇宙观念，使它能执行'人生批评'和'人生启示'的任务"。②

人生是可以有各种不同的境界的，宗白华说，因人与世界接触的层次不同，可以有五种境界：功利的境界、伦理的境界、政治的境界、学术的境界、宗教的境界。这五种境界，各有其特殊的追求。功利境界主于利，伦理境界主于爱，政治境界主于权，学术境界主于真，宗教境界主于神。至于艺术境界，"介乎后二者的中间，以宇宙人生的具体为对象，赏玩它的色相、秩序、节奏、和谐，借以窥见自我的最深心灵的反映；化实景而为虚境，创形象以为象征，使人类最高的心灵具体化、肉身化，这就是'艺术境界'。艺术境界主于美"③。

宗白华早在 20 世纪 40 年代就认识到，文艺立根在一定时代的经济、政治土壤里，必然受到时代的生产力状况和政治状况的影响。他说："文艺站在道德和哲学旁边能并立而无愧。它的根基却深深地植在时代的技术阶段和社会政治的意识上面，它要有土腥气，要有时代的血肉，纵然它的头须伸进精神的光明的高超的天空，指示着生命的真谛，宇宙的奥境。"④ 这种看法已经接近历史唯物主义了。

第四节　关于艺术人生的认识

宗白华治美学关注艺术，也关注人生。他提出依据真实的宇宙观，建

---

① 宗白华：《美学与意境》，人民出版社 1987 年版，第 227 页。
② 宗白华：《美学与意境》，人民出版社 1987 年版，第 227 页。
③ 宗白华：《美学与意境》，人民出版社 1987 年版，第 210 页。
④ 宗白华：《美学与意境》，人民出版社 1987 年版，第 228 页。

立科学的艺术的人生观。艺术人生观即人生美学,它与艺术美学同为美学的两翼。

什么叫艺术的人生观?宗白华说:

> 艺术人生观就是从艺术的观察上推察人生生活是什么,人生行为当怎样? [1]

由于艺术的本质是审美的,从艺术的观察上推察人生,也就是从审美上推察人生。宗白华对这个问题有过很多论述。他最为推崇的艺术人生的典范,一是中国的晋人,在《论〈世说新语〉和晋人的美》中,宗白华满怀深情地赞赏晋人的艺术人生;另是德国的歌德。宗白华说歌德对人生的启示是多方面的。"歌德是世界的一扇明窗,我们由他窥见了人生生命永恒幽邃、奇丽广大的天空!" [2]

宗白华的艺术人生观集中体现为人生的态度。概括来说,有如下几个方面:

第一,"同情"的态度。宗白华非常看重这种同情的生活态度。他说:"艺术的生活就是同情的生活呀,无限的同情对于自然,无限的同情对于人生,无限的同情对于星天云月、鸟语泉鸣。无限的同情对于死生离合、喜笑悲啼。" [3] 同情不仅指以情感的态度看待世界,而且指以爱的态度对待世界。"同情是社会结合的原始,同情是社会进化的轨道,同情是小己解放的第一步,同情是社会协作的原动力。"同情如此重要,但在实际生活中,由于各种利害关系的制约,人们很难得做到同情。艺术超功利的审美性质,使得它在和同人的情感方面具有特殊的优越性。宗白华说:"真能结合人类情绪感觉的一致者,厥唯艺术而已。" [4] 艺术的目的就是融社会的感觉与情绪于一致。中国古代有"乐教",其用心也是让人们在音乐的欣赏中,实现情感

---

① 宗白华:《美学与意境》,人民出版社 1987 年版,第 33 页。

② 宗白华:《美学与意境》,人民出版社 1987 年版,第 66 页。

③ 宗白华:《美学与意境》,人民出版社 1987 年版,第 14 页。

④ 宗白华:《美学与意境》,人民出版社 1987 年版,第 15 页。

的交流,达到心意的一致。宗白华认为艺术的同情作用不仅"谋社会同情心的发展与巩固",而且,能够让人类的同情心向外扩张到整个宇宙。这样,就会觉得全宇宙就是一个大同情的社会组织。大自然的一花一草都充满了爱意,这个世界就是美的世界了。

第二,"把玩"的态度。"把玩"包含两方面的意思:一是超出功利的欣赏的态度;二是细细领悟其深层意义的态度。宗白华举了一个例子:有一次黄昏的时候,他走到街头一家铁匠铺门首,看见黑漆漆的店里,一堆火光耀耀,映着一个工作的铁匠,那情景仿佛是一幅荷兰画家的画稿。宗白华深为这情景而感动,心里充满艺术的思想,继而想到人生的问题,"黄昏片刻之间,对于社会人生的片段,作了许多有趣的观察,胸中充满了乐意,慢慢走回家中,细细玩味我这丰富生活的一段"。这种"玩味观察"显然不同于一般的观察,它是审美的。

晋人的人生态度在某种意义上可以说是艺术的人生态度。宗白华认为:"晋人以虚灵的胸襟、玄学的意味体会自然,乃能表里澄澈,一片空明,建立最高的晶莹的美的意境!"① 这里,宗白华特别看重心境的虚灵,只有以虚灵的心境待物,才能对物持一种超功利的把玩的态度。晋人风神潇洒,不滞于物,这优美的自由心灵找到一种最适合于表现他自己的艺术,这就是书法中的行草。王羲之的行草就是晋人自由心灵的最好的象征。晋人不仅意趣超越,心如朗月,而且对人对物都"一往情深"。正是这一往情深,保证了晋人的人生态度既潇洒出尘,又蔼然在世。宗白华认为,"晋人之美,美在神韵(人称王羲之的字韵高千古)。神韵可说是'事外有远致',不沾滞于物的自由精神(目送归鸿,手挥五弦)。这是一种心灵的美,或哲学的美,这种事外有远致的力量,扩而大之可以使人超然于死生祸福之外,发挥出一种镇定的大无畏的精神来"②。宗白华对晋人的美的论述可以看成是他的艺术人生观的一种表达。

---

① 宗白华:《美学与意境》,人民出版社 1987 年版,第 186 页。
② 宗白华:《美学与意境》,人民出版社 1987 年版,第 191 页。

第三，"美化"的态度。宗白华认为艺术的人生观就是把我们的人生"当作一个高尚优美的艺术品似的创造，使他理想化、美化"①。艺术的创造总是在一定的理想包括人生理想、审美理想的指导下进行的。艺术作品既是现实生活的反映，更是艺术家人生理想、审美理想的表达。既然"艺术创造的手续，是悬着一个具体的优美的理想，然后把物质的材料照着这个理想创造去，我们的生活，也要悬一个具体的优美的理想，然后把物质材料照着这个理想创造去。艺术创造的作用，是使他的对象协和，整饬，优美，一致。我们一生的生活，也要能有艺术品那样的协和，整饬，优美，一致。总之，艺术创造的目的是一个优美高尚的艺术品，我们的人生的目的是一个优美高尚的艺术品似的人生"②。看来，艺术的人生态度不只是把玩人生，而是要按照美的理想去创造人生。"创造"在宗白华的美学中具有重要的意义，在宗白华看来，艺术的本质在创造，生命的本质亦在创造。

第四，"超然入世"的态度。既是"超然"，又是"入世"，这正是典型的审美态度。宗白华关于此种态度有透彻的论述。他说："超世而不入世者，非真能超然者也。真超然观者，无可而无不可，无为而无不为，绝非遁世，趋于寂灭，亦非热中，堕于激进，时时救众生而以为未尝救众生，为而不恃，功成而不居，进谋世界之福，而同时知罪福皆空，故能永久进行，不因功成而色喜，不为事败而丧志，大勇猛，大无畏，其思想之高尚，精神之坚强，宗旨之正大，行为之稳健，实可为今后世界少年，永以为人生之标准者也。"③宗白华这种"超然入世"说，显然吸取了中国古代道家的人生观，但没有道家的遁世思想；它将儒家重进取的进步思想融会进来，成为一种富有美学意味的人生哲学。

不难看出，宗白华的艺术人生观核心是重进取、重创造。它将狭隘的个人的功利消去，却赢得了最大的社会的功利；它不以具体的成败为标准，

① 宗白华：《美学与意境》，人民出版社 1987 年版，第 33 页。
② 宗白华：《美学与意境》，人民出版社 1987 年版，第 33—34 页。
③ 宗白华：《美学与意境》，人民出版社 1987 年版，第 10 页。

却获得了永久的动力；它不以目的为全部价值所在，而将无限的乐趣寄寓过程之中。创造与审美融为一体，必然与自由实现统一。这种人生哲学充满蓬勃的生机，富于青春气概，这正是宗白华倾心的"少年中国"的精神哲学啊！

第十三章

中国新美学的奠基人——朱光潜

　　中国的古典美学体系发展到清代已经完全成熟,成熟固然是好事,但与之相应的是,在新的社会条件特别是全球化大潮的背景下,中国传统美学缺乏足够的活力,难以适应时代的需要、社会的需要。五四运动前后,王国维、梁启超、蔡元培等美学家提出的一些美学主张,批判了传统的正统美学,奏响了现代美学变革与建设的序曲,但是,他们对传统美学尚存深深的

朱光潜

眷恋，他们基本上立足于对传统美学的自我反思，着眼于对传统美学的查漏补缺，目的还是进一步发展完善传统美学。直到 20 世纪 30 年代朱光潜从西方留学回来，自觉地构建中国新美学才真正地开始了。

中国新美学的构建，诸多学者都有贡献，成就最大的为朱光潜。

朱光潜（1897—1986），安徽桐城人，出身于书香门第，自幼受到良好的中国传统文化的教育和熏陶，国学基础深厚而且扎实。据他的自述，幼时他凭听父辈诵读《诗经》，就将这样一部中国文化的经典背下来了。在人们的认识中朱光潜后来的事业以西方美学见长，但不可忽视的是，如果没有深厚的中国文化基础，朱光潜不能真正吸取西方美学精华，更不可能创造具有中国特色的美学体系。

1918 年朱光潜考取香港中文大学，打下坚实的英文基础和心理学基础。1925 年，他考取官费留学资格，入英国爱丁堡大学，学习西方哲学、心理学、生理学、文学、艺术等。1929 年，朱光潜转入伦敦大学，专攻文艺心理学；继后去法国巴黎大学学习，获巴黎大学博士学位。拿到博士学位后，朱光潜自认为西学尚有不足，于是又去他最景仰的大文豪歌德的母校法国斯特拉斯堡大学学习。朱光潜在英、法、德三个国家留学八年，沉潜西方人文科学、自然科学精髓。在 20 世纪的中国，于西方文化领悟之深、涉猎之广者，可以说莫过于朱光潜。

朱光潜在西方美学的介绍上，用功甚巨，代表性的译著有黑格尔的《美学》（三卷）、维柯的《新科学》、柏拉图的《文艺对话录》、莱辛的《拉奥孔》、奥克曼的《歌德谈话录》等。朱光潜的学术代表作有《文艺心理学》《诗论》《悲剧心理学》《变态心理学》《西方美学史》等。虽然朱光潜没有写出一部名为"中国新美学"的专著，但从他所有著述中，完全可以清理出一部"中国新美学"来。

第一节　审美哲学

哲学的根本问题是如何看待作为主体的人与作为客体的自然的关系，

落实在主体的认识上则为主体的心与客体的物的关系。朱光潜的审美哲学所要处理的关于美的本质问题正是在这一问题上展开。朱光潜在这一问题上的认识实现了中西美学的融会。

朱光潜美学的核心观点是"美不仅在物,亦不仅在心,它在心与物的关系上面;但这种关系并不如康德和一般人所想象的,在物为刺激,在心为感受,它是心借物的形象来表现情趣。世间并没有天生自在,俯拾即是的美,凡是美都要经过心灵的创造"。"在美感经验中,我们须见到一个意象或形象,这种'见'就是直觉或创造;所见到的意象恰好传出一种特殊的情趣,这种'传'就是表现或象征;见出意象恰好表现情趣,就是审美或欣赏。创造是表现情趣于意象,可以说是情趣的意象化;欣赏是因意象而见情趣,可以说是意象的情趣化。美就是情趣意象化或意象情趣化时心中所觉到的一个'恰好'的快感。"①

这一观点,有四个关键词:情趣、形象、意象、创造。四者的关系是,情趣与形象分别来自心与物,是创造将情趣借形象而表现,这心借物,这物现心,就是创造。这创造是心灵的创造,朱光潜说,也可以说是直觉。朱光潜的这一思想,主要来自西方美学,有克罗齐的直觉说,鲍桑葵的使情成体说,克乃夫·贝尔的"有意味的形式"说,等等②。那么,这一观点就只是来源于西方美学吗?不是的。《文艺心理学》论述此观点时,朱光潜特意从中国美学中寻找例子。比如,他在阐述"创造"时,说:"自然中无所谓美,在觉自然为美时,自然就已告成表现情趣的对象,就是已经是艺术品。比如,欣赏一棵古松,古松在成为欣赏对象时,决不是一堆无所表现的物质,它一定变成一种表现特殊情趣的意象或形象。这种形象并不是一件天生自在,一成不变的东西。……各人所欣赏到的古松的形象其实是各人所创造的艺术品。……古松好比一部词典,各人在这部词典中选择一部分词出来,表现它所特有的情思,于是有诗,这诗就是各人所见的古松的形象。

---

① 《朱光潜美学文集·文艺心理学》第一卷,上海文艺出版社 1982 年版,第 153 页。
② 克罗齐认为,美"是成功的表现",鲍桑葵说"情感表现于现象,于是有美",克乃夫·贝尔说,美是"有意味的形式"。苏珊·朗格的"情感形式"说,也可以归属于此类。

你和我都觉得这棵古松美,但是它何以美,你和我所见到的却各不相同。一切自然风景都可以作如是观。"① 这里的阐述,完全是中国化的,是当代人的审美实践,他就以欣赏古松这样普通不过的自然审美作为例子,将他的"创造"概念说清楚了,原来,创造作为构建审美意象(美)的必需过程,它具有多个特点,如:心灵的,个体的,情趣对象化的。除此以外,朱光潜还从中国古典美学寻找例子,就在上面所引那段谈古松审美的文字之后,他又说:"陶潜在'悠然见南山'时,杜甫在见到'造化钟神秀,阴阳割分晓'时,李白在觉得'好看两不厌,惟有敬亭山'时,辛弃疾在想到'我见青山多妩媚,青山见我应如是'时,都觉得山美,但是山在他们心中所引起的意象和所表现的情趣都是特殊的。"② 如此阐释,朱光潜在这里不是在介绍西方美学,而是在谈中国美学,事实上,朱光潜建构的美学,就是既能让中国

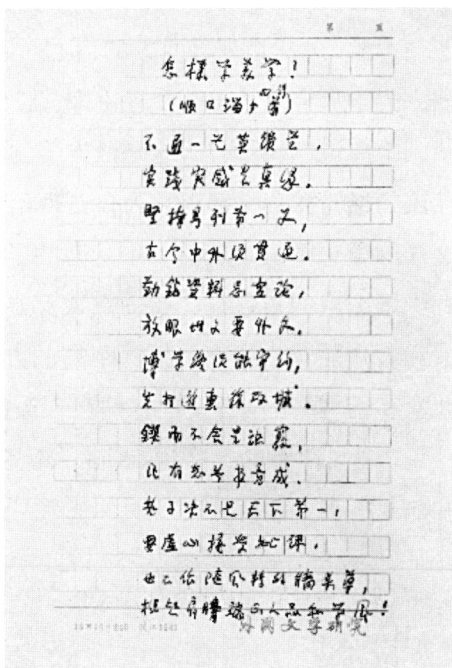

朱光潜手稿

①　《朱光潜美学文集·文艺心理学》第一卷,上海文艺出版社 1982 年版,第 154 页。
②　《朱光潜美学文集·文艺心理学》第一卷,上海文艺出版社 1982 年版,第 154 页。

人接受又能让西方人认同的全球美学。

朱光潜的美学思想在中国美学中可以找到大量的印证。明代谢榛有情景说，说"作诗本乎情景，孤不相成，两不相背"①，又说，"诗有四格，曰兴，曰趣，曰意，曰理"②。作为美的存在，其意象的几个因素均说到了，只是情如何化成景，意趣如何化成形象，说得不够透。王夫之则将情与景融合的过程说透了，他说："含情而能达，会景而生心，体物而得神，则自有灵通之句，参化工之妙。"③ 含而达，会而生，体而得。这几个字将心物关系说得十分透辟。经过如此心物应会、交感、互化，情与景实现了高度的统一，用王夫之的话来说，就是"景中生情，情中含景""妙合无垠"，这就是朱光潜说的"情趣的意象化"。

朱光潜不仅在基本观点的建构上融合了中西文化，在着重阐释西方美学观点时，也能尽可能地运用中国美学、中国艺术的理论、材料。虽然读者明白，这一理论是来自西方的，但是中国美学也有同样的思想，只是没有像西方美学那样总结出一个理论来，比如，距离说、移情说、联想说等。比如，谈到距离说，众所周知，这是西方美学的主干理论，德国的大陆理性派美学、英国的经验派美学都以它为自己理论基础，这一理论，确实中国没有，但是，这样的思想中国是有的。朱光潜举了大量的中国美学例子，他说："古希腊和中国旧戏的角色往往戴面具或穿高跟鞋，表演时用歌唱的声调。一般戏台和观众隔开。这都是推远距离的方法。"④ 又说，"《红楼梦》所写的全是儿女私情，可是作者要把它摆在'金玉姻缘'一个神秘的轮廓里面"。如此一说，中国读者触类旁通，原来，距离说是审美的普遍规律，属于全人类，并非西方美学独有。

---

① 北京大学哲学系美学教研室：《中国美学史资料选编》下册，中华书局 1981 年版，第 112 页。

② 北京大学哲学系美学教研室：《中国美学史资料选编》下册，中华书局 1981 年版，第 111 页。

③ 北京大学哲学系美学教研室：《中国美学史资料选编》下册，中华书局 1981 年版，第 277 页。

④ 《朱光潜美学文集》第一卷，上海文艺出版社 1982 年版，第 34 页。

值得我们注意的是,在建构美的哲学美学体系时,朱光潜也直接采纳中国古代美学已经成熟的概念、范畴、命题,比如,关于美的类型,他就用"刚性美""柔性美"这样的概念。在这里,不是用中国例子来说明中国的理论,而是用西方的例子来印证中国的理论。《文艺心理学》中,朱光潜单设"刚性美与柔性美"一章,其意义不同寻常。

基于人类具有共同的心理,在审美心理上,人类共同之处甚多。朱先生的《文艺心理学》能够以大量的中国古典诗词来印证、阐释西方人建立的审美心理学,就是明证。

艺术建立在审美心理之上,因此,各民族的艺术相同或相通的地方也是很多的。但是,艺术的问题远较审美的问题复杂。艺术就像是花,这花是什么样子不仅决定于这开花的树是一棵什么样的树,而且决定于这树的生存环境,因此,可以说,艺术是人类精神之花。在审美心理上,人类具有较多的相通之处,似乎难以见出差异性,然而当这种审美心理与其他诸多因素共同培育出艺术来,这差异性就出来了,而且差异非常之多,可以从各个不同的维度去辨析。民族性,是差异之一。艺术又有诸多品种之别,各品种艺术,其见出的差异性又不一样。相比较其他意识形态,人类的主体性在艺术中体现得最为突出、最为感性、最具震撼力。主体性有多种意义,人类的、民族的、国家的、阶级的、阶层的、个体的……无疑,就审美来说,民族的主体性最为重要。

第二节 中国诗学

诗学一直是朱光潜关注的重点。《诗论》是他的美学代表作之一,1943年由重庆国民图书出版社出版。

1984 年,三联书店出版此书的修订版时,他在后记中说:"在我过去的写作中,自认为用功较多,比较有点独到见解的,还是这本《诗论》。我在这里试图用西方诗论解释中国古典诗歌,用中国诗论来印证西方诗论;对中国诗的音律、为什么后来走上律诗的道路,也作了探索分析。"①

此书诚如此说。笔者认为,此书最重要的价值不仅在于它用中国诗论来印证西方诗论,开了比较诗学的先河,而且在于,在这种比较中,确立了中华民族美学的主体性。

说是确立中华民族美学的主体性,似是过大,因为此书实际上只是讲诗歌,但是,有两点值得我们注意:其一,不论中外,在艺术领域内,诗歌均是民族审美意识的集中体现。其二,朱光潜先生在这部书中,不只是在说艺术,还在谈美学。或者说,他是以诗歌为范例来谈审美理论。因此,他在这部书中确立的中华民族诗歌主体性,完全可以理解为中华民族美学的主体性。那么,这部书到底在哪些地方见出了中华民族美学的主体性呢?

第一,中国诗形式上的主体性。朱光潜对于诗的认识,是分若干层次的,首先,诗是具有情趣的,情趣中含有思想,这一点将诗与其他的精神产品区分开来,其他的思想产品如哲学的观念、道德的原则等,它有思想,但无情趣;其次,诗的情趣要实现为意象,因此,也可以说,诗是意象化的情趣,意象化的情趣或情趣化的意象,按中国古典美学的概念可以称之为意境。按朱光潜基本的美学观点——美是情趣的意象化,诗,就是一种美,或者说审美的一种形式了。人类审美方式很多,诗只是其中之一,应怎样认识诗这种审美方式的特点呢? 朱光潜分层次论述这一问题:

首先是表现与怎样表现的问题。按克罗齐的观点,审美是心里直觉到一个情感饱和的意象,传达并非必要。这一观点,朱光潜有所保留,他认为,这一观点,用来解释审美还可以,用来解释艺术问题,艺术还需要将心中直觉到的意象传达出来,这传达,就涉及媒介。不同的艺术有不同的传达媒介。诗的传达媒介是语言文字。朱光潜说,"诗必须将蕴蓄于心中的意境传达于语言文字"②。相比于意象,语言文字是形式,意象是内容,正是这形式决

① 朱光潜:《诗论》,生活·读书·新知三联书店 1984 年版,第 287 页。
② 朱光潜:《诗论》,生活·读书·新知三联书店 1984 年版,第 84 页。

定了诗是诗,而不是别的。

其次,是诗与散文的区别。散文,特别是具有文学性的散文包括小说,也是用语言文字来表现意象的,但不是诗,这个区别在哪?朱光潜汇集了几个方面的讨论,加以辨析,得出"诗是具有音律的纯文学"①。这一定义,对于这一定义,朱光潜说,它"也只是大致不差,并没有谨严的逻辑性"②。是不是可以接着朱光潜的观点说:虽然,对于诗与音律来说,音律的有无不是绝对的分别,但音律于散文不是绝对的要求,而于诗却是绝对的要求。再者,散文的音律不够严格,没有确定的格式,而诗于音律则比较严格,它有相对确定的格式。如果将"诗是具有音律的纯文学"这一定义修改一下,可以这样表达:"诗是具有一定音律格式的纯文学"。

文学需要语言文字做传达媒介,虽然语言文字自有它的音乐性,但不同的文学品种运用这种音乐性,有所不同。诗与其他文学品种的不同,突出地体现在语言的音乐性上。在科学研究的基础上,他得出的结论是:"中国诗的音乐在声与韵。"③声,中西诗都有,但要求不同,在中国诗,主要为四声。四声是中国特有的。讲究四声,是为了区别平仄,区别平仄是为了构建诗的节奏与和谐。韵,中西方诗也都有,但"日本诗和西方诗都可以不用韵",而中国诗不可以不用韵,"自有诗即有韵"④。

在《诗论》中,朱光潜先生以四章的篇幅谈中国诗的节奏与声韵,并深入探讨中国诗如何走上"律"的道路,足以见出他对诗的音律何等重视。在他看来,诗的审美特质就在音律。

谈诗是可以持诸多维度的,大致上可以区分为两个维度:一是技术维度,细化到诗的具体格律是什么,落实到一字一句声韵的选择;二是理论维度,理论又可以分为哲学、文化、美学等。朱光潜的论诗显然持的不是技术维度,他持的是理论维度,具体来说,是美学的维度。因此,他论诗的形式,

①　朱光潜:《诗论》,生活·读书·新知三联书店 1984 年版,第 112 页。

②　朱光潜:《诗论》,生活·读书·新知三联书店 1984 年版,第 112 页。

③　朱光潜:《诗论》,生活·读书·新知三联书店 1984 年版,第 244 页。

④　朱光潜:《诗论》,生活·读书·新知三联书店 1984 年版,第 244 页。

得出的结论不是技术的，而是理论的。因此，他对中国诗技术上的分析得出的结论不仅是中国诗在形式上具有自己的主体性，而且在审美品格上也具有自己的主体性。

第二，中国诗内容上的主体性。诗的内容不外乎再现与表现，再现指描写自然或社会场景，记叙一段历史或一个故事；表现，则为抒情达意。在这个基本点上，中国诗与西方诗没有什么不同。但是，如果深入分析一下，它们还是各有侧重的。朱光潜认为，中国人对于诗的理解，最早持的是表现论的立场，即认为诗是表情达意的手段，而西方则持再现论的立场，古希腊对诗的定义是"模仿的艺术"。虽然，这种分别只是在其源头上，日后的发展，都是兼顾再现与表现且在实际上还都是重表现的，但是，这种源头上的分别，对于中国诗主体地位的确定还是具有重大意义的。事实上，最早产生于《虞书》的"诗言志"，经过儒家的诠释，成为不二的金科玉律，是中国诗实实在在的主心骨。中国古代对"志"的理解兼顾情与理两者，理又主要为儒家的道德理念，集中体现在如何处理家国大事。因此，中国诗的"志"，多为家国之志。儿女之情，可以入诗，但一不能流于淫邪，二不能成为时代风尚。正是因为如此，中国诗的基本品位是道德的、政治的。这是中国诗内容上的主体性。

第三，中国诗审美本体上的主体性。朱光潜认为，情趣意象化是诗的审美本体，这一本体，中西诗是相同的，不同的在情趣。朱光潜主要从人伦、自然、宗教和哲学三个方面展开。他说，在人伦方面，西方诗多以恋爱为中心，朋友的交情和君臣的恩谊不甚重要，而在中国诗中，它们与恋爱处同等位置。中国叙人伦的诗，通盘计算，表现交情的诗比表现爱情的诗还要多。在自然方面，中国诗对于自然美的表现远早于西方诗，在中国，自然情趣的兴起是在晋宋之交约5世纪的时候，而在西方，则在18世纪浪漫主义时期。"中国自然诗与西方自然诗相比，也象爱情诗一样，一个以委婉、微妙简隽胜；一个以直率、深刻铺陈胜。"① 在爱好自然美方面，"西诗偏于刚，而中诗

① 朱光潜：《诗论》，生活·读书·新知三联书店1984年版，第74页。

偏于柔"①。更重要的,由于西方有着远较中国浓厚得多的宗教传统,"自然崇拜成为一种宗教,它含有极原始的迷信和极神秘的哲学",而中国诗人很少达到这种境界。因此,"中国诗人在自然中只需听见到自然,西方诗人在自然中往往能见出一种神秘的巨大的力量。"②在宗教与哲学方面,中国诗人多数为儒家出身,关心国家大事,具有社会责任感,就是追求神仙境界的诗人,也不能忘怀于世事,"骨子里仍带有浓厚的儒家淑世主义的色彩"。关怀世事又不得尽力于世事,有理想又不能实现理想,所以,中国诗人中有不少人从"淑世到厌世,因厌世而求超世,超世不可,于是又落到玩世,而玩世终不能无忧苦。他们一生都在这种矛盾和冲突中徘徊"③。西方诗人如"但丁,莎士比亚和歌德未尝没有徘徊过,他们所以超过阮籍、李白一派诗人者就在他们得到最后的安顿"④。

情趣意象化,在西方诗,只求构成意象就可以了,而在中国,对于意象则有讲究,在意象的基础上,中国诗论提出"意境"论、"境界"论。这种理论是西方诗学没有的。在中华民族的审美中,境界是最高追求,而境界追求首先体现在诗境界的追求上,中国文化中有关境界的言论凡具有美学意义上的,大多在诗论之中,由诗到其他文艺,由文艺到人生,都以境界为上。关于境界理论,王国维是集大成者。朱光潜从论述王国维境界理论入手,深入阐述中国诗的两种境界:"同物之境"与"超物之境"。也许在同物之境的追求上,西方诗也是如此,但"超物之境"完全是中国诗独有的审美追求了。

朱光潜的美学体系有两个来源,一是西方美学,二是中国美学。他尽力融会二者,在融会上,他建立了自己美学体系的主体性,这主体性是属于中华民族的。《诗论》是他构建主体性美学的可贵尝试。

---

①　朱光潜:《诗论》,生活·读书·新知三联书店 1984 年版,第 74 页。
②　朱光潜:《诗论》,生活·读书·新知三联书店 1984 年版,第 76 页。
③　朱光潜:《诗论》,生活·读书·新知三联书店 1984 年版,第 80 页。
④　朱光潜:《诗论》,生活·读书·新知三联书店 1984 年版,第 80 页。

第三节　审美心理学

朱光潜在《西方美学史》[①]中指出，当历史进入到近代时，西方美学出现了一个新的现象，即美学研究由原来的重审美哲学进入到重审美心理学。这种情况的出现与近代生理学、心理学的长足发展有很大关系。

心理学分支非常丰富，与美学相关的有审美心理学。1918 年朱光潜去香港大学念书，学习心理学、教育学。1925 年去英国爱丁堡大学留学，主攻心理学、艺术史。1927 年在爱丁堡大学一个心理学研究班上，他宣读了论文《论悲剧的快感》，这是他研究审美心理学的第一个成果。英国留学三年后，他又去法国斯特拉斯堡大学攻读博士学位，博士学位论文题目的是《悲剧心理学》，正是这篇论文的写作，为审美心理学的建构打下了全面扎实的基础。1930 年，他的《变态心理学派别》出版，1932 年、1933 年、1936 年，又相继出版了《变态心理学》《谈美》《文艺心理学》。虽然他的《悲剧心理学》的中文版迟至 20 世纪 80 年代才出版，但英文版早在 1933 年已由法国拉斯特堡大学出版社出版了。这些心理学著作不仅清晰全面地介绍了西方审美心理学，而且充分展现朱光潜的审美心理学。

朱光潜所建构的审美心理学有四个特点：

一、系统性

审美心理学涉及自然科学、人文社会科学的多领域，要建构科学的审美心理学，必须具有相关领域的修养。朱光潜早在香港读书时，于文科之外，学习了不少自然科学知识，其中有生物学、生理学。这两门知识于审美心理学的学习有很大帮助。心理学学派甚多，除常态心理学外，还有所谓变态心理学。朱光潜不仅对常态心理学很有研究，于变态心理学也很有兴趣，他出版了两部变态心理学著作，足以说明他对变态心理学也很有研究。审

---

① 参见朱光潜：《西方美学史》上、下册，人民文学出版社 1979 年版。

美心理深层次的研究,必涉及非意识、隐意识,而非意识、隐意识属于变态心理学研究对象。审美心理学以文艺审美为主要研究对象,研究者具有优秀的文艺修养是必需的。朱光潜自小饱读中国古典文学,熟谙中国古典艺术,出国留学后又浸润于西方文学艺术的汪洋大海之中。所有这些为他的审美心理学研究创造了良好的条件。

朱光潜的审美心理学有一个突出特点就是系统性。直觉研究在他审美心理学中处于基础地位,而居于中心地位的是情感,想象与思维则是两翼。想象为形象的、破规律的,具有自由创造性;思维则是理性的、循规律的,具有概念逻辑性。心理距离说、物我为一说、主客关系说是朱光潜审美心理学三大主干理论,这三大理论不仅将审美心理学内部建构成一个有机体,而且将心理学与哲学的关系搭建起来。

在《文艺心理学》一书中,朱光潜将《近代实验美学》的三篇文章列为附录,这三篇文章研究的颜色美、形体美和声音美是生活中极常见的。朱光潜用科学的方法找出它们的科学根据。虽然这三篇文章不是《文艺心理学》的正文,然而它们是《文艺心理学》的重要内容。

二、前沿性

从总体来看朱光潜的审美心理学是当时世界心理学的新潮,朱光潜的研究具有那个时代心理学研究的前沿性。当时,西方心理学界最热门研究当属于精神分析说,领潮流的学者为奥地利的精神分析学家弗洛伊德和他的学生荣格。在《变态心理学派别》一书中朱光潜以两章的篇幅介绍弗洛伊德,足见弗洛伊德在他心中的分量。在《悲剧心理学》《变态心理学》《文艺心理学》《谈美》等书中,朱光潜对于弗洛伊德、荣格两人都有突出的介绍。

朱光潜介绍弗洛伊德心理学主要内容有三:隐意识与显意识问题;梦的问题;"来比多"潜力与升华作用问题。在介绍来比多的潜力与升华作用时,朱光潜明确说:"文艺就是升华作用的结果。……婴儿生来就有'露体癖'。这个习惯在成人社会中是违反道德习俗的,所以被压抑到隐意识里,但是艺术家创造形体美,就是利用这种露体癖的。文艺的表现对于社会秩序没有妨害,所以不受意识的压抑。……在弗洛伊德看来,一切文艺作品和梦一样,都是欲望的化装。它们都是一种'弥补'(compensation)。实际生活上有缺陷,在想象中求弥补,于是才有文艺。……最早的文艺作品要算神话,而神话就是民族的梦,就是全社会的共同欲望的象征。"① 在谈到梦与文艺创作的关系时,朱光潜举了诸多创作灵感产生于梦境的例子。

关于荣格的心理学说,朱光潜也做了精辟的介绍。一方面,他指出荣格作为弗洛伊德的学生,其治学的基本路数以及基本观点是同于乃师的,不过,他并不完全赞成其师的全部观点,于隐意识,他有自己独特的研究,并且有着不弱于弗洛伊德的重要成就。朱光潜重视荣格的学说,他说:"荣格以为弗洛伊德把隐意识看得太狭小。每个人都是无数亿万年的历史之继承者。在这无数亿万年中人类所受的环境的影响,所得的印象,所养成的习惯和需要,都借着遗传的影响储蓄在各个人的心的深处。这是隐意识中最大的成分,可称为'集团的隐意识'(collective unconsciousness)。集团的隐意识对于个人影响极大,不但本能是集团的隐意识之一成分,即梦也是'原始印象'的复现。弗洛伊德以为成人在梦中'还原'到婴儿,荣格则以为文明人在梦中'还原'到野蛮人。"② 荣格这一假说虽然尚未得到实验的证明,但已被诸多学者所认可。应该说,荣格的"集团隐意识"(现在通说为"集无意识")是近代人文社会科学及自然科学研究最重要的成果之一。

虽说弗洛伊德和荣格的心理学早在 20 世纪 30 年代就引入中国,但并没有过多地引起中国学人的重视。此种现象后来被彻底改变了。弗洛伊德和荣格的著作被大量译成中文出版,在中国出现了名副其实的弗洛伊德热和荣格热。造成这种热的原因很多,一个不可忽视的事实是,由于长期以来受理性主义哲学影响,审美心理学一直停留在显意识层面上,而审美心理的根深深地藏在隐意识之中。研究审美意识一定要追根究底,不仅追个

① 《朱光潜文集·变态心理学》第二卷,安徽教育出版社 1997 年版,第 192—193 页。
② 《朱光潜文集·变态心理学》第二卷,安徽教育出版社 1997 年版,第 119 页。

人意识之底,而且要追民族乃至人类意识之底。① 在当代的文化背景下看朱光潜 1933 年出版的《变态心理学》,就会发现,朱光潜对于弗洛伊德、荣格心理学说的重视具有非常可贵的超前意识。

三、哲理性

心理学与哲学是两个不同的学科,心理学更接近自然科学,而哲学则为人文科学,心理学重实验,哲学重反思,心理学重微观,哲学重宏观。值得注意的是,近代心理学的重要发展,已经突破心理学的层面,直接进入哲学领域。朱光潜勇立潮头,自觉地将心理学和哲学两者结合起来,以建构自己的审美心理学,其中最为突出的是将哲学的"审美无利害"说与审美心理的"直觉"说结合起来。主"审美无利害"说的两大哲学,一是康德的德国古典哲学,二是叔本华、尼采的哲学。朱光潜在他的审美心理学著作中,透辟地介绍这两大哲学与形象直觉说的关系。朱光潜的移情说主要来自德国近代立普斯的心理学,朱光潜将它移用到审美中来时不只阐述它的心理学根据,也让它与近代英国经验主义哲学中的情感说挂上钩来。心理学与哲学结合,是朱光潜美学的重要特色,这一特色在《悲剧心理学》《谈美》《文艺心理学》中已经见出。②

四、主体性

朱光潜不是纯然介绍西方审美心理学理论,而是在建构自己的审美心

---

① 受弗洛伊德心理学的影响,笔者 2000 年撰写《当代美学原理》(人民出版社 2003 年版)时,明确提出"审美潜能"说。创造于 20 世纪 70、80 年代的李泽厚的"积淀"说应该说也受到弗洛伊德、荣格心理学的影响。

② 朱光潜这一治学特点,对中国学者启发很大。20 世纪 80 年代中国一度出现新的美学热,热点仍然是 60 年代讨论过的美学本体论,即探寻美是什么、美在哪里这样的问题。值得注意的是,与 60 年代关于此问题的讨论仅仅在哲学层面展开不同,此时也有学者从审美心理学维度去探讨此问题了。构建美学本体论其实有两条途径,一条是哲学途径,另一条是心理学的途径。受朱光潜的影响,笔者认为美感是美学的核心问题,解决美的本质问题可以从美感入手,然后上升到哲学层面。

理学。这种建构主要体现在两个方面:将西方的审美心理学理论与中国古代的审美心理学理论统一起来。中国古代哲学对审美心理有不少研究,这方面道家哲学特别突出。朱光潜先生在介绍西方审美心理学时,大量地引入中国古代的审美心理事例与理论。这种引入不是将它们作为西方审美心理学的例证,而是将它们作为理论的主体。这只要看看《谈美》一书的标题就清楚了:

"当局者迷,旁观者清"——艺术和实际人生的距离

"子非鱼,安知鱼之乐"——宇宙的人情化

"记得绿罗裙,处处怜芳草"——美感与联想

"情人眼底出西施"——美与自然

"依样画葫芦"——写实主义和理想主义的错误

"从心所欲,不逾矩"——创造与格律

"不似则失其所以为诗,似则失其所以为我"——创造与模仿

"超以象外,得其环中"——创造与情感

"读书破万卷,下笔如有神"——天才与灵感

朱光潜审美心理学构建的主体性还体现在他个人的创造性。朱光潜在介绍西方的审美心理学时,加入了很多属于他个人的创造性的理解与发挥。其中做得最为出色的,我认为是移情说的阐述,移情说作为理论来自西方,中国古代也有这方面的理论,但没有用"移情"表示。朱光潜阐述移情说时,不仅大量引用中国古代这方面的研究成果及文学作品实例,而且突出他个人的见解。移情说中一般突出的是移情于物,至于如何移物于我,不仅西方原来的理论没有说得很清楚,就是中国古代相关的情感理论也没有说得很清楚,朱光潜则在移物于我这方面有自己的见解。他说:"美感经验中的移情作用不单是由我及物的,同时也是由物及我的,它不仅把我的性格和情感移注于物,同时也把物的姿态吸收于我。所谓美感经验,其实不过是在聚精会神之中,我的情趣和情趣往复回流而已。"[1] 他认为移物于我,主要

---

[1] 《朱光潜文集·谈美　文艺心理学》(新编增订本),中华书局 2012 年版,第 23 页。

是移物姿于我。物姿是物的形象,用"姿"一词表示,具有鲜明的审美意味。朱光潜的属于个人见解,不只体现在移情说的阐释中,应该说,西方的每一种理论经过朱光潜的阐述都不同情况地具有创新性,只是我们要细细地去与跟原著比较,并细细地咀嚼,品味。

第四节　文艺心理学

朱光潜关于西方审美心理学的介绍大体上可以分为两个部分,一是一般审美心理学,二是文艺心理学。两者有很多重叠。一般审美心理学应该全部适用于文艺心理学,但文艺心理学有自己的特殊性,一般审美心理学不见得都能涵盖。像悲剧心理学、绘画心理学这样的部门艺术,就有专属于自己的审美心理学。朱光潜在 20 世纪 30 年代出过一本《文艺心理学》,此书是可以当成美学原理来读的,但他最后还是定名为"文艺心理学"。关于此,朱光潜是这样说的:"这是一部研究文艺理论的书籍,我对于它的名称,曾费一番踌躇。它可以叫做《美学》,因为它所讨论的问题通常都属于美学范围,美学是从哲学分支出来的,以往的美学家大半心中先存有一种哲学系统,以它为根据,演绎出一些美学原理来。本书所采取的是另一种方法,它丢开一切哲学的成见,把文艺的创造和欣赏当作心理的事实去研究,从事实中归纳得一些可适用于文艺批评的原理。它的对象是文艺的创造和欣赏,它的观点大致是心理学的,所以我不用《美学》的名目,把它叫做《文艺心理学》。我们可以说,'文艺心理学'是从心理学观点研究出来的美学。"[1]

《文艺心理学》写作于朱光潜留学英法期间,为 20 世纪 20 年代末期,出版于 1936 年。此书为朱光潜带来巨大的声誉,尽管对于此书的观点一直有不同的看法,朱光潜自己也曾有所反省,但它的两个地位是不能否认的:第一,它是朱光潜的代表作;第二,是中国现代美学的奠基之作。

---

[1]　《朱光潜文集·文艺心理学》(新编增订本),中华书局 2012 年版,第 110 页。

这部书内容丰富，从目录来看，全书十七章，还有附录一、二和未编号的附录。附录一是"近代实验美学"，附录二是"简要参考书目"，未编号的附录为"论直觉与表现答难——给梁宗岱先生"。从目录看，似乎不像一部有体系的著作，但读完全书，发现这是一个完整的朱光潜美学体系。全书可以分为三个部分，第一部分为前六章，内容是美感经验；第二部分自第七章到第十七章，内容为文艺心理学；第三部分为近代实验美学。三个部分，第一部分在全书中占的分量不多，但最重要，它可以视为朱光潜美学体系的大脑；第二部文艺心理学为朱光潜美学体系的身躯；第三部分为朱光潜美学体系的附件。

下面简要地谈谈正文中的两个部分：

美感经验六章中，前四章为"美感经验分析"，第五章"关于美感经验的几种误解"附属于前四章，第六章"美感与联想"是美感经验的补充。之所以不列为美感经验分析，可能是与前四章没有必然的内在的联系。

并列为"美感经验分析"的四章是有内在联系的，这是一个有机体系。

第一章"形象的直觉"是纲领，也是中心。朱光潜甚至这样说："本书所谓'美感的'，和'直觉的'的意义相近。'美感经验'就是直觉的经验。"①"形象的直觉"，直觉是主词。直觉的对象是形象，直觉的结果也是形象，但此形象性质上不同于前形象，前形象是客观的，后形象是主观的，它是直觉创造的形象。由于此形象融会进直觉者的主观情趣，可以称为意象，或情象、趣象。

形象直觉说的理论源头主要是克罗齐，但不独是克罗齐。重要的是，此形象直觉说是朱光潜根据自己的认识所做的阐释，为朱氏形象直觉说。形象直觉说的核心是两个要点：一是直觉为纯感觉，不含理性、概念，更不含功利；二是直觉所产生的形象孤立绝缘，好像拍照一样，要设置一个取景框，只看取景框中的景物，不看别的景物。形象直觉说与康德的审美"无利害"说相通，又具叔本华的非理性主义哲学的色彩。当然核心内容来自克

---

① 《朱光潜文集·文艺心理学》(新编增订本)，中华书局 2012 年版，第 118 页。

罗齐。

　　在种种阐释美感的理论中，应该说形象直觉说最为精当、贴切，但是，此理论明显不够完备。形象直觉说的尴尬有点类似于水。地球上到处有水，但没有纯粹的水，纯粹的水只存在于实验里，它的价值是供科学实验用。地球上的水包括生活用水绝不是纯粹的。地球上的水用处非常多，但研究水性质、构成，不能用地球上的水，只能用实验室的水。也就是说，实验室里的水才是真正的水，但它却不是地球上真实的水。也许研究美感的本质，形象直觉说最科学，纯粹的美感确实如朱光潜所说的"是一个无沾无碍的独立自足的意象（image）"①。"对于一件事物所知的愈多，愈不易专注在它的形象本身，愈难直觉它，愈难引起真正纯粹的美感。"② 但实际的生活中怎么会是这样呢？我们欣赏任何东西，哪怕就是朱光潜举例的梅花，怎么能做到将与梅花相关的种种知识、联想全切掉呢？正因为如此，形象直觉说虽让人神往，却又让人感到不靠谱。

　　直觉说一直遭受批评，为了让形象直觉说能够成立，朱光潜做了很多补苴罅漏的工作。《文艺心理学》原只有 12 章，后添了 5 章。之所以要增加 5 章，很大程度上，是因为形象直觉说受到责难，朱光潜觉得有必要做一个说明，他说："从前，我受从康德到克罗齐一线相传的形式派美学的束缚，以为美感经验纯粹地是形象的直觉，在聚精会神中我们观赏一个孤立绝缘的意象，不旁迁他涉，所以抽象的思考、联想、道德观念等等都是美感以外的事。现在，我觉察人生是有机体；科学的、伦理的和美感的种种活动在理论上虽可分辨，在事实上却不可分割开来，使彼此互相绝缘。因此，我根本反对克罗齐派美学所根据的机械观，和所用的抽象的分析法。这种态度的变迁我在第十一章——'克罗齐派美学的批评'——里说得很清楚。"③ 话虽然这样说，但实际情况是，朱光潜一直没有放弃直觉说，这不是朱光潜不够真诚，而是因为朱光潜的美学体系不能没有直觉说，他终身坚持的"情趣

①　《朱光潜文集·文艺心理学》（新编增订本），中华书局 2012 年版，第 118 页。

②　《朱光潜文集·文艺心理学》（新编增订本），中华书局 2012 年版，第 120 页。

③　《朱光潜文集·文艺心理学》（新编增订本），中华书局 2012 年版，第 111 页。

意象化"说实际上以形象直觉说为理论基础。

朱光潜美感经验之二"心理距离"是"形象直觉"的前提。没有预设的心理距离，就不可能做到"形象直觉"。朱光潜美感经验之三"物我同一"是"形象直觉"的全面实现。仅仅只是形象直觉，没有物我同一，这种审美严格说是不能成定的，只有在物我同一的精神想象中，审美才算是全面地展开了，也可以说是完成了。"物我同一"是中国美学的说法，西方的说法是移情，移情的作用有两个方面：一是人移情于物，是为主观的客观化；二是物移姿于我，是为客观的主观化。两者同时进行，不辨先后，一起完成。

从逻辑顺序来说，美感经验的先后是：心理距离——形象直觉——物我同一。心理距离很重要，但就逻辑意义来说，形象直觉居中，或者说为纲，为首。无疑，形象直觉说才最重要。而就朱氏形象直觉说来说，最大创造是"物我同一"说，物我同一说取自《庄子》，是地地道道的中国审美心理学，朱光潜将这一学说与西方的移情说嫁接了，创造了属于他的审美心理学。

美感经验之四是"美感与生理"，说的是美感经验的生理学基础。朱光潜早年在香港大学认真学习过生理学，他试图将他的美学置于生理学基础上，也就是说，他有意构建一个科学的美学体系。作为该书附录的"近代实验美学"应属于这一部分。

朱光潜美学体系的第二部分是文艺学。在《文艺心理学》中共有12章的篇幅，它是朱光潜美学的主体。虽然朱光潜美学不限于文艺，但不离文艺，即算是谈自然、谈生活，都不离开文艺。这种美学传统，中国与西方是一致的。朱光潜的文艺学以心理学为基础，或者说为维度，为视角。而文艺学，在朱光潜属于美学。

朱光潜的文艺心理学有主要五个方面的内容：

一、艺术起源于游戏

艺术起源有诸多说法：大致可以分为两类：一类为功利，主要"劳动"说；一类为娱乐，主要就是游戏说。朱光潜的艺术起源于游戏说与他的"形象直觉"说有着内在联系。"像艺术一样,游戏把所欣赏的意象加以客观化,使它成为一个具体的情境。"① 后来,朱光潜接受马克思主义的文艺思想,说艺术是一种生产劳动,明显改变了自己原来的观点,但是他核心的美学观点"美是情趣的意象化"没有变。因此,说艺术是一种生产劳动就显得没有说服力。

二、艺术与道德

本来,在美感经验中,朱光潜强调美感是直觉,它"是不沾实用,无所为而为的"②,而在试图克服康德、克罗齐直觉说偏颇过程中,他努力加强艺术与道德关系的认识,在《文艺心理学》中用两章的篇幅分别从"历史的回顾""理论的建设"两个维度来说文艺与道德的关系。从理论建设维度来看,朱光潜并没有改变美感经验是"不沾实用"的观点,仍然认为它是与道德不相干的,但是,他将艺术工作内容扩大了,不认为全部的艺术工作就是美感经验活动,美感经验之前、之后都有道德活动。纵使假定美感经验与艺术活动完全相等,不"等于艺术活动全体的美感经验决不能划为独立区域",因为在整个心理活动中科学的伦理的美感的这三种活动也无法分割开来。在文章中,朱光潜还批判了"为艺术而艺术"的观点,他说:"从历史看,伟大的艺术都是整个人生和社会的返照,来源丰富,所以意蕴深广,能引起多数人发生共鸣。"③

三、艺术与生活

朱光潜对于艺术与生活的关系非常重视。他认为,"人生本来就是一种较广义的艺术。每个人的生命史就是他自己的作品。"④ 人生是部大书,有诸多的卷,记录人生的不同方面,不同的方面有不同的追求:伦理生活讲

---

① 《朱光潜文集·谈美》(新编增订本),中华书局 2012 年版,第 56 页
② 《朱光潜文集·文艺心理学》(新编增订本),中华书局 2012 年版,第 180 页。
③ 《朱光潜文集·文艺心理学》(新编增订本),中华书局 2012 年版,第 222 页。
④ 《朱光潜文集·文艺心理学》(新编增订本),中华书局 2012 年版,第 92 页。

究善恶,科学生活讲究真假;艺术生活讲究美丑。

艺术美在情趣动。生活的艺术化,按朱光潜的观点就是让生活情趣化。如何做到有情趣,就看是要以一种欣赏的态度对待生活。朱光潜说:"'觉得有趣味'就是欣赏。你是否知道生活,就看你对于许多事物能否欣赏。欣赏就是'无所为而为的玩索'。在欣赏时人和神仙一样自由,一样有福。"①

朱光潜的这种美学观在当时很多人认为过于理想化,但须知,朱光潜这是在谈美学,从学术角度言之,人生艺术化的观点是自圆的。朱光潜晚年也谈生活的艺术化,他再次强调"人要有出世的精神才可以做入世的事业"②。由于时代变化了,中国社会变化了,这种观点就被认为有现实基础,且格局阔大。

艺术与美。朱光潜对于美本质的看法,是主观与客观的统一。他认为"美不仅在物,亦不仅在心,它在这心与物的关系上面。……美感经验中,我们须见到一个意象或形象,这种'见'就是直觉或创造;所见到的意象须恰好传出一种特殊的情趣,这种'传'就是表现或象征;见出意象恰好表现情趣,就是审美或欣赏。"③ 这美和美感经验在艺术创造和艺术欣赏得到充分的体现,因此,艺术的本质为审美。

关于美的类型,朱光潜根据中国古代美学的说法,说有刚性美和柔性美两种;关于艺术,按照美感有痛感和笑感的区别,他提出有悲剧和喜剧。关于悲剧的痛感如何化成了快感,喜剧笑感如何透出严肃,朱光潜都做了透彻的阐述。他作于 20 世纪 30 年代初的博士论文《悲剧心理学》在他美学事业中具有重要的意义,是他的美学思想的萌芽。此书中文版虽然迟至20 世纪 80 年代才出版,但它的重要思想渗透到他的美学体系中去,成为朱光潜美学的重要内核。

---

① 《朱光潜文集·谈美》(新编增订本),中华书局 2012 年版,第 97 页。

② 《朱光潜文集·谈美》(新编增订本),中华书局 2012 年版,第 7 页。

③ 《朱光潜文集·文艺心理学》(新编增订本),中华书局 2012 年版,第 252—253 页。

四、艺术与创造

朱光潜强调创造于艺术的重要意义。他认为自然其实本没有美与丑，是艺术家出自心灵的卓越创造，方才创造了自然美，自然美实质是艺术美。这种观点与黑格尔的看法一致。朱光潜反对模仿说，他说："如果艺术的功用在模仿自然，则自然美一定产生艺术美，自然丑也一定产生艺术丑，但量事实与此恰相反。自然美可以化为艺术丑，……自然丑也可以化为艺术美。"[①] 那么艺术美是怎样产生的呢？朱光潜认为是创造——心灵的创造。

以上五个方面构成了朱光潜文艺心理学的体系。[②] 朱光潜以他作为中华民族一分子的主体意识，以他学贯中西的精湛修养，以他的全球性的学术视野，以他真诚接受且创造性地运用的马克思主义理论的学术立场，建构了一个美学体系。这个美学体系为中国美学准备了一个很高的起点，奠定了一个厚实的基础，他的贡献是伟大的，朱光潜当之无愧是中国新美学的奠基者。

---

① 《朱光潜文集·谈美　文艺心理学》（新编增订本），中华书局 2012 年版，第 241 页。

② 新中国成立后，朱光潜开始了马克思主义的学习。他新的代表作《西方美学史》是这一学习的重要成果。在朱光潜的美学体系的建构中，《西方美学史》具有重要的地位。如果将朱光潜的美学建构做成一个金字塔，《文艺心理学》是塔基，《诗论》是塔腰，《西方美学史》是塔尖。《西方美学史》完成后，朱光潜的马克思主义学习并没有止步。这里特别值得指出的是，他对马克思早期的著作《1844 年经济学哲学手稿》的学习非常深入。在中国学人中，他是最早注意到此著作重要价值的学者之一。1960 年，他在《新建设》4 月号发表重要论文《生产劳动与人对世界的艺术掌握——马克思主义美学的实践观点》。这篇文章主要的理论来源即是马克思的《1844 年经济学哲学手稿》。

第十四章

结语：中国近代思想蜕变与
中华美学的重建[①]

近代中国所面临的是一个"三千余年一大变局"（李鸿章语），国家遭受西方入侵，社会秩序的动荡变革持续不已，赓续数千年的传统文化经受了来自异质文化的前所未有的冲击。在内忧外患的交迫影响之下，中国绵延数千年的思想文化系统发生了断裂、激变和重构。

中国哲学思想是非实体性的，经济基础是手工操作为主的农业文明，意识形态是以尊君爱民为核心的礼乐文化，哲学基础为仰承自然的境界形态的天人合一，中华古典美学就在这种背景和基础上展开，经由"合内外之道"的至诚无间、物我交感、情景融合，而达到自然而然、由中而和、礼乐合一、情理合一、自洽圆融的境界。

从宏观上来看，自先秦到近代，还没有哪一段历史像近代这样波诡云谲、翻天覆地，文明在更替，政体在变换，主义在更新。几千来的中国传统美学思想在时代的大潮中翻滚，在近代思想熔炉中锻炼，终于实现了蜕变，由以传统农业文明为基础的古典美学蜕变成以近代工业文明为基础的近代美学；而在这样的蜕变中，又重建了中华美学的主体性。

---

① 　此章与笔者的博士生吴志翔合写。

第一节 "物竞天择":崇高审美凸显

中国是被西方世界强行拖入近代史和世界史的。此前中国社会的一次次改朝换代和社会失范仍然是在一个系统内的权力更迭,中华文明的根基并没有发生动摇,甚至还凭借自身的先进性、包容性不断地吸纳和消化外来势力,使之成为中华文明共同体中的一员。但中国近代史的开端称得上翻天覆地,不但国家在主权意义上被西方侵略,国人更经历了华夏文化濒临灭亡的煎熬。民族危机深重,国运衰弊,国人精神颓废,自信沦丧,"退化""亡种"之论不绝于耳。《退化论》《论中国人的退化》《民族之衰颓》《个体与种族的衰老》《民族已衰老了吗》《进化呢? 退化呢?》等大量文章见诸报刊。中国人赖以安身立命的"天人合一"的哲学本体论 (其实是整个的思想文化乃至生存方式的本体论) 受到来自西方强势文化的根本性的侵蚀甚至颠覆。中国传统文化包括中传统美学遇到严重的挑战!

一、物我交感、天人合一、乐莫大焉的中国形而上学

正如宗白华先生在《中西哲学之比较》一文中说的那样,中国推崇"天人合一""保合太和,各正性命"的形而上学境界。中国哲学主张"参天地赞化育",通过"致中和"而"为天地立心",这样"天地位焉,万物育焉"。中国哲人是"于形而下之器,体会其形而上之道"的,主张用整体的人生和人格情趣"体道"。道与人生不离。中国哲学从生命出发,面对纷繁流行之现象,通向"中和之境"。如果说西方形而上学追求的是数理秩序之境,那么中国要达到的是"正位凝命""天地万物为一体"的生命之境。因此,西方形而上学更容易通向科学,而中国形而上学则直接亲近于美学。

说得更直白一点,中国的本体论所培育的把握世界的方式是一种"内而外,外而内"的循环论,虽然也放眼自然,纵览天地,"超以象外,得其环中",但归根到底还是要"反身而诚,乐莫大焉"。这种天地之乐是最重要的、终极的。

就达到天地之乐的途径来说，中国哲学并不看重科学性的"认识"，而更依赖于精神上的"感通"。中国哲学美学不主张透过外界现象去寻求秩序和规律，而是让人从万象中直观生命自身，直感生命与天地万物一体的律动，然后去"体味""知味"，品味内在心灵中的天地秩序。

二、物竞天择、天道均变、善恶皆进的西方"天演论"

但是进化论来了，"天"变了，"道"也变了。进化论是一种揭示生命历史演化的规律，也是一种把握"天"与"人"之间关系的认识论，在这种认识框架中，"天"不是一成不变的存在，"人"不是自然而然的主体，二者皆在历史性、实践性的动态进程中不断演变和发展。

1897 年严复翻译出版了赫胥黎的《天演论》。出于让国人更易接受和理解的目的，他尽力把西学与中国固有之思想相印证，认为西学言"质"与"力"，中国讲"乾"与"坤"，"大宇之内，质力相推，非质无以呈质，凡力皆乾也，凡质皆坤也"①。严复还把斯宾塞"以天演自然""贯天地人而一理之"的思想，与《周易》的"自强不息"相参照和对接，并认为这两者具有思想上的共同性。

当时许多被迫接受西学的学人带着一种护短心态，以为西学所明了之至理，都是中土所固有，甚至说西学也得之于东方。虽然严复同样有护短的心态，但他的立场毕竟是科学的，他认护短人士所谓西学得之于东方之说，完全无视事实，是一种"自蔽"。他批驳中国当时士人以为西学"不外象数形下之末"，所追求的东西"不越功利之间"的言论，明确指出，西学所涉及的不只是形而下，也有形而上；不只是功利，也有超越于物质和功利层面之上的思想。

进化论从进入中国开始，就不但被认为是自然界的演化规律，同时也被理解为是社会和人类发展的铁则。严复就是这样认为的，他在翻译的时

---

① 严复：《译天演论自序》，见《中国近代文学大系》（文学理论集 2），上海书店 1995 年版，第 712 页。

候并不完全忠实于赫氏原著。赫胥黎原创的进化论是囿于自然界的,但严复将其化用于社会界,并且认为人与人之间那种"善相感通之德,乃天择以后之事,非其始之即如是也"①。人类的相处之道以及好恶情感本身皆是"天演"的结果。当时中日甲午战争失败,中国面临被瓜分的危急局面,所以严复就强调进化是一种不可抗拒的客观普遍规律,意图唤起国人发奋图强。李泽厚认为,这样同时结合了赫胥黎和斯宾塞思想的做法是中国当时的现实所决定的,是一种"合情合理的创造"②。

"自严氏之书出,中国民气为这一变。"(章太炎)在经受深重的民族危机时,无论种族还是个体都被置于一个优胜劣汰的竞争格局中,"物竞天择,适者生存"的思想无疑成了时代的最强音,获得广泛而深刻的影响。在那个时代,几乎没有一位有见识的思想者不接受并且拥抱进化论的。

章太炎在驳康有为的文中说:"人心之智慧,自竞争而后发生。"③ 并且说,"夫欲自强其国种者,不恃文学工艺,而惟视所有之精神。"④ 认为有进化论以后,才知道人之所好,原来只知有真善美,其实不然,"今检人性,好真、好善、好美而外,复有一好胜心"⑤。有了这好胜之心,就社会层面而言,就会"善恶兼进"。

梁启超接触进化论思想后幡然醒悟。他与其说关注进化,不如说更关注"淘汰"。他认为凡能生存于世间者,都有其特别之处,能"与自然界之境遇相适","此天然淘汰之力,无有间断,无有已时"。所以,"不优则劣,不存则亡,其机间不容发。凡含生负气之伦,皆不可不战兢惕厉,而求所以适存于今日之道云尔。"⑥

在进化论所构建的全新语境中,还有人把近代以来数十年间的思想分

①　赫胥黎:《天演论》,严复译,商务印书馆 1981 年版,第 32 页。
②　李泽厚:《中国近代思想史论》,安徽文艺出版社 1994 年版,第 257—258 页。
③　《回读百年:20 世纪中国社会人文论争》第一卷,大象出版社 1999 年版,第 40 页。
④　《回读百年:20 世纪中国社会人文论争》第一卷,大象出版社 1999 年版,第 42 页。
⑤　《回读百年:20 世纪中国社会人文论争》第一卷,大象出版社 1999 年版,第 61 页。
⑥　《回读百年:20 世纪中国社会人文论争》第一卷,大象出版社 1999 年版,第 14—20 页。

为十类,其中包括顽固守旧的"三纲无常派"、旨在保存国粹的"古义实学派"(如张之洞)、"吏治民生派"(如魏源、曾国藩等)、"洋务西艺派"(如李鸿章)、"中体西用派"(如郭嵩焘、薛福成、王韬等)、"变法维新派"、"开明专制派"(梁启超)、"强种保国派"(梁启超)、"真理进化派"等。

陈独秀在《孔子之道与现代生活》一文中讲述了一拨又一拨思想者实干者如何在"进化"的巨大浪潮中经历沉浮、淘洗的历程:张之洞只知歆羡西方的坚甲利兵,李鸿章不满于清廷顽固派,却视康、梁为异端;而"吾辈"也不满于康、梁。与进化论思想一起深入社会机体和个人内心的是一种线性的、进步的、为了生存而斗争竞逐的观念。这样的思想观念当然会影响到近代中国的价值重建,也影响到美学的思想内核。

三、以"保合太和"为标志的壮美让位于以冲突抗争为本质的崇高

由中国"天人合一"的哲学本体论所衍生出来的一个重要思想是"自然"。天道自然,人道亦是自然——自然而然。在"天人合一"的框架下,人与自然是不冲突的,即使有矛盾也必然可以通过"内而外,外而内"的内在超越("诚者合内外之道")化解的,最终个体往往"不着纤毫之力"就能获得自洽与和平,体验身心的惬意自在,"纵浪大化中,不喜亦不惧"(陶渊明),浩浩大化中"自有一个安宅"(朱熹)。

但在进化论的视域里,"自然"其实是不自然的,自然界外在于人,是一种对峙性的力量存在,是一个有待于去直面和争夺的对象化世界;人自身也是不自然的,需要通过与他人、与外界的竞争和持续的自我克服、自我超越才能获得生存的"适者"。因此,人需要自觉地投入与异己力量的对抗斗争之中去,也需要有意识地投身于与自然惰性的搏斗之中去,比如身体和意志的锻炼,就要"野蛮其体魄,文明其精神",等等。

在这样一个充满冲突和张力的时代场域,在强调通过自强、对抗、竞争、挣扎以适应(包括征服和改造)环境求得生存的进化论思想直接作用之下,中国近代美学发生了怎样的变化?——道统瓦解,思想断裂,"天人合一"的本体论基础不再稳固,原来追求的个体自洽自足、群体相安和谐的价

值功能也被"新民""立人"等更迫切的任务所覆盖。主体与摇摇欲坠的客观世界不再协调,个人与乱象丛生的社会现实难以和解,生命体的身心也处于被各种力量撕裂、拉扯的张力场之中。天人冲突、身心失衡、族群斗争压倒了原来那种和谐、统一、自足的状态,而无法自在、自持与自适。显然,心灵无法安顿于宁静优美的审美状态,或被迫或自觉进入一种意志沸腾、动能十足、主动适应的求生竞逐和生命力的狂飙之中。

中国古典美学缺乏西方美学那样的范畴体系。在西方美学体系中,优美与崇高相对,优美体现的是主观与客观和谐,崇高体现的是主观与客观的不和谐。崇高这种美,外在具有巨大的力感或量感,内在则都具有英雄、伟大、神秘、神圣的意义。西方美学所推崇的崇高有的与宗教相联系,有的与悲剧相联系。严格来说,中国古典美学没有这样一个美学概念,中国文化中的崇高概念属于伦理学而不属于美学,但中国美学有壮美概念,它被人视为中国美学的崇高,其实,壮美只是类似于崇高,外在一般具有巨大的力感和量感,内在具有英雄感和神圣感,而在本质上,壮美并不体现为主观与客观的对立与冲突,相反,壮美的本质仍然体现为主观与客观的统一,只是这主观和客观都格外强大。这样的壮美其实就是太和之美。虽然如此,也不能说中国古典美学中没有崇高这样一种美,这种美存在的,只是不够完善,元杂剧《窦娥冤》中体现在女主角窦娥身上的境遇及其抗争行为就是崇高的,但这出戏最后还是以善有善报恶有恶报结束,这就让这种悲剧式的崇高自我消解了。

近代思想家都高度张扬个体、主体的自由意志,主体精神甚至有些膨胀过头。这与近代危如累卵的家国命运、深入人心的进化论思想都不无关系。几乎把全体中国人压垮的客观情势与渴望振作强大的主体性共同催化、激发了一种站在惊涛中听惊雷、与时代大潮发生强烈共鸣的刚健有力的崇高精神。

20世纪初,像"贵我""纵横任我""天下皆轻而我独重"之类言论甚多,章太炎、谭嗣同等皆推重个人、自我、精神的"不依畔岸"的独立超拔之力。章太炎主张"依自不依他",高度评价尼采"旁若无人"的"超人"哲学,认为"于天地间而有我,天下皆宾而我则主也,天下皆轻而我则重也"(《教育泛论》);谭嗣同极力扩充心之力量,认为"心之力量,虽天地不能比拟,天地之大,可以由心成之毁之,改造之,无不如意"。① 陈独秀甚至偏激地呼唤"强盗主义"和"兽性主义",认为国人的奴隶性根深蒂固,不为国民即为奴隶,"故吾中国欲革除国体之奴隶,不可不用强盗主义,欲革除个人之奴隶,不可不用强盗主义"②。眼见当时的中国青年"手无缚鸡之力,心无一夫之雄,妩媚柔弱,心身薄弱",他还鼓吹"兽性主义",因为兽性具有意志顽狠、善斗不屈、体魄强健、不依他为活等优势。③ 青年鲁迅、青年毛泽东也都服膺进化论,并且终身一以贯之地直面现实和人生、不惧矛盾和冲突,无论在思想上还是实践中都坚持崇高的斗争精神。

所有这些唯"我"独尊、不留余地标举强力意志的言论,莫不是面对中国以及中华文化生死存亡这个重大命时代命题时作出的应激反应。如果从美学的角度看,虽然"力"的表现本身也是一种"美",但它"峻而不和",区别于传统"和"的美学理想,而呈现更多崇高的特质;或者说,当时人们追求的是强者美学而非弱者美学,是主人美学而非奴隶美学,在尼采的话语框架里则是男性美学而非女性美学。

在倡导崇高精神这方面,梁启超最重要。他是自觉地把"崇高"精神纳入其思想体系的代表性人物。他所撰写的《祈战死》《论尚武》等诸多文章中都呼吁国民要有一种"剽悍勇侠之风",大声倡导"心力",并提出了"新民说",认为新民靠的是民之"自新","一曰淬厉其所本有而新之;二曰采补其所本无而新之"(《新民说·释新民之义》)。有新民就会有"新民德",会有"道德革命",这种"革命"的宗旨则在"固其群、善其群、进其群",也能够"爱群",个体能够"除心奴",摆脱心灵羁绊,获得独立自由、自强自尊,则社会亦能得较善之"群治"。梁启超还在评论屈原、杜甫等人的文章中高

---

① 转引自汪晖:《中国近代思想中的传统因素》,见《学人》第 12 辑,江苏文艺出版社 1997 年版。

② 《回读百年:20 世纪中国社会人文论争》第一卷,大象出版社 1999 年版,第 368 页。

③ 参见《回读百年:20 世纪中国社会人文论争》第一卷,大象出版社 1999 年版,第 704 页。

度肯定"痛感"的意义,认为"痛楚的刺激,也是快感之一"。① 这痛感是通向崇高感的。当个体在与巨大甚至无限的对象世界的冲突、矛盾、对峙、对抗中,在经历几乎被吞噬的境遇但最终又因为自身潜能的完全激发而获得自我保存的斗争中,崇高和崇高感诞生了。那作为审美对象而存在的客体(事物或境遇)是崇高的,而人们在斗争中所产生的心理体验就是一种在痛苦中见证自身强大的崇高感。

崇高精神的张扬必然伴之以相应的美学概念的出现。受尼采和叔本华影响,王国维在《〈红楼梦〉评论》中提出"壮美"一词,然壮美并非新词,但王国维用的壮美与中国古典美学中的壮美概念有别,在王国维的心目中,他说的壮美其实就是现代美学中崇高。受康德席勒影响至深的蔡元培则在《以美育代宗教说》中提出"崇闳之美"一词,蔡元培的"崇闳之美"也就是与西方美学中的"崇高"。

崇高之事物不是静观或赏玩的对象。崇高感往往经由痛感而实现。正所谓"风雨如晦,鸡鸣不已",近代史上一代代"中国的脊梁"抵抗侵略、坚持斗争、舍生取义、慷慨赴死的历程,锻造了"崇高"这一"美的最高形式"。中华民族遭受深重危难在国人心中酿造的痛苦、激起的抗争和进化论"物竞天择"的思想,共同把"崇高""崇高感"编织进了华夏美学的机体之中。

第二节　"科玄之争":科学引入美学

近代中国最初是因为震惊于西方的"船坚炮利"而开启"师夷长技"的进程的。西方科学和物质文化的先进性既震惊了国人,又吸引着人们去尽快追赶。其实早在几个世纪前,中国就已经通过传教士接触到了西方科技,但未引起足够的重视和兴趣,甚至被视为"奇技淫巧"。直到19世纪中叶,西方挟工业革命后的科技之力悍然入侵华夏,国人才从帝国残梦中惊醒过来。不过当时人们对科技的接受和理解是不够深刻的,仍然停留在器物制

---

① 　梁启超:《梁启超经典文存》,上海大学出版社2003年版,第123页。

造、通译人才培养等"技"的方面,数十年中,思想界无丝毫变化。直到甲午海战失败以后,国人在制度文化和思想观念方面主动寻求变革,不断反思蜕变,超越器物层面的"西洋之术"才大行其道。这"西洋之术"经过沉淀,已经有更多文化上的意味。杂糅或融合了中国传统基因和西方要素的近代思想学术的诸种特性开始浮现出来,西方科学主义思维其实用性、功能性几乎被全盘接纳,但是,当它试图渗入人生价值和意义层面时,却激起了强烈的反弹。

一、中国传统哲学对科学之真的疏离

中国传统哲学也有真、善、美这样的概念,这三个概念中,善、美两个概念虽然不能等同于西方的善、美概念,但基本意思还是相通的,唯有真这一概念,中西美学的理解差异很大。

西方哲学中的真,其意义是很清楚,就是指客观的真实包括外在形象的真实和内在规律的真实。真作为客观存在反映于主观,则有感觉上的真实、理解上的真实。人对于事物的反映是否真实,是可以检验的,有实验的检验,也有实践的检验。

中国哲学对于真的理解比较宽泛,当然它具有西方哲学所说的这种真——客观的真,但是它更重视主观认为的真,主观认为的真,其检验的标准不来自客观现实,也不经实验的或实践的检验,它主要依据于主观的情怀,这种情怀称之为"诚"。孟子曰:"诚者,天之道;思诚者,人之道。"《中庸》云:"诚者,天之道也;诚之者,人之道也。"本来,"诚"作为天之道是真实的,为客观的真实,但落实为"诚之者"则变为主观的真实。只要心有诚意,就能获得天之诚,当然事实未必如此。所以诚只能是人之道。然而因为将诚归之于天道,这实为人道的诚就具有了客观本体的意义。在实际生活中,无论是为人处世,还是艺术创作,都将这种主观的诚看得比客观的真更重要。

值得指出的是,诚,无论从其词源学的意义还是实践中的运用,它都将主观态度和情感的真实看成决定事物命运的决定性的力量,因此,它与科学上讲的真相差不啻十万八千里。

　　中国传统哲学具有诗性本质，看重这主观情怀性质的诚。因此，主体与天地万物之间不太能建立起认识论意义上的对象关系，去追究对象内在本质，倒反而更容易将客体看成自我的投射，建构起一种自我对自我投射的反思关系，以诚为中介。

　　中国哲学说的"天人合一"，除了荀子等极少数哲学家除外，绝大多数学者不是从认识论意义上来建构的。"天人合一"更多地具有政治上的、伦理学的、美学上的意义。在理论上，"天人合一"应是人合天，而实际上多是以天合人，而这天合人，不是自然合于人的科学理解，而是让自然合于人的政治诉求、伦理诉求、情感诉求。中国古代的人生哲学就建立这种"天人合一"的基础之上，它不是以科学的必然性为支撑，而是以人文主义的应然性为支撑。这种基础是不牢实的，当科学主义的洪流席卷而来的时候，这种人生哲学必然崩塌，人们在张皇四顾之时，必然将目光投向科学主义，视科学主义为救世之方，为立人之方。

二、鲁迅对文化偏至的批判

　　诚然，科学主义是救世之方，也是立人之方，但这只是之一，不是唯一。中国古代建构在人文主义基础之上的人生哲学并不是完全不可取，毕竟几千年来它给中国人提供了安身立命的根基。科学固然是有用的，但人生价值也不能全然归之于"用"。科学主义占据压倒性优势后，亦多有学者质疑其笼罩一切的统治力。其中，起来批判"文化偏至"最有力者当属鲁迅。

　　鲁迅时为青年，对于当时浩浩荡荡"浸及震旦"的西方科学大潮，他总体上抱着颂扬的态度。他写于1907年的《科学史教篇》一文开篇就说由于科学的进步，"自然之力""听命于人间"，使生活便利、灾害减轻……"人间生活之幸福，悉以增进"①。不过，与其在《文化偏至论》中的观点一致，

---

① 《鲁迅全集》第一卷，人民文学出版社1981年版，第25页。

他在赞美"故科学者,神圣之光,照世界者也,可以遏末流而生感动"的同时,也深刻地认识到对待科学的态度不可偏至,不可只趋于科学主义这一极而使"精神渐失"。因为倘若举世只推崇知识,那么"人生必大归于枯寂",长久以后"则美上之感情漓,明敏之思想失,所谓科学,亦同趣于无有矣。"所以,既要牛顿,也要莎士比亚;既要波尔,也要拉斐尔;既要康德,也要贝多芬;既要达尔文,也要卡莱尔。"凡此者,皆所以致人性于全,不使之偏倚,因以见今日之文明者也。"[①]鲁迅的认识无疑是深刻的,也是极为正确的。

三、张君劢、丁文江等的"科玄之争"

更激烈的碰撞体现在十多年后的一场"科玄之争"(也被称为"人生观论战")上。这场争论是因为北大教授张君劢于1923年在清华大学发表的一篇名为《人生观》的演讲引发的。张君劢提出了"科学是否能支配人生观? 人生观是否超于科学之上"的命题,并坚定地认为科学不能支配人生观、人生观应超于科学之上。此论一发表,引起他的好朋友、科学家丁文江的激烈反驳。随后,除了张、丁两位主将不断互驳之外,大批当时思想文化界和科学界的重要人物如梁启超、胡适、陈独秀、任叔永、林宰平、唐钺、张东荪、吴稚晖、范寿康等都以各种形式参与了争论,一时之间成为一个瞩目的文化现象。

张君劢认为,科学为客观的,人生观为主观的,科学为论理的方法所支配,而人生观则起于直觉;科学可以以分析方法下手,而人生观则为综合的;科学为因果律所支配,而人生观则为自由意志的;科学关注世界普遍性,而人生观关注人的个体性。中国自孔孟至宋明理学家,都侧重内心生活之修养,其结果为"精神文明"。西方侧重以人力支配自然界,其结果为"物质文明"。他主张当时的国人要更看重人生观问题,也就是"惟有返求之于己",否则,科学发达而人生观得不到重视,则"人生如机械然,精神上之慰

---

① 《鲁迅全集》第一卷,人民文学出版社1981年版,第378—379页。

安所在，则不可得而知也"①。

丁文江则著文反唇相讥。他劈头就是一句："玄学真是个无赖鬼！"在他看来，不但人生观与科学的界限分不开，就是物质科学与精神科学的分别也无法成立。而且丁文江认为人们对科学有着很深的误解，以为科学是物质的、机械的，其实，"科学不但无所谓向外，而且是教育同修养最好的工具，因为天天求真理，时时想破除成见，不但使学科学的人有求真理的能力，而且有爱真理的诚心。无论遇见什么事，都能平心静气去分析研究，从复杂中求简单，从紊乱中求秩序；拿论理来训练他的意想，而意想力愈增；用经验来指示他的直觉，而直觉力愈活。了然于宇宙生物心理种种关系，才能够真知道生活的乐趣。这种'活泼泼地'心境，只有拿望远镜仰察过天空的虚漠，用显微镜俯视过生物的幽微的人，方能参领得透彻。"②

梁启超先生对张、丁两家进行了居中评论。他尊重张君劢"尊直觉尊自由意志"的主张但又不同意将其泛化，认为自由意志要与理智相辅，"人生观至少也要以主观和客观结合才能成立"。但他也不赞成丁文江科学万能的观点，相信"人类生活，固然离不了理智；但不能说理智包括尽人类生活的全内容"。他承认像"爱""美"这样的情感的确是带有神秘性的，科学家无论如何对之加以分析研究，哪怕把光、线、韵、调之类研究得再透彻，"可有一点儿搔着痒处吗？"梁启超的观点就是，人生关涉理智方面的事项，绝对要用科学方法来解决，关于情感方面的事项，则是"绝对的超科学"③。当时专研教育哲学、后来撰写过《美学概论》的范寿康也加入争论，他认同梁启超思想中的辩证部分，主张科学决不能解决人生问题的全部，但不赞成梁把情感领域视为"绝对超科学"的观点，因为像论理学（逻辑学）、美学、伦理学这样的学科其实都是"规范科学"，理智与情感不是区别科学与非科学的分界线，像情感这样的课题本就已经被纳入心理科学研究的范畴之

① 《科学与人生观》（一），辽宁教育出版社 1998 年版，第 31—35 页。

② 《科学与人生观》（一），辽宁教育出版社 1998 年版，第 49—50 页。

③ 《科学与人生观》（一），辽宁教育出版社 1998 年版，第 128—130 页。

中了。①

这场争论的积极意义十分突出,影响直达现在。像美学这样学科,如何归类目前都还是一个问题。如今将其归属于哲学领域,但其实它更靠近艺术学,然而如果真将其派属于艺术学,又觉得很不恰当。哲学、艺术都属于人文科学,但美学也与社会科学、自然科学有着血缘关系。审美的确可以在社会科学、自然科学中找到可靠的依据,它也是可以在一定程度上量化的。然而将其归属于社会科学、自然科学则更不恰当,科学的笼头套不住审美这匹漂亮的马,它需要自由的天地。如此说来,对待美学上的问题还是以跨学科或者综学科来对待为宜。数千年来在一直在人文温室自我迷醉的中国美学于科学精神极度缺乏,近代科学主义的强劲进入,不啻一声惊雷,将中国古典美学惊醒了。一时间,不知如何动作,乱了手脚。

四、科学引入美学

在中国,美学不仅仅是艺术的元理论,也不仅仅是哲学门类中一个不那么重要的分支,她几乎被等同于"人生之学"。从这个意义上说,"科学与人生观之争",在相当程度上可以被理解为"科学与美学之辩"。尤其像梁启超、范寿康等人更是把人生观的命题往情感、往"爱先生"与"美先生"等方面引,这意味着人生观与美学所涉领域是高度重叠的。

这场影响面甚广的"人生观论战"其实并没有分出所谓的胜负。通过这场争论,我们注意到,建基于"天人合一"本体论的中华传统文化的人文诗性传统在 20 世纪依然彰显出强大生命力,否则不可能在"赛先生"几乎成为压倒性主流意识形态的同时,还有众多学者标举"超科学"的所谓"玄学"之意义并获得认同。中国人的人生观里沉积着深厚的审美感性,审美化的人生观及其思想表达对于国人有一种亲切有味的家园感,人们并不太愿意把修养之学、性灵之学、智慧之学、形而上之学归于工具理性的统辖之下。但与此同时,我们必须认识到,这场争论至少在几个方面对于人生观

---

① 参见《科学与人生观》(二),辽宁教育出版社 1998 年版,第 292、297 页。

的思考同时也使美学的思考产生了积极的意义。

其一，是科学思维和常识被引入人生观领域，廓清了传统文化中留存的一些迷信和迷思。人生观或者美学可以"超科学"，但不能"前科学"，必须建立在一个科学的可靠的宇宙观、世界观基础上。"天人合一"可以作为人生观或美学的本体论、存在论，但不能成为存放类似于"天圆地方、天动地静"这类错误认知的渊薮，否则所谓的人生论美学就会堕入痴人说梦的境地。陈独秀在《科学与人生观》序言中所说，当时"全国最大多数人，还是迷信巫鬼符咒算命卜卦等超物质以上的神秘"，还有人觉得电线是"蜘蛛精"。① 哪怕一些知识精英也存在大量可笑的认知误区、知识盲区，如康有为、谭嗣同认为"脑即电、电即脑"。情形如此，唯有当科学思维淘汰了诸如此类的"迷信"，剔除了许多莫名其妙的玄学腐质，正本清源，人生观或人生论美学才能得到健康的发展。这便是"由迷信时代进步到科学时代"的真正价值所在。

其二，是促进了唯物主义与唯心主义两种哲学思想的二元并存格局。物质世界的客观实存性、主观精神世界具有的超越性，都被多数论者视为讨论的基本前提，"天人合一"也不再停留于一种抽象的观念，人的认知和审美活动不是脱离现世的玄想或静观，而是主客观相统一（"心界""物界"两方面的调和结合）的活动，且具有实践性品格。

从总体上来说，经由"科玄之争"或"人生观论战"，科学的真理性夯实了原先对"真"较为淡漠的人生论美学的基础。当然，科学不能统治人生观，认识不能替代审美，绝对性不能消灭相对性，普遍性不能覆盖个体性，否则情形会如青年鲁迅、晚年梁启超所说的那样，相信"科学万能"，以为一切都受"必然法则"支配，不谈或谈不上"自由意志"，没有或不可能有善恶责任，这就把"安身立命"的根本弄丢了。

人的发展和完善必须经过"必然王国"，但心灵不会停留在这里，终将超越现实的重力奔向"自由王国"——其实，这何尝不是一种经过科学洗

① 《科学与人生观·序一》（一），辽宁教育出版社1998年版。

礼和焕新的"天人合一"的境界？

第三节　"物用之善"：器物审美焕新

与科学之"真"对中国人生观、人生论美学施加影响相一致的，是西方依托于科学技术和工业文明的物质文化，对中华植根于礼制社会和农业文明的生活方式、生产方式构成了巨大压力。西方科技的威力首先体现在其强大的物质性功用，比如船坚炮利，比如洋货横行。而在生产方式、生活方式上受到的影响，也必然会在美学层面体现出来。

如果说科学主义在"求真"的维度廓清了认识论上的迷雾，赋予中国传统人生论美学以理性的基础；那么，是物质文化以其物用之"善"重新调适中华心物关系理论，丰富了中华心灵美学的维度。

一、参天地、赞化育的天人关系

农耕文明呈现为一个初级的"自然人化"的形态和过程，更大程度上还是依赖于"天地"的风调雨顺。其种养收获固然离不开人力参与，但总体上是一种天地化育的结果。人作为"参天地、赞化育"的一个主体环节而进入大化流行；万物生生不息，来自自然，又回归于自然。农业文明积淀了深厚的农耕智慧、生存之道，培植了属于中华文明的有机世界观和以"和合"为核心的人文德性。这种未进入"机械复制时代"的劳动哪怕比较艰辛也是最接近于"诗意地栖居"的。农耕文明一体化的、源远流长的生产生活方式，与中华文明"天人合一"的本体论也是相契合的。从这个角度看，华夏美学生命化、抒情性的原始基因也盖源于此。

中国传统文化基本上是一种以自然为本位的文化。"道法自然"虽然出自道家，但也为儒家以及一切其他的学派所尊崇，因此它是一种全民族的文化。这种文化主张自然本位，自然不是指自然界，是指人的原初本能包括本心。以本能、本心对待自然界，即以人之自然对待物之自然，这种自然与自然的统一，是自统一，在道家哲学看来是最高的统一。道家哲学强调无为,反对有为。有为即人工,人工必然会去运用智慧,会去创造工具,会去追求高效益,这样就只有与自然对立的人,而没有本与人一体的自然了。处这种境地,人就完了。庄子明确地提出要"黜聪明",就是要将与自然对立的种种有为舍弃干净。虽然道家哲学在实际生活中不会发展到如此极端的状态,但它的深层影响,确实妨碍了器物文化的发展。先秦诸子中也只有墨子看重器物的实用价值("善")。

中国传统文化是一种天人合一、主观不分的文化,天人合一、主观不分是如何得以实现的? 中国哲学认为主要靠超越。超越不是物质的,而是精神的。审美也是讲究超越的,张世英说:"审美意识中的自由意识只有靠超越主客二分(亦即超越主客二分式中的主体)、超越自我才能实现。"[①] 这种超越在审美中也许有一定的道理,但在现实生活中,只有精神超越,没有务实的生产实践是不可能实现物质目的的。人与自然的关系、主观与客观的关系,本来就是对立、分离的,必须尊重并认真研究这种对立与分离,以寻找它们在何种意义上可以实现统一。也就是说,必须先承认天人两分、物我两分,才能有效地实现天人合一、物我合一。更重要的,还要将实现主客、物我统一的思维化为物质性的实践,没有物质性的实践,就没有主观统一、物我统一,当然也没有物质成果,没有财富。

道家主张"无",老子说"当其无有室之用",无也是虚,庄子主张"虚其心",虚要求将心中杂念思虑驱除干净,进入一种不思不虑的澄明之境。儒家同样将修炼的功夫转向内,认为"万物皆备于我",只要尽性,就可以明理。到宋明两代理学中出现心学一派,更是将这一唯心之学推到极致。王阳明竟然认为"心外无物""心外无理"。他说:"心者,天地万物之主也。心即天,言心则天地万物皆举之矣。"[②] 这种哲学严重影响中国人的人生观,凡重心重名者,在世人认为雅;而重物重利者,在世人认为俗。这种唯心主义的哲学严重影响中国科学技术的发展。

---

① 张世英:《天人之际——中西哲学的困境与选择》,人民出版社 1995 年版,第 5 页。

② 王阳明:《答季明德》。

西方哲学在古代有重心、重物两派，直到中世纪重心的哲学一直占据重要地位，自文艺复兴以后，重物一派得到长足发展，且与重心一派相融合，借工业革命之实力，发展出强劲的器物文化，推动了社会文明的进步，经济实力大为增长，将古老的中国远远地抛在身后。一直沉醉在心学中的中国人浑然不知。明朝中叶，西方传教士带来的自鸣钟进入中国社会引起多大的惊恐，如今人们难以想象。

西学东渐在明朝就已经发生，徐光启、方以智等人就比较重视"物"，清初如康熙也对几何代数天文地理以及传教士带过来的科技和工业"舶来品"发生了浓厚兴趣。但直到国门被枪炮打开，近代学人在真真切切地体会到亡国灭种的危机之后才"睁开眼睛看世界"，全力拥抱物质文化。"洋务运动"在这样的背景下应势而起。中国，终于从沉醉于礼乐的精神文化中醒过来了，他们面对着的是一个以坚船利炮为代表的足以让千军万马顷刻间失声的器物"魔鬼群"。

中国士大夫掌握的主流美学话语自来轻视器物文化，而将精神境界看得高于一切，器物文化强烈冲击，让中国的精神美学发生巨大而又深刻的变化。

二、西方器物文化的强劲影响

西方器物文化对中国传统美学的正面影响主要体现在两个方面：

（一）中国美学体系中加入了唯物论的思想

中国古代的美学基本上为唯心论美学，道家美学言美在道，其道，其实不是客观的物质之道，而是一种主观的心灵之道。这种心灵之道并非来自现实世界，而是人虚拟的。虽然人虚拟的，却硬将它看作是万物必须依循的原则。此原则在实际的客观世界找不到，最后还得反求于心。

儒家美学喜欢讲理，它讲的理上达于天，称之为天理，实又在心，为心理。这种理在生活中的运用或为仁，或为礼，或为德，名目繁多，然而均都不在现实世界，而在圣人的解释，并且还在个人对于圣人解释的领会。

中国古代讲美，凡涉及物质世界，不管是自然世界，还是人造物世界，都会从中找到一个属于心的本质来。在中国古代哲学看来，美的本质不在物，而在心。

　　所以尽管中国古代历来也有器物美学，但更看重的不是器物本身，而是器物背后所承载、所体现的"道"。造物之美得到价值上的肯定，除了其实用需求外，更多地是因为它们建基于自然之道，合乎社会之道，顺应生命之道。比如玉器的内圆外方是天圆地方的宇宙观的体现，青铜器形制和纹饰是礼制社会秩序结构的外化，温润如玉的瓷器则寄托着文人士大夫对于君子品格和风雅生活情趣的追求……总之，中国古代器物的确蕴含着丰富灿烂的美学意蕴，但器物本质上并不以一种感性、实用的东西而敞开自身，它总是通往一种精神境界，并因这种精神境界而获得价值。

　　唯物论的核心是承认世界是物质的，意识只不过是物质的产物。物的精神属性（比如审美特性）是第二性的，是"实用性的盈余"。西方近代以来物质文化的"物"建立在唯物论基础上，当它作为人的发现物、发明物、创造物出现时，就是人的本质力量的确证，客观上也是社会生产力、社会财富、社会权力的真实体现。物拥有不依附于人的精神而存在的本质属性和本体价值。物有自身之理，亦有自身之力。人需要去研究其内在之"理"，开发其潜藏之"力"，方能得物用之"利"，从而尽物之真、之善、之美。

　　当物的价值得到充分重视，就会有对感性实体（而非"物象"）、感性形式和感性经验的尊重。重视"物"，就会激发对物质世界深入探究的欲望，"格物"所致的"知"就不再只是落在心性方面。重视"物"，也意味对主体潜能的发掘，人不再满足于享受自然态或准自然态之物的物象和意趣，不只耽于品"味"、寻"乐"、体"道"，而是去估价、欣赏、品味造物过程中人的种种付出，不独精神的付出，还有体力的付出、物质的付出、金钱的付出。精神也不再飘忽于物之上，而是嵌入其中。"人生在世，首先是同世界万物'打交道'，也就是对世界万物有所作为。"[①] 人不再只是静观、体验自然物，而是"有所作为"，这作为就是创造财富，创造价值包括创造物质价值。

　　虽然人活着不能没有物资滋养，而且事实上，历代也都重视财富的积

---

① 张世英：《新哲学讲演录》，广西师范大学出版社 2004 年版，第 27 页。

累，无论是国家还是个人，但是中国的文人文化从周朝始，就莫名其妙地贬低物质财富，片面地提高精神财富。中国有"为富不仁"的成语，却没有"为仁不富"的成语。富要为仁控制，仁却不要为富控制。颜回"一箪食，一瓢饮"，没有人看不起他，他自己也看得起自己，原因是他精神高尚。精神高尚不需要物质财富做支撑，而物质财富却必须以精神高尚做基础。这种观念真正的打破是在近代。

（二）中国美学框架内新增了器用美学的维度

中国美学的主体是向内寻觅的心性美学（人生艺术化与艺术人生化），亦可以称为一种心灵化或境界化的美学，向外延伸的器用层面的美学价值不受重视。心与物之中，心为尊；道与技二者，道为上。

随着物质文化强势进入，在偏于虚灵的心性美学以外，更为质实的器具、工艺、技术美学将逐渐进入有识者的视线。而其前提是实业、职业意识的上扬。1917年，著名爱国人士黄炎培先生联合蔡元培、梁启超、张謇等48位教育界、实业界领袖在上海发起成立中华职教社，他并在立社宣言书中说："独念今世界为何等世界，人绝尘而奔，我蛇行而状。"[1] 他指出，当时的美国发明新器物，一年有四万种，而国内几乎没有。陈独秀则说，中国自古以来，羞谈功利货殖，国人"习为游惰"，君子们则"以闲散鸣高"，所以他提出了"职业主义"。[2] 尽管黄炎培所谈者是职业教育，似乎与美学无关，其实不然。器用美学要有生存和发展空间，离不开"职业主义""工匠精神""班墨精神"。在物质文化工具理性的视野里，现代意义上机械化效能化生产、精益求精的工艺流程、人与物相结合的感性工学等才能获得哲学的思考和美学的审视。

"班墨精神"在物质文化的观照下得到了新的发扬，人们越来越认识到，旨在功用最大化、设计最优化的"善"的追求，与"美"的追求是趋于一致的，功能与审美是可以和谐统一的。物质性的创造和制造活动是"善"的，

① 《回读百年：20世纪中国社会人文论争》第一卷，大象出版社1999年版，第706页。
② 《回读百年：20世纪中国社会人文论争》第一卷，大象出版社1999年版，第703页。

也是"美"的；作为创造和制造的结果——物本身是人的本质力量的对象化、具体化，服务于"善"的目标，并且是按照美的规律来赋形的。①

　　摆脱对器物在价值上的偏见，与尊崇科学的真理性一样，对重构乃至创新中华文化有着重要意义。美学的思维方式是"感性认知本身的完满性"（鲍姆嘉通），如果拒绝感性的"善"，排斥科学的"真"，所谓的"美"也就无从谈起。尤其具有历史和现实意义的是，如果一直没有正视科学之"真"与物用之"善"，那么中国的近代化和现代化之路都将无法走通。

　　中华优秀传统文化有着突出的连续性、包容性，更有着突出的创新性。国际性的现代科技、物质文化与华夏诗性文化、礼制文化、农耕文化完全可以达成融合，兼具国际视野和中华特色的中华器物美学的兴起指日可待。

三、清醒警觉的心灵美学

　　必须要指出的是，中华美学中生命化、心灵化、抒情性、超越性的优秀传统并未因受到物质文化的冲击而被颠覆，近代中国对于物质文化的拥抱也是有限度的，甚至是抱着高度警惕的。这一态度在青年鲁迅发表于1908年的《文化偏至论》中得到了较为详尽的表露。

　　鲁迅对于西学持开放态度，但在此文中却可以清楚地看到他在文化上有所保留的一面。他说："近世人士，稍稍耳新学之语，则亦引以为愧，翻然思变，言非同西方之理弗道，事非合西方之术弗行，掊击旧物，惟恐不力，曰将以革前缪而图富强也。"②鲁迅认为中国的"以自尊大"其实有其历史与现实的合理性，因为在漫长的历史长河中，中国人是有理由认为自己的文明是优越的。当西方物质文明以一种居高临下、强不可摧的姿态来到国人面前时，一时之间人人自危。但鲁迅却有着难得的清醒认识。他坚定地说，"物质也，众数也，其道偏至"。③鲁迅清醒地看到，近世物质文化不可避免

----

① 器具自身无所谓善恶，如果它能造福人类就是善的，如果用来侵犯他人、戕害生命、阻碍进步，那就是恶的。笔者文中的"善"是指器物在哲学层面上的功能性而言，不可不察。
② 《鲁迅全集》第一卷，人民文学出版社1981年版，第44页。
③ 《鲁迅全集》第一卷，人民文学出版社1981年版，第46页。

地有其"偏至"："重其外，放其内，取其质，遗其神，林林众生，物欲来蔽，社会憔悴，进步以停……使性灵之光，愈益就于黯淡。"① 这正是19世纪文明"一面之通弊"，是一种"文明的偏至"。

结合中国外部有压迫、内部有危机的形势，一方面不能"安弱守雌，笃于旧习"，另一方面也不能为物质主义的文化偏至带到沟里去，鲁迅一以贯之地强调要对物质文化进行权衡考量，救正其偏颇，只取其精髓而用。鲁迅主张："掊物质而张灵明，任个人而排众数。人既发扬踔厉矣，则邦国亦以兴起。"② 这种批判精神不是出于文化保守主义，而是出于对物质文化压制"灵明""个人"的深刻洞见，出于对过度的物欲必将侵蚀自由心灵并因此反噬审美精神的一种警觉，在"风雨如磐暗故园"的近代，鲁迅先生有如此尊崇个人心灵和自由意志的清醒之论，殊为难得。

第四节 "首在立人"：美育勃兴奇观

近代是一个乱哄哄的时代，明确地说，是一个变革的时代、革命的时代。这个时代的社会现象五花八门，显得有些乱，有些急，有些草率，有些泥沙俱下。但有一奇观倒是过去的时代很少看到的，那就是美育。

那个时代几乎所有的学界大佬都鼓吹美育，曾为民国教育总长的蔡元培不仅让美育放进教育方针，而且明确提出"以美育代宗教"。一度出任民国政府司法总长、财政总长的梁启超在鼓吹美育上丝毫不弱于蔡元培。另外，新文化运动旗手的鲁迅、中国现代美学的奠基人朱光潜等也都在努力地宣传美育，进行美育。这样一种文化现象堪称奇观，不仅中国亘古未有，世界全国也未有。这一文化奇观有着诸多社会、民族、国家的原因，是诸多深层次的矛盾冲突在近代这一特殊的时代骤然一起爆发而造成的。这一奇观是历经苦难的中华民族浴火重生时所展现的绚丽辉光，是时代轰鸣曲中

---

① 《鲁迅全集》第一卷，人民文学出版社1981年版，第53页。
② 《鲁迅全集》第一卷，人民文学出版社1981年版，第46页。

美妙的和声。

一、近代美育勃兴的背景一:"首在立人"

中国最后一个封建王朝——清灭亡之后,人们第一感觉是解放——从君主专制中解放了,自由了。但在兴奋之余,发现虽然个体行动是解放许多了,但思想上并没有多少解放,头脑中落后的反动的陈旧的东西很多,仍然在支配着人们的说话、做事,人们其实并不自由。反动的落后的恐怖的恶魔时刻在准备反扑,而思想并没有做到解放的人们根本无力反抗。这种情状下,革命的果实很可能一夜间被断送干净。

没有新的人构不成或者守不住新的社会、新的国家、新的政府。因此,立人比什么都重要。人的解放最重要的是人性的解放、人格的解放、人权的解放,而体现解放标志,对于刚从王权枷锁中挣脱出来的中华民族来说,没有比做一个自由独立的人更重要的了!而这一切,不能完全寄托于外在力量的赐予,而必须是自己的抗争、努力、奋斗,而这又必须建立在自己的觉醒上。

梁启超痛感中国数千年的腐败皆自奴隶性而来,所以坚决主张去除奴隶性,撰文呼唤"惟我为大"的"我之自由",称"若有欲求真自由者乎,其必自除心中之奴隶始"(《新民说·论自由》)。梁启超与其师康有为一样都极欣赏王阳明的人格精神,也服膺罗近溪"明目张胆而行""巨浸汪洋,纵横任我"的绝大气魄,透显出一种对自由人格的追求,梁启超不厌其烦地讲"我"的无畏和自由,认为一个人"必立志然后能自拔于流俗",强调要有"主宰""头脑""把柄"等。

陈独秀在《敬告青年》中嘱望于新鲜活泼之青年的"自觉而奋斗",提出要培育"六义"之人。六义是"自主的而非奴隶的""进步的而非保守的""进取的而非退隐的""世界的而非锁国的""实利的而非虚文的""科学的而非想象的"①,六义实质是立人。陈独秀认为:"其首在立人,人立而

---

① 《回读百年:20 世纪中国社会人文论争》第一卷,大象出版社 1999 年版,第 380—385 页。在这里,"实利的"主要是指对现实生活世界的尊重,"虚文的"则指空洞的名教;"科学的"指的是合于理性的思想、灵智,"想象的"指的是凭空构造、停留于蒙昧状态的臆想。

后凡事举；若其道术，乃必尊个性而张精神。"①

　　青年鲁迅称得上尼采的信徒，他执着地寻找"真的恶声"，欣赏"恶魔的美"。他赞美意志超绝的"摩罗诗力"。"摩罗"者，"天魔""撒但"之谓也，意在"反抗"，旨在"动作"，不取媚于现世，"争天抗俗"，是"声之最雄桀传美"者。②他在蔑视甜俗的审美鉴赏趣味同时，充分肯定"怪鸮""豪猪""孤独者""黑色人"（复仇者）等形象意义。作为对奴隶主义、物质主义、庸众主义的一种对抗，他强烈主张"崇奉主观""张皇意力"。鲁迅认为，"内部之生活强，则人生之意义亦愈邃，个人尊严之旨趣亦愈明，二十世纪之新精神，殆将立狂风怒浪之间，恃意力以辟生路者也。"③鲁迅深知什么才是真正的人。相比于人的肉体来说，人的精神更重要，因此，他舍弃他原来的治病救人的医生职业，而决定投身于救人灵魂的思想家的事业。

　　认识立人的重要性是有一个过程的。19世纪中叶以来，魏源、郭嵩焘、冯桂芬、容闳、郑观应、张之洞、康有为、严复等纷纷"以教育为救国之要图"。不过，这时候人们关注教育的重心，是在如何学习西方的强国之术。进入20世纪以后，王国维、梁启超、蔡元培、鲁迅等人对教育的核心关切则从"育才"转向了"立人"。立人必须立美。不懂得美，就不懂得真、善，当然，不懂得真、善，也不可能真懂美。基于爱美是人的天性，没有比从美育入手进行立人教育更便捷的了。因此，立人的呼吁中美育成为最引人注意的强音。

二、近代美育勃兴背景二："兴诗成乐"

　　中国美学主体的儒家美学实质是美育学。众所周知，儒家是中国古代意识形态的主体，是国家政权得以存在的理论依据，是百姓做人的基本原则。中国古代的教育首先就是儒家办起来的。儒家的创始人孔子不仅是中国第一位教育家，也是中国美育学的创始人。

---

① 《鲁迅全集》第一卷，人民文学出版社1981年版，第57页。

② 《鲁迅全集》第一卷，人民文学出版社1981年版，第66页。

③ 《鲁迅全集》第一卷，人民文学出版社1981年版，第55—56页。

孔子的教育的主要内容是六艺,六艺是射、御、礼、乐、书、数。这六艺是当时士人生活的主体,它们有些属于技能,有些属于修养,有些属于知识,有些属于娱乐。其中,礼最重要,它属于修养,按现代说法,属于政治,它是国家规定的士人必须遵行的规则。有意思的是,在论述士人的人生修养时,孔子说:"志于道,据于德,依于仁,游于艺。"① 这"艺"是通过"游"实现的。游是什么? 含义很丰富,肯定的是它具有审美性包括娱乐性。

孔子时代,艺这个概念还不能认为是现今的艺术,它为人生的各种技能、修养、本能。现今的艺术在孔子时代属于乐。乐包括诗歌、音乐、舞蹈。孔子时代诗已经分化出来。孔子的美育学不仅体现在"游于艺"上,还体现在诗教、乐教上。孔子说:"兴于诗,立于礼,成于乐。"② 诗、乐属于现今艺术,审美是它的本质属性,但它具有伦理性、政治性,归属于人格教育;礼本质为政治、伦理,但也具有一定的审美性,同样归属于人格教育。"兴于诗、立于礼、成于乐"即为完整的立人教育,其强烈的审美性,说明它整体上属于审美教育。

三、近代美育四主张

近代主张美育的大人物很多,种种观点难以备述,其中最重要的主张有四:

(一)"代宗教"说

"以美育代宗教"说这一观点的提出者是蔡元培。蔡元培曾多次对此观点进行过阐释,并在各种场合做过讲演。他发现宗教非常重视美育,其实美育不应该成为宗教的手段,他说:"美育之附丽于宗教也,常受宗教之累,失其陶养之作用,而转以刺激感情。"③ 蔡元培认为,美育具有特殊重大的使命,主要有二:一是美育是联系现象世界与实体世界,有助于人们建立正确的人生观。他说:"美感者,合美丽与尊严而言之,介乎现象世界与

---

① 《论语·述而》。
② 《论语·泰伯》。
③ 《蔡元培美学文选》,北京大学出版社1983年版,第70页。

实体世界之间,而而为之津梁。"① 二是陶冶情感。他说:"纯粹之美育,所以陶养吾人之感情,使有高尚纯洁之习惯,而使人我之见、损人利己之思念,以渐消沮者也。"② 蔡元培强调以美育代宗教的可能性——因为美有普遍性和超脱性两大根本特性,美学内在地具有宗教般的影响力和感召力,能以美惠及所有民众、渗透人心,因而也能培植人的精神之力,以改造国民性。

王国维有类似的观点。他在发表于1903年的《哲学辨惑》一文中说:"我国上下,日日言教育,而不喜言哲学。夫既言哲学,则不得不言教育学。教育学者,实不过心理学、伦理学、美学之应用。"③ 在王国维这里,美育的主要目的是要用美学(美术)的超功利性"医人世之痛苦"。在《去毒篇》《教育偶感四则》诸文中他提出,宗教适用于下流社会,美术适用于上流社会,美术作用于人的内心情志,是上流社会的宗教,以抚慰于内心的空虚的痛苦。另外,林风眠提出"社会艺术化""以艺术代宗教";创办了中国第一所美术专门学校神州美术院的吕凤子,也提出过"以爱育兼美育代宗教"的口号。

(二)"趣味主义"说

这是梁启超的观点,梁启超强调他的人生观是趣味主义。他说:"假如有人问我,'你信仰什么主义?'我便答道:'我信仰的是趣味主义。'有人问我:'你的人生观拿什么做根柢?'我便答道:'拿趣味做根柢。'"④ 趣味是什么?梁启超将它与美联系起来。他说:"美是人类生活第一元素,或者说还是多种要素中最要者,倘若在生活全内容中把'美'的成分抽出,恐怕便活得不自在甚至活不成。"⑤

---

① 《蔡元培美育论集》,湖南教育出版社1982年版,第5页。
② 《蔡元培美学文选》,北京大学出版社1983年版,第70页。
③ 《千古文心——王国维文选》,百花文艺出版社2002年版,第2页。
④ 梁启超:《饮冰室合集》文集之三十八,中华书局1941年版,第12页。
⑤ 梁启超:《饮冰室合集》文集之三十七,中华书局1941年版,第22页。

朱光潜也很看重趣味，他说："趣味是对于生命的彻悟和留恋。"[①]在梁启超，趣味主义更多的是一种人生哲学；在朱光潜，趣味更多是美学。趣味与审美在很多场合是可以互换的。朱光潜接受康德的审美无利害说，这种审美无利害说，在美学上也称之为观照或静观，朱光潜将他的趣味说与观照静观联系起来，在论及嵇康、王羲之、陶潜、杜甫等的一些诗句时，他说："从诸诗所表现的胸襟气度与理想，就可以明白诗人与艺术家如何在静观默玩中得到人生的最高乐趣。"[②]

(三)"艺术熏陶"说

此说比较普遍，最有力者当为梁启超。梁启超大倡"小说界革命"。他说小说有"熏""浸""刺""提"四种力。"熏"为熏陶之义，"浸"为浸染之义，"刺"为刺激之义，"提"为提升之义，均属于人格培养。

(四)"人生艺术化"说

朱光潜是这一说的主要倡导者。朱光潜的美学很看重艺术，他对美的理解很大程度上来自艺术。艺术来自生活，还得返回生活。艺术的返回生活，就是人生艺术化。这种艺术化，不只是让人生充满趣味，也不只是让人生少点物质功利性，更重要的是让人生永远为理想所照耀。他认为文艺追求境界与人生追求的境界是相通的。他说："文艺到了最高境界，从理智方面说，对于人生世相必有深广的观照与彻底的了解，如阿波罗凭高远眺，华严世界尽成明镜里的光影，大有佛家所谓万法皆空、空而不空的景象；从情感方面说，对于人世悲欢好丑必有平等的真挚的同情，冲突化除后的谐和，不沾小我利害的超越，高等幽默与高度严肃，成为相反者之同一。"[③]

四、近代美育的特点

近代美育具有鲜明的时代的特点，主要有二：

一是近代美育的目的在培养时代战士。前面说到近代美育的背景之一

---

① 《朱光潜美学文集》第二集，上海文艺出版社 1982 年版，第 491 页。
② 《朱光潜美学文集》第二集，上海文艺出版社 1982 年版，第 559 页。
③ 《朱光潜美学文集》第二集，上海文艺出版社 1982 年版，第 244 页。

是立人的需要。孔子的美育也旨在立人，在这点上，近代的美育与孔子的美育一脉相承，但是在立什么人上，它们完全不同。孔子美育旨在培育君子，这君子是封建的卫道士，是王权的维护者，是礼乐文化的推行者；而近代要立的人是战士，是推翻黑暗势力的革命者，也是新生活的建设者。在这个问题上，鲁迅的立场最鲜明，态度最积极。他说："文明如华，蛮野如蕾。文明如实，蛮野如华。"在救亡图存、更新图强的时代，民族要强，国家要强，必须精神要强。他对于文艺的社会作用，更强调对国民的正确引导这一面，在《睁了眼看》一文中，他说："文艺是国民精神所发的光，同时也是引导国民精神的前途的灯火。"

二是在规模上东周孔子及其学生的美育实践远远不能与近代的美育实践相提并论，孔子的美育实践虽然影响深远，但在他从事美育实践的时候，完全是个人的行为，没有任何诸侯国的国君将它提升为国家的行为，因此在孔子的时代，他的美育实践非常有限，仅达于他的学生。而近代志士仁人的美育活动直接影响到国家的教育方针，近代美育最积极的推行者蔡元培利用他做民国教育总长的方便，径直将美育写进教育方针，并且在全国推行。学界巨子、新闻媒体纷纷发声，颂扬美育。除了上面提到过的人物外，康有为、李石岑、太玄、吕澂、李叔同、丰之恺、林风眠、林文铮、吕凤子、徐悲鸿、刘海粟、范寿康、李金发等都积极响应蔡元培的倡议，或改革学校艺术教育，直接投身教学，或组织艺术展览，筹办相关会议，或创办《美育》杂志，如李金发创办了中国第一个《美育》杂志，等等。誉为"人民教育家"的陶行知在20世纪20、30年代提出并长期践行的"活的教育"和"生活教育"，也处处闪烁着美育的光泽。事实上，近代美育的倡导与实践已经形成光耀社会的一道巨景奇观！

第五节　思想解放：审美民权彰显

发轫于1915年的新文化运动是一场在政治、社会、文化方面都产生重大影响的思想解放运动。它可以称作是清朝的封建帝制被推翻后，知识分子对依附于其腐败机体上的思想文化所展开的"清创"运动，一场向西方进步文化学习运动，一场国人图新、国家图强的运动。不仅如此，新文化运动也是一场思想解放运动，古代的许多禁区敢闯了，许多怪论敢说了，自来被认为是异端的不是异端了。这场思想解放运动于美学的影响是巨大的，其中最重要的是民众审美权利得到一定的尊重，民众审美趣味得到凸显。

关于民众审美权利与审美趣味凸显问题，在近代美学变革中，主要表现为两个方面：一是雅俗观念的变革，二是女权运动的开展及审美权利得到尊重。下面，我们分而论之：

一、雅俗观念的变革

按中国传统文化，文人审美趣味为雅，百姓审美趣味为俗，中国古代美学一直是崇雅贬俗，重文人轻百姓。近代的新文化运动将这样一种观念打破了。基于普罗大众（"庶民"）的利益得到了更多的注意和尊重，"引车卖浆者流"的趣味和需求被纳入了主流文化界的考量，美学上雅俗的边界需要重立。这场变革主要体现在文学革命和美术革命上。

（一）面向大众的文学革命

与新文化运动思想解放相适应的，是文学、美术（近代"美术"概念包括绘画、戏曲、雕塑、音乐、舞蹈等几乎全部艺术样式）在形式上发生了变革，应运而生的便是各种文艺革命。文学革命首当其冲。文学革命的核心追求是"俗化"。"俗"主要包含两层含义：一是面向大众，通俗易懂；二是融入新质，与时俱进；三是扩容审美，不忌粗丑。

文学革命（白话文运动）的源头是胡适的《文学改良刍议》。不过，早在胡适发表这篇著名的文章之前二十年，严复、夏曾佑就分析过文言与白话之利弊：文言是"简法之语言"，白话是"繁法之语言"，从心理体验来说，"读简法之语言，则目力逸而心力劳。读繁法之语言，则目力劳而心力逸。而人畏劳其心力也，甚于畏劳其目力。"文言因其高度概括凝练，其中多层累曲折，读起来比较劳心费劲；而白话则因为"微细纤末，罗列秩然"，读起来比较省心省力。① 从审美的角度而言，文言因其阅读时需要主体调动更多理解力和想象力参与其中，事实上是更具有内在的审美张力，审美的创造与阐释空间都很大。但文言文也因此有较高的书写和阅读门槛，不具有面向大众的普适性、工具性、广谱性，也缺少含纳新质内容（尤其是来自西方的新学内容）的包容性和时代性，故很容易变成少部分文人雅士自娱娱人的小众游戏。也就是说，文言只能承载"独善其身"（自我修养）而较难实现"兼济天下"（惠及大众）的使命。这与近代以来的时代氛围和启蒙诉求是格格不入的。所以，对当时的文化人而言，哪怕不得不损耗审美的纯粹性，也要以白话文取代文言文。白话文的兴起，具有时代的必然性。

胡适提出的文学改良八条主张，都是极其简易浅显的，内容有：一曰须言之有物。二曰不摹仿古人。三曰须讲文法。四曰不作无病之呻吟。五曰务去滥调套语。六曰不用典。七曰不讲对仗。八曰不避俗语俗字。② 其中有内容要求，有形式要求，有风格要求。这八条主张本质上不具有鲜明的革命性，但其"破坏性"却非常大，因为它打破了大批文言寄生者的"舒适区"，占领了文人雅士在文化领域的"统治区"。

陈独秀几乎全盘否定了传统文学，提出要分别推倒和建设"三大主义"："曰：推倒雕琢的阿谀的贵族文学，建设平易的抒情的国民文学；曰：推倒陈腐的铺张的古典文学，建设新鲜的立诚的写实文学；曰：推倒迂晦的艰涩的山林文学，建设明了的通俗的社会文学。"③ 话虽有些偏激，但跟胡适的倡导白话文一样，都点中了传统审美文化的一个"死穴"，那就是审美权利问题。

陈独秀的否定传统文学，具有一定的革命性。从身份来看，贵族文学、古典文学的创作者、鉴赏者、评判者并非普罗大众（"小人"），而都是"君子"。这些人都是革命的对象。从文风来看，这些人的文字皆是炫才夸学的自我粉饰，堆砌辞藻的"颂声大作"，追求精致的卖弄风雅，其末流更是

---

① 参见《回读百年：20 世纪中国社会人文论争》第一卷，大象出版社 1999 年版，第 439 页。

② 参见《回读百年：20 世纪中国社会人文论争》第一卷，大象出版社 1999 年版，第 464 页。

③ 《回读百年：20 世纪中国社会人文论争》第一卷，大象出版社 1999 年版，第 474 页。

咬文嚼字，无病呻吟。这样的文学"于其群之大多数无所裨益也"，而"与于阿谀夸张虚伪迂阔之国民性，互为因果"①。以白话取代文言，以国民文学、写实文学、社会文学取代贵族文学、古典文学、山林文学，意味着原来被垄断的审美霸权（话语权、解释权、评判权、欣赏权）随之瓦解，而向更"卑下"也更广大的人群延伸。

这波文学改良和文学革命参与者甚众，重要的人物除胡适陈独秀鲁迅外，还有刘半农（《我之文学改良观》）、钱玄同（《论应用文字之亟宜改良》）、傅斯年（《怎样做白话文》）、蔡元培（《复林琴南书》）》等，"王敬轩"（钱玄同）与刘半农之间还合伙唱了一出关于文学革命的"双簧"。

以美学史的视角观之，参与讨论的年仅26岁的刘半农于文学革命中的美学问题有着深刻而又质实的理论思考。胡适泛泛讲到的"不摹仿古人"这一观点，在刘半农这里得到了美学上的深化。刘半农认为，"非将古人作文之死格式推翻，新文学决不能脱离老文学之窠臼。"②古人死守的"起承转合"四字以及各种所谓格套和章法，制约了思想的自由表达。像八股文中的"乌龟头""蝴蝶夹"等套路，完全违背了"言为心声、文为言之代表"的初衷。心灵原本是活的，"吾辈心灵所至、尽可随意发挥。万不宜以至灵活之一物，受此至无谓之死格式之束缚。"③就形式与审美风味之间的关系，刘半农显然有着更深的认知。他对于韵文改良也提出了很明确的主张。韵文本是中国古典审美的重要样式，如诗词歌赋戏曲。刘半农提出：一是要破坏旧韵重造新韵；二是要增多诗体；三是要提高戏曲在文学中的地位。他说，"无数文人之心思脑血"，不该受制于那种僵化的声谱。对合韵的追求，一直是中国文人沉迷其中不要自拔之事，既痛苦又沉醉。人们却忘记了一点，即声韵之美，原本来自自然，不该在陈陈相因中成为心灵的枷锁。故刘半农抨击道："今但许古人自然，而不许今人自然，必欲以人籁

---

① 《回读百年：20世纪中国社会人文论争》第一卷，大象出版社1999年版，第477页。
② 《回读百年：20世纪中国社会人文论争》第一卷，大象出版社1999年版，第482页。
③ 《回读百年：20世纪中国社会人文论争》第一卷，大象出版社1999年版，第482页。

代天籁……"①这其实就是对于如王国维所说的"第二义之美""古雅美"的沉迷,简直是一种自我催眠,就像美术家不直面自然万象进行创作,却只知道在形式上临摹古人画作一样,困于形式,隔绝真实的自然,与古人自己提出的"外师造化、中得心源"的创作宗旨相去可谓背道而驰。为了让诗的精神少受束缚,刘半农提出在有韵之诗外,还要有"无韵之诗"。

刘氏自认为主张最力者还是戏曲改革,他说"吾辈所填者为吾辈之曲,自宜取材于近,而不宜取材于远",并倡导以今语作曲云云。② 要之,文学戏曲应与时代同步,应贴近当今民众的审美趣味予以通俗化。

许多以白话文创作的文学在早期确实显得幼稚笨拙,如胡适本人的《尝试集》等创作实践,在审美表现上似乎乏善可陈,甚至引得如林纾等反对白话者的讥嘲。但是任何与时代脉搏一起跳动的思想和文学一定会很快会绽放出其强劲的生命力。随着中国近代第一篇白话文小说《狂人日记》的发表,白话文学证明了自身完全可以具有远比文言文更加开阔的审美空间、更加深沉的美学意蕴,并且从此拥有了真正与"现代性"实现接驳的可能性。通俗的白话文学可以让更多的人接受和理解、欣赏和感动。它是与时俱进的,不但有时代性,而且有世界性。

(二) 注重写实的美术革命

至于同为新文化运动一翼的美术革命,其声势和影响远不及文学革命。其主张者主要有吕澂、陈独秀等。吕澂在刊于 1919 年的《美术革命》一文中认为中国传统绘画的创作者主要是文人和画工,所画者雅俗过当,"恒人莫由知所谓美焉"。他同时还批评了当时的绘画"徒袭西画之皮毛,一变而为艳俗"。③

陈独秀与他一唱一和,马上在同一期杂志上以回吕澂信的形式发达了自己的态度:"如果想改良中国画改良,首先要革王画的命。因为改良中国画,断不能不采用洋画写实的精神。"这里的"王画"指清初王时敏、王原祁、

---

① 《回读百年:20 世纪中国社会人文论争》第一卷,大象出版社 1999 年版,第 485 页。

② 《回读百年:20 世纪中国社会人文论争》第一卷,大象出版社 1999 年版,第 487 页。

③ 吕澂:《美术革命》,《新青年》1919 年第 6 卷第 1 号。

王鉴、王翚的画。这样的旨趣与此前康有为在《万木草堂藏画自序》中批评中国绘画重"意""神"而轻"形"传统的态度是一脉相承的。美术革命走的其实也是一条"俗化"之路：美术要直面现实，与时代共振；要改革手法，注重写实；"召唤一个在宋元以后中国艺术中失去了的艺术精神"①。

二、女权运动的开展与女性审美权利的尊重

值得注意的是，新文化运动所关注的大众不只是阶级意义上的底层民众，也有性别意义上的弱势群体：女性。可以这么说，经由新文化运动，女性才能作为一个独立的社会角色得到正视和重视，女性在审美权利结构的演变中的形象才浮出水面，并将在未来美学新形态的塑造过程中发挥出越来越重要的作用。

清末民初诗人柳亚子在《哀女界》一文中引用西方名言："女子者，文明之母也，凡处女子于万重压制之下，教成其奴隶根性既深，则全国民皆奴隶之分子而已。大抵女权不昌之国，其邻于亡也近。"② 在认识到女性天生禀赋的独立价值后，近代众多知识分子对于残害女性身心的缠足陋习、养成女子软弱的夫权制度、使其无知蒙昧的教育之失，大加挞伐，倡导"女子家庭革命"，呼吁要"大兴女学"。秋瑾1906年在上海筹备中国女报，并在《中国女报》发刊词中说："夫今日女界之现象，固于四千年来黑暗世界中稍稍放一线光矣。"③ 新文化运动将女子解放运动推向一个高潮。吴虞写过《女权平议》等文章，李大钊撰文鼓励女子参政，坚决主张"废娼"。叶圣陶则著文探讨尊重女子人格问题，认为人格是"做大群里独立健全的分子的一种精神"。胡适大批"毫无心肝的贞操论"。鲁迅旗帜鲜明地发表"我之节烈观"，认为节烈是"极难，极苦，然而不利自他，无益社会国家，于人生将来又毫无意义的行为，现在已经失去了存在的生命和价值"，还发愿："要

---

① 陈独秀：《美术革命——答吕澂》，《新青年》1919年第6卷第1号。
② 《回读百年：20世纪中国社会人文论争》第一卷，大象出版社1999年版，第740页。
③ 秋瑾：《〈中国女报〉发刊词》，见《回读百年：20世纪中国社会人文论争》第一卷，大象出版社1999年版，第757页。

自己和别人，都纯洁聪明勇猛向上。要除去虚伪的脸谱。要除去世上害己害人的昏迷和强暴。"还发愿："要除去于人生毫无意义的苦痛。要除去制造并赏玩别人苦痛的昏迷和强暴。""我们还要发愿：要人类都受正当的幸福。"①

在女权运动上，张竞生无疑是一个不能忽视的闯将。他是中国第一位性学专家，第一本《性史》编写者。在那个时代公然谈性，虽然并无狎邪，仍被看作惊世骇俗之举，因之他被视为"文妖"。张竞生非常看重女子在创造情爱与美趣在社会上的作用。他认为社会上的事业可以分为男子的事业、女子事业、男女都可从事的事业。他认为女子的事业偏重于美趣事业，他说："女子本是多情感与爱美好的动物"，认为女子应为"艺术之花""慈爱之花""点缀之花""新社会之花"。如此看重女子审美上的特点及其在社会中的特殊的地位，是中国历史上绝无仅有的。更重要的是他还主张"新女性中心论"，他认为，今后进化的社会必以情爱、美趣及牺牲精神为要素，而新女性最富有情爱、美趣和牺牲精神，因此，今后这样一个社会的实现，必须要以女子为中心才能达到。至于新女性如何成为社会中心，他说："新女性如要占社会的中心势力，第一是当养成为情人，第二为美人，第三为女英雄。"②张竞生在担任北京大学哲学教授期间，专门开设了性心理和爱情问题的讲座，并在《美的社会组织法》中提倡优生、反对强制妇女生育、提出"放开自然的胸部"、主张开展性教育等。

女性问题在中国社会结构中一直比较突出，自进入文明社会来，女性始终处于社会低层地位。儒家的男尊女卑观成为社会的集体意识，孔子的"唯女子与小人为难养也"，将女子与小人视为同等地位，表现出对女性的极大的不尊。虽然女性在中国历史上也闪现过骄人的光芒，那只是在极个别的贵族女子身上，而且是在极为特殊的历史情势之下才出现的特例，占人口近一半的女性地位可以说从未发生过根本性的变化。至于审美，中国

---

① 《鲁迅全集》第一卷，人民文学出版社 1981 年版，第 125 页。
② 《张竞生文集》，广州出版社 1998 年版，第 166 页。

历史上也一直重视女性的爱，但女性的爱总摆脱不了男性玩物的性质，女性美视为阴柔之美。中国社会崇阳恋阴，女性所代表的阴柔之美根本不可能与由男性代表的阳刚之美相提并论。女权主义虽然在近代并没有得到真正的实现，但女权运动带来的巨大冲击力仍然不可小觑。

新文化运动中两个革命——文学革命和美术革命所带来雅俗观念的变化具有深刻的时代性与历史性。而新文化运动中的女权问题的提出及在社会上的巨大影响从根本上伤及中国封建社会的根基，它们的共同性都是对于人权主义、民主主义的诉求。新文化运动由思想解放所带来的审美观念的变革是时代变革的标志，是文明进步的标志。

第六节 "超学科化"：主体性的重建

前面我们讨论了近代美学因时代巨变而产生诸多重大蜕变："物竞天择"的思想的张扬造成崇高审美的凸显；科学与玄学之争，让科学引入美学；"物用之善"的提出，推动器物审美得到重视；"首在立人"的思想，促进美育勃兴的奇观出现；思想解放运动让审美民权问题引起社会关注，文学革命、美术革命从根本上改变了贵族审美独尊的地位，而女权运动的开展，让女性审美权利得以重视。近代的种种变革在美学上都朝着一个方向前进，那就是建构一个既具有国际视野，与国际接轨同时又具有中华特点、气质、内容的美学，换句话说，就是构建新中华美学这一美学的主体性。

一、西学与传统在冲撞中结合

在近代历史上，还存在一种守护中华传统哲学（儒家、道家和中国化的佛学）的力量。对西学的接纳与对中国传统哲学的执着往往体现在同一个思想家的身上。比如康有为，他对西方文化持学习的态度，在当时算是开风气之先者，但其思想却以儒家为主体。再比如马一浮，他精通旧学，又精研西学，在以新的视角研究礼乐和中国诗境时，并没有抽去中华文化的根底，而更多地遵循儒学发展内在理路去重新诠释、深化

"仁""礼""化""境"等概念,甚至把西方的真善美理论包括进"六艺"的范畴之中。还有吕澂,他西方美学与佛学同修,二者皆达到了较高的造诣。佛门中李叔同、丰子恺、八指头陀这"佛门三子"都有深厚的中国文化修养,但都能接纳时代的新学。李叔同、丰子恺与西学有着深切的渊源,两位美学思想与艺术事业明显地杂糅着西学与中国传统文化。八指头陀没有西学背景,但他关心时事,与革命家杨度等有着良好交往。通过诗歌创作努力地实现着中国传统文化现代化的工作。

中华传统文化和美学在受到空前冲击之际,有过自我怀疑,有过全盘否定,有过失去自信力的时候,但中华优秀传统文化所具有强韧禀赋——强大的自主性和宽厚的包容性、对传统的延续性和对于时代的适应性以及不断的创新性,使得她在受尽外在的"拷打"和内在的"煎熬"后,能不断吐故纳新,坚持固本培元,始终守正创新,如同凤凰涅槃获得重生。

中华传统哲学的本体论经历了一个否定之否定的辩证过程,先是怡然自得于中国思想源头的"天人合一",但在千年变局之中发生自我怀疑进而吸纳科学主义、物质文化等因子,但与此同时却依然坚持人本主义初心,在新语境里重新确立"天人合一"的价值基座。中华美学最优秀的基因就在这样的蜕变中延续。"天人合一"的境界本身亦是中国人的审美境界。中华美学主体性未曾倾覆,只是在艰难地重建:传统人生论美学在吸纳了科学思想后仍然坚持"爱与美",对工具理性实行超越;中华心灵美学在补上了物质文化一课后仍要纠其"偏至",坚持"张灵明""尊个性"的生命化追求;极具中国特色的"立人"美育理论竟借用西方美学的"审美无利害"观念来抵抗西方功利文化的影响,以保持精神上的崇高性;热烈拥抱"德先生""赛先生"的新文化运动则通过"俗化"努力使审美的价值泽被每一个人,实现中华传统文化所倡导的"大同社会"的理想。

二、美学的学科化

中华美学主体性的重建,重要的一步是美学的学科化。中华美学自古就有,美学思想丰硕灿烂,堪与世界上任何民族媲美。但直到近代并没有得到学科意义上的规约，散见于谈玄悟理、修道参禅、人物品藻、山水审美、诗画赏鉴等言论之中，林林总总，五光十色，虽极精彩，但散珠无链，体系虽有却隐，观点显而不论，停留在"非学科"的状态。

近代中国学人接受西方美学，加速进行着中国美学的学科化建设，大体上有两个阶段：

（一）袭用西方美学某些理论以解决某些具体问题

1910 年前王国维、梁启超、鲁迅、蔡元培等人主要袭用或化用康德、席勒、叔本华、尼采的哲学、美学思想，试图解决一些社会人生以及艺术的问题。其中最重要的代表是王国维 1902 年写的《〈红楼梦〉评论》。这篇文章试图用叔本华、康德、歌德等哲学、美学思想来分析《红楼梦》中的人物形象以及这部巨著的主题思想，取得了辉煌的成绩。

（二）系统地介绍西方美学理论并出版美学概论式的书籍

这一工作开始于 20 世纪 20 年代初，出版的美学书籍主要有吕澂的《美学浅说》《美学概论》《晚近美学说和美的原理》《晚近美学思潮》。稍后出版的有范寿康的《美学概论》、陈望道的《美学概论》、黄忏华的《美学略史》、李石岑的《美育之原理》、李安宅的《美学》等。

这些介绍性的美学著作具有学科化的意义，但基本上是对西舶来的美学"是什么"这个问题做了解答，没有与中华传统美学（虽然并不以"美学"为名）进行融合，因此影响力也比较有限。

（三）在介绍西方美学中融进中国美学

朱光潜在 20 世纪 20 年代末到英国爱丁堡大学留学时，在国内刊物上发表了写给青年的一组书信，漫谈各种人生问题。《给青年的十二封信》其实就是一个人生美学的通俗读本，书中文章先是在国内《一般》杂志上发表，1929 年在开明书店出版。《谈美》是此书其中最后一篇，1932 年独立出版。1936 年朱光潜又出版了《文艺心理学》。《谈美》《文艺心理学》主要还是介绍西方美学，但是渗透进大量的中国古代美学的内涵，实际上是将西方美学在一定程度上中国化了。

三、美学的"跨学科"和"超学科"化

美学的学科化，关注的主要是学科的通约性，即在普遍学理意义上就美学对象、美学性质、美学原理等进行转译和阐述。因为西方主要是德国早在 18 世纪就建构了一个美学体系，因此，中国美学学科的建构首先是在袭用西方美学体系时做一些中国化的处理。这一工作虽然有一定的难度，但并不是不可克服，无非是非驴非马，非中非西。这一工作一直延续到中国的现代，自近代到现代，中国出版了大量的相当于美学原理的书籍。

有意思的是，在建构美学学科的过程中，中华美学也走上了"跨学科""超学科"之路。美学的"跨学科"指的是美学与别的学科的视野融合、边界跨越、范畴挪用、理念互参、工具共享等。跨学科衍生出科技美学、工业美学、工艺美学、教育美学、传媒美学、休闲美学、心理美学、医学美学、身体美学、服饰美学、建筑美学、园林美学等，跨学科创造了诸多的美学的分支，但美学自身的学科本质特性并未改变。

"超学科"是指美学远远超越了一门学科所能涵盖和承载的本体内容和价值功能。它对几乎一切学科进行渗透，进行干预，这一切似是粗暴，不合理，但于美学，这样做，人们不仅能理解，而且能接受。原因有二：人生三大价值真、善、美，美具有一定的特殊性，一是它建立于真、善的基础上，其中融入真、善的内容；二是真、善也受到美的作用，所谓以美引真、以美促善。虽然真、善也有这种对美施予作用的性质，但美远较真、善在这方面自由得多，灵运得多。二是爱美是人类的天性，人喜欢将他面对或参与的一切事物置于审美的视界之中，并且因此激发美感来，甚至将美的因素渗入他的一切生活、一切劳作之中。

现代生活中物质文明、精神文明的快速发展，将美学宠成显学，人们乐于将一切事务做成美的创作，如马克思所说，人是按照美的规律来建造的。于是，美学就自然而然地"超学科"化了。美学无处不至地渗入别的学科，干预别的学科，使得它更哲学化了。美学本来产生于人类的艺术活动中，后来升华成哲学，被称为艺术哲学，它的更进一步的超学科化，则在一定意

义上超出艺术范围，成为纯哲学。虽然是纯哲学，却与传统的哲学不一样，传统的哲学更多地依据于理性和逻辑，将思维以及思维对于生活的干预弄得很乏味，但美学不这样，它更多地躺在感性与情性的襁褓中，而不失理性逻辑地将生活与工作弄得既高效又有趣。

中华民族文化是富有情韵的文化，比较喜欢在感性与理性的统一、情性与德性的圆融、人情与物理的亲和中处理问题，因此，有人说中国文化是一种美学化的文化，中国哲学是一种美学化的哲学。诚然，这不是科学的论断，只是一种体验性的看法。不过，这一情状确为很多人所认可。因此，美学的"超学科"化必然有着自己的特色，这一特色我们理解为中华美学主体性。

中华美学要不要具有一种名之为"中华"的主体性？当然需要。

数学、物理学之类自然科学不存在民族的主体性，但美学存在。美学，按西方本义为"感性学"，但美学在中国早已逸出了一般意义上的"感性学"范畴，它成为了渗入中国人生命的生存之道、发展之道、智慧之道、德性之道、健康之道、宗教之道和艺术之道。中华美学对中国人来说，是美学又超出美学；是哲学又超出哲学。因此，中华美学必定拥有与中国人生命沦肌浃髓的独特性和主体性。

四、境界本体论的中华美学

中华美学的哲学基础是"天人合一"，境界是在天人合一基础上所结出的精神果实，它是中华美学所认为的美之所在。建立在"天人合一"基础上的主客圆融、物我两化、情景统一这样的审美境界不但是艺术的追求，也是人生的追求。中国艺术哲学、诗性文化乃至道德伦理的最核心价值均可以被浓缩于"境界"这个范畴，西方美学体系中的两部分"美论"和"美感论"，被中华美学统一为"意境论"或"境界论"。

近代学者王国维首倡"境界"说。梁启超讲"境者，心造也"，将境之本归之于心。冯友兰提出天地境界说，又将境界由心提升到宇宙人生的整体。与之相应，审美在心与宇宙人生的圆融中流转。王国维从词学化境界，梁启超从思想从境界，冯友兰从哲学论境界。真正从美学论境界是近代的两位美学家宗白华和朱光潜。两位美学家在学术修养上都是跨越中西、贯通古今的，他们的境界论都融合了人生境界论和艺术境界论。朱光潜在《谈美》扉页上题了两句王羲之的诗："群籁虽参差，适我无非新"。这两句诗其实浓缩了朱光潜心目中艺术化的人生境界。在宗白华看来，西方美学发展史的美论、美感论与中国古典美学的实际情形较为隔膜，无法触及艺术和人心之精妙，而中国美学讲的境界可以。他认为，人生在世有五种境界：功利境界；伦理境界；政治境界；学术境界；宗教境界。功利境界主于利，伦理境界主于爱，政治境界主于权，学术境界主于真，宗教境界主于神。但介乎学术境界与宗教境界之间的是："以宇宙人生的具体为对象，赏玩它的色相、秩序、节奏、和谐，借以窥见自我的最深心灵的反映；化实景而为虚景，创形象以为象征，使人类最高的心灵具体化、肉身化，这就是'艺术境界'。艺术境界主于美。"①

随着中华民族伟大复兴事业的开展，中华美学的主体性更加饱满和坚实。人生美学化和美学人生化的主张在中国激起一次又一次回响。20世纪70、80年代全国上下持续发酵着"美学热"，21世纪初在中国涌现着"日常生活美学化"潮流。世界上没有哪个国家的美学能如此威力巨大地大面积地干预生活。进入21世纪，随着工业化的进程加速，环境的严重破坏引起全球有识之士担忧。也就在这样的背景下，一个新的文明——生态文明概念诞生了，新的文明推动着美学的发展。在这种背景下，环境美学、生态美学、文化美学、生活美学、生态文明美学、科学技术美学等各种新的美学分支在中国出现了，美学以从来没有过的规模跨学科地发展着，前进着。虽然流床不定，且支流繁多，但它的主河道是清晰的，那就是人类的和平与幸福。

---

① 《宗白华全集》（二），安徽教育出版社1994年版，第361页。

主要参考书目

1. 司马迁等:《点校本二十四史》,中华书局1959—1977年版。
2. 司马光:《资治通鉴》,中华书局2007年版。
3. 赵翼,贾光甫校点:《廿二史劄记》,凤凰出版社2008年版。
4. 范文澜:《中国通史简编》,人民出版社1949、1965年版。
5. 郭沫若主编:《中国通史》,人民出版社1962年版。
6. 钱穆:《国史大纲》,商务印书馆2008年版。
7. [加]卜正民主编:《哈佛中国史》,中信出版社2016年版。
8. 侯外庐等:《中国思想通史》,人民出版社1956年版。
9. 陈戍国:《中国礼制史》,湖南教育出版社1993年版。
10. 冯友兰:《中国哲学新编》,人民出版社2001年版。
11. 童浩主编:《哲学范畴史》,河南人民出版社1987年版。
12. 郑振铎:《插图本中国文学史》,作家出版社1957年版。
13. 陆侃如、冯沅君撰:《中国诗史》,人民文学出版社1983年版。
14. 李泽厚:《美的历程》,文物出版社1981年版。
15. 李泽厚:《华夏美学》,安徽文艺出版社1984年版。
16. 李泽厚、刘纲纪主编:《中国美学史》第一卷、第二卷,中国社会科学出版社
    1984、1987年版。
17. 敏泽:《中国美学思想史》,齐鲁书社1989年版。
18. 叶朗:《中国美学史大纲》,上海人民出版社1985年版。
19. 郭绍虞:《中国文学批评史》,上海古籍出版社1979年版。
20. 梁思成:《中国建筑史》,百花文艺出版社2005年版。

21. 梁思成:《中国雕塑史》,百花文艺出版社 1997 年版。

22. 雷从云、陈绍棣、林秀贞:《中国宫殿史》,百花文艺出版社 2008 年版。

23. 周维权:《中国古典园林史》,清华大学出版社 1999 年版。

24. 陈衡恪等撰,阎丽川编:《诸家中国美术史著选汇》,吉林美术出版社 1992 年版。

25. 郑午昌撰,陈佩秋导读:《中国画学全史》,上海古籍出版社 2001 年版。

26. 丛文俊、华人德、刘涛等:《中国书法史》,江苏凤凰教育出版社 2020 年版。

27. 任继愈主编:《中国佛教史》,中国社会科学出版社 1988 年版。

28. 任继愈主编:《中国道教史》,上海人民出版社 1990 年版。

29. 世界书局编:《诸子集成》,上海书店 1986 年版。

30. 四川大学古籍研究所、中华诸子宝藏编纂委员会编:《诸子集成补编》,四川人民出版社 1997 年版。

31. 阮元编著:《十三经注疏》,中华书局 1979 年版。

32. 朱安群、罗宗阳、郭丹等编著:《十三经直解》,江西人民出版社 2013 年版。

33. 巴蜀书社编:《汉小学四种》,巴蜀书社 2001 年版。

34. 严可均编:《全上古三代秦汉三国六朝文》,中华书局 1958 年版。

35. 逯钦立辑校:《先秦汉魏晋南北朝诗》,中华书局 2008 年版。

36. 董诰等编:《全唐文》,上海古籍出版社 1960 年版。

37. 曾枣庄、刘琳等编:《全宋文》,上海辞书出版社 2006 年版。

38. 周凤梧等编:《全辽金文》,山西古籍出版社 2002 年版。

39. 黄宗羲编:《明文海》,中华书局 1987 年版。

40. 沈粹芬编:《清文汇》,北京出版社 1995 年版。

41. 守一子编著:《道藏精华录》,浙江古籍出版社 1989 年版。

42. 赖永海主编:《佛教十三经》,中华书局 2015 年版。

43. 叶朗总主编:《中国历代美学文库》,高等教育出版社 2003 年版。

44. 郭绍虞主编:《中国历代文论选》(七卷),人民文学出版社 1996—1999 年版。

45. 何文焕编:《历代诗话》,中华书局 1981 年版。

46. 丁福保编:《历代诗话续编》,中华书局 1983 年版。

47. 阮阅编:《诗话总龟》,人民文学出版社 1987 年版。

48. 常振国、降云编:《历代诗话论作家》,湖南文艺出版社 1986 年版。

49. 徐邦达编:《中国绘画史图录》,上海人民出版社 1981 年版。

50. 潘运告主编：《中国书画论》丛书，湖南美术出版社 1999 年版。

51. 沈子丞编：《历代论画名著汇编》，文物出版社 1982 年版。

52. 刘正成主编：《中国书法全集》，荣宝斋出版社 1996 年版。

53. 华正人编：《历代书法论文选》，（台北）华正书局 1997 年版。

54. 中国古代书画鉴定组：《中国古代绘画全集》，浙江人民美术出版社 1997 年版。

55. 于安澜编：《画品丛书》《画史丛书》《画论丛刊》，河南大学出版社 2009 年版。

56. 黄宾虹：《美术丛书》（全四十册），浙江人民美术出版社 2013 年版。

57. 卢辅圣主编：《中国书画全书》，上海人民美术出版社 1993 年版。

58. 陈应时：《中国乐律学探微》，上海音乐学院出版社 2004 年版。

59. 蔡仲德编注：《中国音乐美学史资料注译》，人民音乐出版社 1990 年版。

60. 中央音乐学院中国音乐研究所编：《中国古代音乐史料辑要》，中华书局 1962 年版。

61. 陈旸撰，张国强点校：《乐书点校》，中州古籍出版社 2019 年版。

62. 孙逊、孙菊园编：《中国古典小说美学资料汇粹》，上海古籍出版社 1991 年版。

63. 孔另境辑录：《中国小说史料》，古典文学出版社 1957 年版。

64. 黄霖、韩同文选注：《中国历代小说论著选》，江西人民出版社 1982 年版。

65. 沈从文：《中国古代服饰研究》，上海世纪出版社、上海书店出版社 2005 年版。

66. 阎文儒：《中国石窟艺术总论》，广西师范大学出版社 2003 年版。

67. 钱锺书：《管锥编》《谈艺录》，中华书局 1979,1984 年版。

68. 梁思成：《凝动的音乐》，百花文艺出版社 2006 年版。

69. 梁思成：《拙匠随笔》，百花文艺出版社 2005 年版。

70. 杨鸿勋：《杨鸿勋建筑考古学论文集》（增订版），清华大学出版社 2008 年版。

71. 宗福邦等：《故训汇纂》，商务印书馆 2003 年版。

72. 《马克思恩格斯选集》，人民出版社 1995 年版。

73. 《马克思古代社会史笔记》，人民出版社 1996 年版。

74. [俄] 普列汉诺夫：《没有地址的信　艺术与社会生活》，人民文学出版社 1962 年版。

75. [英] 詹·乔·弗雷泽撰，徐育新等译：《金枝》，中国民间文学出版社 1987 年版。

76. [法] 列维－布留尔撰，丁由译：《原始思维》，商务印书馆 1981 年版。

77. [美] 张光直：《中国考古学论文集》，生活·读书·新知三联书店 1999 年版。

78. [美] 班大为:《中国上古史实揭秘》,上海古籍出版社 2008 年版。

79. [澳] 刘莉:《中国新石器时代:迈向早期国家之路》,文物出版社 2007 年版。

80. [意] 维科撰,朱光潜译:《新科学》,商务印书馆 1989 年版。

81. [德] 康德撰,宗白华译:《判断力批评》,商务印书馆 1964 年版。

82. [德] 黑格尔撰,朱光潜译:《美学》,商务印书馆 1981 年版。

83. [美] 摩尔根撰,杨东莼译:《古代社会》,商务印书馆 2012 年版。

84. [德] 格罗塞撰,蔡慕晖译:《艺术的起源》,商务印书馆 2009 年版。

85. [瑞典] 安特生撰:《甘肃考古记》,地质专报甲种第五号,见《农商部地质研究》,北平,1923 年。

86. 袁珂:《中国古代神话》,中华书局 1960 年版。

87. 袁珂、周明编:《中国神话资料萃编》,四川省社会科学院出版社 1985 年版。

88. 刘城淮:《中国上古神话》,上海文艺出版社 1988 年版。

89. 庞进:《中国龙文化》,重庆出版社 2007 年版。

90. 庞进:《凤图腾》,中国和平出版社 2006 年版。

91. 富有光:《萨满艺术论》,学苑出版社 2010 年版。

92. 胡新生:《中国古代巫术》,山东人民出版社、人民出版社 2010 年版。

93. 孟慧英:《中国原始信仰研究》,中国社会科学出版社 2010 年版。

94. 殷伟、任政编著:《中国鱼文化》,文物出版社 2009 年版。

95. 李济:《中国早期文明》,上海人民出版社 2007 年版。

96. 裴文中:《旧石器时代之艺术》,商务印书馆 1999 年版。

97. 徐旭生:《中国古史的传说时代》,文物出版社 1995 年版。

98. 顾颉刚:《古史辨》,上海古籍出版社 1982 年版。

99. 刘起釪:《古史续辩》,中国社会科学出版社 1991 年版。

100. 李学勤主编:《中国古代文明的起源》,上海科学技术文献出版社 2007 年版。

101. 夏鼐:《夏鼐文集》,社会科学文献出版社 2000 年版。

102. 苏秉琦:《苏秉琦文集》,文物出版社 2010 年版。

103. 河南省文物考古研究所:《舞阳贾湖》,科学出版社 1999 年版。

104. 浙江省文物考古研究所:《良渚遗址群考古报告之一:瑶山》,文物出版社 2003 年版。

105. 浙江省文物考古研究所:《良渚遗址群考古报告之二:反山》,文物出版社 2005 年版。

106. 张星德:《红山文化研究》,中国社会科学出版社 2005 年版。

107. 郭大顺:《红山文化考古记》,辽宁人民出版社 2009 年版。

108. 刘军:《河姆渡文化》,文物出版社 2006 年版。

109. 河姆渡遗址博物馆编:《河姆渡文化精粹》,文物出版社 2002 年版。

110. 湖北省博物馆编:《屈家岭——长江中游的史前文化》,文物出版社 2007 年版。

111. 王志安:《马家窑彩陶文化探源》,文物出版社 2016 年版。

112. 王海东编著:《马家窑彩陶鉴识》,甘肃人民美术出版社 2005 年版。

113. 解希恭主编:《襄汾陶寺遗址研究》,科学出版社 2007 年版。

114. 许顺湛:《五帝时代研究》,中州古籍出版社 2005 年版。

115. 尹达:《新石器时代》,生活·读书·新知三联书店 1955 年版。

116. 佟柱臣:《中国新石器研究》,巴蜀书社 1998 年版。

117. 张之恒等:《中国旧石器时代考古》,南京大学出版社 2003 年版。

118. 张之恒:《中国新石器时代考古》,南京大学出版社 2004 年版。

119. 张朋川:《中国彩陶画谱》,文物出版社 2005 年版。

120. 栾秉璈:《古玉鉴别》,文物出版社 2008 年版。

121. 杨伯达:《杨伯达论玉》,紫禁城出版社 2006 年版。

122. 盖山林:《世界岩画的文化阐释》,北京图书馆出版社 2001 年版。

123. 陈兆复:《中国岩画发现史》,上海人民出版社 2009 年版。

124. 夏商周断代工程专家组编:《夏商周断代工程》,世界图书出版公司 2000 年版。

125. 詹子庆:《夏史与夏代文明》,上海科学技术文献出版社 2007 年版。

126. 中国社会科学院考古研究所编:《中国考古学·夏商卷》,中国社会科学出版社 2003 年版。

127. 中国社会科学院考古研究所编:《中国早期青铜文化》,科学出版社 2008 年版。

128. 郑杰祥:《新石器时代与夏代文明》,上海科学技术文献出版社 2007 年版。

129. 张渭莲:《商文明的形成》,文物出版社 2008 年版。

130. 孟世凯:《商史与商代文明》,上海科学技术文献出版社 2007 年版。

131. 吴浩坤、潘悠:《中国甲骨学史》,上海人民出版社 1984 年版。

132. 李学勤、彭裕商:《殷墟甲骨分期研究》,上海古籍出版社 1996 年版。

133. 许倬云：《西周史》，生活·读书·新知三联书店 2012 年版。

134. 张广志：《西周史与西周文明》，上海科学技术文献出版社 2007 年版。

135. 阎步克：《服周之冕》，中华书局 2009 年版。

136. 童书业：《春秋史》，上海古籍出版社 2003 年版。

137. [美] 张光直：《中国青铜时代》第一集、第二集，生活·读书·新知三联书店 1982、1990 年版。

138. 孙华：《四川盆地的青铜时代》，科学出版社 2000 年版。

139. 李鼎祚集解，王丰先点校：《周易集解》，中华书局 2016 年版。

140. 朱熹注，李剑雄标点：《周易》，上海古籍出版社 1995 年版。

141. 程颐撰，王孝鱼点校：《周易程氏传》，中华书局 2011 年版。

142. 朱谦之：《老子校释》，中华书局 1984 年版。

143. 曾运乾注：《尚书正读》，中华书局 1984 年版。

144. 刘尚慈译注：《春秋公羊传译注》，中华书局 2010 年版。

145. 杨伯峻编著：《春秋左传注》，中华书局 2009 年版。

146. 高士奇：《左传纪事本末》，中华书局 2015 年版。

147. 白本松译注：《春秋穀梁传全译》，贵州人民出版社 1998 年版。

148. 王文锦译解：《礼记译解》，中华书局 2001 年版。

149. 钱玄等注译：《周礼》，岳麓书社 2001 年版。

150. 彭林译注：《仪礼》，中华书局 2021 年版。

151. 邬国义等译注：《国语译注》，上海古籍出版社 1994 年版。

152. 高明校注：《帛书老子校注》，中华书局 1996 年版。

153. 陈鼓应注译：《老子注译及评介》，中华书局 1984 年版。

154. 程树德撰，程俊英、蒋见元点校：《论语集释》，中华书局 1990 年版。

155. 杨伯峻译注：《论语译注》，中华书局 1980 年版。

156. 杨伯峻译注：《孟子译注》，中华书局 1960 年版。

157. 焦循撰，沈文倬点校：《孟子正义》，中华书局 1987 年版。

158. 王先谦撰，沈啸寰、王星贤点校：《荀子集解》，中华书局 1988 年版。

159. 朱熹撰，钟哲点校：《四书章句集注》，中华书局 1983 年版。

160. 吴毓江撰，孙启治点校：《墨子校注》，中华书局 1993 年版。

161. 王先谦撰，刘武撰、沈啸寰点校：《庄子集解》，中华书局 1987 年版。

162. 陈鼓应：《庄子今注今译》，中华书局 1983 年版。

163. 杨伯峻：《列子集释》，中华书局 1985 年版。

164. 黎翔凤撰，梁运华整理：《管子校注》，中华书局 2004 年版。

165. 王先慎撰，钟哲点校：《韩非子集解》，中华书局 1998 年版。

166. 梁启雄：《韩子浅解》，中华书局 2009 年版。

167. 孙武撰，郭化若译注：《孙子译注》，上海古籍出版社 1988 年版。

168. 袁珂校译：《山海经校译》，上海古籍出版社 1995 年版。

169. 叶舒宪、萧兵、郑在书：《山海经的文化寻踪——想象地理学与东西文化碰触》，湖北人民出版社 2004 年版。

170. 黄怀信等校注：《逸周书汇校集注》，上海古籍出版社 2007 年版。

171. 程俊英、蒋见元注析：《诗经注析》，中华书局 1991 年版。

172. 陈子展：《楚辞直解》，江苏古籍出版社 1988 年版。

173. 张登本、孙理学主编：《黄帝内经》，新世界出版社 2008 年版。

174. 许维遹撰，梁运华整理：《吕氏春秋集释》，中华书局 2009 年版。

175. 陆贾撰，王利器校注：《新语校注》，中华书局 1986 年版。

176. 贾谊撰，阎振益、钟夏校注：《新书校注》，中华书局 2000 年版。

177. 吴云、李春台校注：《贾谊集校注》，天津古籍出版社 2010 年版。

178. 刘文典撰，冯逸、乔华点校：《淮南鸿烈集解》，中华书局 1989 年版。

179. 何宁：《淮南子集释》，中华书局 1998 年版。

180. 苏舆撰，钟哲点校：《春秋繁露义证》，中华书局 1992 年版。

181. 扬雄撰，汪荣宝义疏，陈仲夫点校：《法言义疏》，中华书局 1987 年版。

182. 扬雄撰，司马光注，刘韶军点校：《太玄集注》，中华书局 1998 年版。

183. 司马相如撰，李孝中点校：《司马相如集校注》，巴蜀书社 2000 年版。

184. 陈立撰，吴则虞点校：《白虎通疏证》，中华书局 1994 年版。

185. 刘向撰，向宗鲁校证：《说苑校证》，中华书局 1987 年版。

186. 王符撰，汪继培笺，彭铎校正：《潜夫论笺校正》，中华书局 1985 年版。

187. 黄晖，刘盼遂：《论衡校释》（附论衡集解），中华书局 1990 年版。

188. 张衡撰，张震泽校注：《张衡诗文集校注》，上海古籍出版社 2009 年版。

189. 费振刚、胡双宝、宗明华辑：《全汉赋》，北京大学出版社 1993 年版。

190. 叶幼明：《辞赋通论》，湖南教育出版社 1991 年版。

191. 韩婴撰，许维遹校释：《韩诗外传集释》，中华书局 1980 年版。

192. 王先谦撰，吴格点校：《诗三家义集疏》，中华书局 1987 年版。

193. 陈桐生:《〈孔子诗论〉研究》,中华书局 2004 年版。

194. 马瑞辰:《毛诗传笺通释》,中华书局 1989 年版。

195. 郭茂倩编:《乐府诗集》,中华书局 1979 年版。

196. 隋树森集释:《古诗十九首集释》,中华书局 1955 年版。

197. 王逸章句,洪兴祖补注:《楚辞补注》,中华书局 2002 年版。

198. 应劭撰,王利器校注:《风俗通义校注》,中华书局 1981 年版。

199. 朱存明:《汉画像之美:汉画像与中国传统审美观念研究》,商务印书馆 2011 年版。

200. 张道一:《画像石鉴赏》,文化艺术出版社 2019 年版。

201. 杨絮飞:《汉画像石造型艺术》,河南大学出版社 2010 年版。

202. 王明校:《太平经合校》,中华书局 1960 年版。

203. 王葆玹:《今古文经学新论》,中国社会科学出版社 1997 年版。

204. 万绳楠:《魏晋南北朝文化史》,黄山书社 1989 年版。

205. 胡孚琛:《魏晋神仙道教》,人民出版社 1989 年版。

206. 潘显一等:《道教美学思想史研究》,商务印书馆 2010 年版。

207. [日] 小野泽精一、福永光司、山井涌编著,李庆译:《气的思想——中国的自然观和人的观念的发展》,上海人民出版社 1999 年版。

208. 曹操、曹丕、曹植撰,宋效年、向焱点校:《三曹集》,黄山书社 2019 年版。

209. 王弼撰,楼宇烈校释:《王弼集校释》,中华书局 1980 年版。

210. 阮籍撰,陈伯君校注:《阮籍集校注》,中华书局 2014 年版。

211. 嵇康撰,戴明扬校注:《嵇康集校注》,中华书局 2018 年版。

212. 郭象注,成玄英疏:《庄子注疏》,中华书局 2020 年版。

213. 王嘉撰,萧绮录、齐治平校注:《拾遗记》,中华书局 1981 年版。

214. 庾信著,倪璠笺注,许逸民校点:《庾子山集注》,中华书局 1980 年版。

215. 刘义庆撰,徐震堮校笺:《世说新语校笺》,中华书局 1984 年版。

216. 刘邵撰,王晓毅译注:《人物志译注》,中华书局 2019 年版。

217. 陶渊明撰,袁行霈笺注:《陶渊明集笺注》,中华书局 2003 年版。

218. 杨衒之撰,杨勇校笺:《洛阳伽蓝记校笺》,中华书局 2006 年版。

219. 袁康撰,李步嘉校释:《越绝书校释》,武汉大学出版社 1992 年版。

220. 葛洪集、成林、程章灿译注:《西京杂记全译》,贵州人民出版社 1993 年版。

221. 何清谷校译:《三辅黄图校译》,中华书局 2005 年版。

222. 王明：《抱朴子内篇校释》，中华书局 1985 年版。

223. 杨明照：《抱朴子外篇校笺》，中华书局 1997 年版。

224. 刘勰撰，范文澜注：《文心雕龙注》，人民文学出版社 1958 年版。

225. 陆机撰，张少康集释：《文赋集释》，人民文学出版社 2002 年版。

226. 沈约撰，陈庆元校笺：《沈约集校笺》，浙江古籍出版社 1995 年版。

227. 萧统编，李善等注：《六臣注文选》，浙江古籍出版社 1999 年版。

228. 郦道元撰，陈桥驿校注：《水经注校正》，中华书局 2013 年版。

229. 干宝撰，汪绍楹校注：《搜神记》，中华书局 1979 年版。

230. 刘成纪：《先秦两汉艺术观念史》，人民出版社 2017 年版。

231. 吴兢撰，谢保成集校：《贞观政要集校》，中华书局 2009 年版。

232. 杜佑撰，王文锦等点校：《通典》，中华书局 2014 年版。

233. 刘知几撰，浦起龙释：《史通通释》，上海古籍出版社 1978 年版。

234. 王溥：《唐会要》，上海古籍出版社 1991 年版。

235. 陈子昂撰，徐鹏校点：《陈子昂集》，上海古籍出版社 2013 年版。

236. 王昌龄撰，胡问涛、罗琴校注：《王昌龄集编年校注》，巴蜀书社 2000 年版。

237. 李白撰，王琦注：《李太白全集》，中华书局 1977 年版。

238. 杜甫撰，谢思炜校注：《杜甫集校注》，上海古籍出版社 1984 年版。

239. 高文、王刘纯选注：《高适岑参选集》，上海古籍出版社 1988 年版。

240. 王维撰，赵殿成笺注：《王右丞集笺注》，上海古籍出版社 1984 年版。

241. 李贺撰，王琦等注：《李贺诗歌集注》，上海人民出版社 1977 年版。

242. 杜牧撰，陈允吉校点：《樊川文集》，上海古籍出版社 2007 年版。

243. 韩愈撰，钱仲联、马茂元校点：《韩愈全集》，上海古籍出版社 1997 年版。

244. 柳宗元：《柳河东全集》，中国书店 1991 年版。

245. 白居易撰，顾学颉校点：《白居易集》，中华书局 1979 年版。

246. 刘禹锡著，卞孝萱等点校：《刘禹锡集》，中华书局 1990 年版。

247. 李商隐撰，郑在瀛注：《李商隐诗集今注》，武汉大学出版社 2001 年版。

248. 司空图撰，祖保泉、陶礼天笺校：《司空表圣诗文集笺校》，安徽大学出版社 2002 年版。

249. 孙映逵主编：《全唐诗流派品汇》，北方文艺出版社 1998 年版。

250. 竺岳兵主编，唐大溪、李招红副主编：《唐诗之路综论》，中国文史出版社 2003 年版。

251. 竺岳兵主编：《唐诗之路唐诗总集》，中国文史出版社 2003 年版。

252. 竺岳兵：《唐诗之路唐代诗人行迹考》，中国文史出版社 2004 年版。

253. 司空图撰，郭绍虞集解：《诗品集解》，人民文学出版社 1963 年版。

254. 殷璠撰，王克让注：《河岳英灵集注》，巴蜀书社 2006 年版。

255. 皎然撰，李壮鹰校注：《诗式校注》，人民文学出版社 2013 年版。

256. [日] 遍照金刚：《文镜秘府论》，人民文学出版社 1975 年版。

257. 段成式撰，方南生点校：《酉阳杂俎》，中华书局 1981 年版。

258. 张彦远撰，秦仲文、黄苗子点校：《历代名画记》，人民美术出版社 1963 年版。

259. 崔令钦撰，任半塘笺订：《教坊记笺订》，中华书局 2012 年版。

260. 王灼撰，岳珍校正：《碧鸡漫志校正》，人民文学出版社 2015 年版。

261. 徐松撰，张穆注解：《唐两京城坊考》，中华书局 1985 年版。

262. 汪辟疆校录：《唐人小说》，上海古籍出版社 1978 年版。

263. 李时人编：《全唐五代小说》，陕西人民出版社 1998 年版。

264. 王士禛原编，郑方坤删补，戴鸿森校点：《五代诗话》，人民文学出版社 1989 年版。

265. 李森编：《中国禅宗大全》，长春出版社 1991 年版。

266. 慧能撰，郭朋校释：《坛经》，中华书局 2012 年版。

267. 普济编著：《五灯会元》，中华书局 1984 年版。

268. 实叉难陀译：《华严经》，上海古籍出版社 1991 年版。

269. 法藏著，方立天校释：《华严金师子章校释》，中华书局 1983 年版。

270. 方东美：《华严宗哲学》，中华书局 2012 年版。

271. 王重民等编：《敦煌变文集》，人民文学出版社 1984 年版。

272. 黄征、张涌泉校注：《敦煌变文校注》，中华书局 1997 年版。

273. 穆纪光：《敦煌艺术哲学》，商务印书馆 2007 年版。

274. 欧阳修：《欧阳修全集》，中国书店 1991 年版。

275. 苏东坡：《苏东坡全集》，中国书店 1986 年版。

276. 黄庭坚撰，刘尚荣校点：《黄庭坚诗集注》，中华书局 2003 年版。

277. 周敦颐撰，陈克明点校：《周敦颐集》，中华书局 2009 年版。

278. 邵雍撰，郭彧整理：《邵雍集》，中华书局 2010 年版。

279. 邵雍撰，黄畿注，卫绍生校理：《皇极经世书》，中州古籍出版社 1992 年版。

280. 张载撰，章锡琛点校：《张载集》，中华书局 1978 年版。

281. 程颢、程颐撰,王孝鱼点校:《二程集》,中华书局 1981 年版。

282. 朱熹撰,朱杰人等主编:《朱子全书》,上海古籍出版社 2002 年版。

283. 束景南:《朱子大传》,商务印书馆 2003 年版。

284. 陆九渊撰,钟哲校:《陆九渊集》,中华书局 1980 年版。

285. 陆游:《陆放翁全集》,中国书店 1986 年版。

286. 陆游撰,李剑雄、刘德权译注:《老学庵笔记》,中华书局 1979 年版。

287. 罗大经撰,王瑞来点校:《鹤林玉露》,中华书局 1983 年版。

288. 沈括撰,侯真平校点:《梦溪笔谈》,岳麓书社 2002 年版。

289. 黄休复撰,何韫若、林孔翼注:《益州名画录》,四川人民出版社 1982 年版。

290. 郭若虚撰,黄苗子点校:《图画见闻志》,上海人民美术出版社 1964 年版。

291. 孟元老撰,伊永文笺注:《东京梦华录》,中华书局 2006 年版。

292. 周城撰,单远慕点校:《宋东京考》,中华书局 1988 年版。

293. 李濂撰,周宝珠、程民生点校:《汴京遗迹志》,中华书局 1999 年版。

294. 北京大学古文献研究所点校:《全宋诗》,北京大学出版社 1998 年版。

295. 唐圭璋编:《全宋词》,中华书局 1965 年版。

296. 严羽撰,郭绍虞注:《沧浪诗话校释》,人民文学出版社 1983 年版。

297. 魏庆之编:《诗人玉屑》,上海古籍出版社 1978 年版。

298. 辛弃疾撰,邓广铭笺注:《稼轩词编年笺注》,上海古籍出版社 1978 年版。

299. 唐圭璋编:《词话丛编》,中华书局 1986 年版。

300. 黄震云:《辽代文学史》,长春出版社 2010 年版。

301. 陈邦瞻:《宋史纪事本末》,中华书局 2015 年版。

302. [美] 贾志扬撰,赵冬梅译:《天潢贵胄——宋代宗室史》,江苏人民出版社 2010 年版。

303. 李有棠撰,崔文印、孟默闻整理:《辽史记事本末》,中华书局 2015 年版。

304. 李有棠撰,崔文印点校:《金史记事本末》,中华书局 2015 年版。

305. 吴文治主编:《辽金元诗话全编》,凤凰出版社 2006 年版。

306. 邓子勉编:《宋金元词话全编》,凤凰出版社 2008 年版。

307. 胡传志校注:《金代诗论辑存校注》,人民文学出版社 2017 年版。

308. 元好问撰,姚奠中主编:《元好问全集》,山西人民出版传媒集团、三晋出版社 2015 年版。

309. 元好问编:《中州集》,华东师范大学出版社 2014 年版。

310. 陈育宁、汤晓芳:《西夏艺术史》,上海三联书店 2010 年版。

311. 王艳云:《西夏经变画艺术研究》,上海古籍出版社 2019 年版。

312. 高春明主编:《西夏艺术研究》,上海古籍出版社 2010 年版。

313. 张鑑:《西夏纪事本末》,浙江古籍出版社 2015 年版。

314. 张景明:《辽代金银器研究》,文物出版社 2011 年版。

315. 拉巴平措、陈庆英编:《西藏通史》,中国藏学出版社 2016 年版。

316. 特·官布扎布、阿斯钢译:《蒙古秘史》,新华出版社 2006 年版。

317. 陈庆英:《帝师八思巴传》,中国藏学出版社 2007 年版。

318. 黎东方:《细说元朝》,商务印书馆 2015 年版。

319. 赵孟頫撰,钱伟强点校:《赵孟頫集》,浙江古籍出版社 2015 年版。

320. [美] 李铸晋:《鹊华秋色——赵孟頫的生平与画艺》,生活·读书·新知三联书店 2008 年版。

321. 王易:《词曲史》,东方出版社 1996 年版。

322. 王季思主编:《全元戏曲》,人民文学出版社 1990—1999 年版。

323. 王国维撰,杨扬校订:《宋元戏曲史》,华东师范大学出版社 1995 年版。

324. 关汉卿撰,蓝立蓂校注:《关汉卿集校注》,中华书局 2018 年版。

325. 中国戏曲研究院编:《中国古典戏曲论著集成》,中国戏剧出版社 1959 年版。

326. 钟嗣成撰,佚名续,王钢校订:《录鬼簿校订》,中华书局 2021 年版。

327. 顾嗣立编:《元诗选》,中华书局 1987 年版。

328. 丘处机:《丘处机集》,齐鲁书社 2005 年版。

329. 郝经撰,秦雪清点校:《郝文忠公陵川文集》,山西古籍出版社 2006 年版。

330. 陶宗仪撰,李梦生校点:《南村辍耕录》,上海古籍出版社 2012 年版。

331. 满都夫:《蒙古族美学史》,辽宁民族出版社 2000 年版。

332. 王阳明撰,吴光等编校:《王阳明全集》,上海古籍出版社 2002 年版。

333. 王畿撰,吴震校:《王畿集》,凤凰出版社 2007 年版。

334. 王艮撰,陈祝生主编:《王心斋全集》,江苏教育出版社 2001 年版。

335. 何心隐撰,容肇祖整理:《何心隐集》,中华书局 1960 年版。

336. 徐祯卿撰,范志新编年校注:《徐祯卿全集编年校注》,人民文学出版社 2009 年版。

337. 袁宏道撰,钱伯城笺校:《袁宏道集笺校》,上海古籍出版社 2008 年版。

338. 徐霞客撰,朱惠荣整理:《徐霞客游记》,中华书局 2017 年版。

339. 李贽撰，张建业主编：《李贽全集注》，社会科学文献出版社 2010 年版。

340. 宋应星撰，潘吉星译注：《天工开物译注》，上海古籍出版社 2008 年版。

341. [德] 薛凤撰，吴秀杰、白岚玲译：《工开万物：17 世纪中国的知识与技术》，江苏人民出版社 2015 年版。

342. 徐光启撰，陈焕良、罗文华校注：《农政全书》，岳麓书社 2002 年版。

343. 文震亨撰，李瑞豪评注：《长物志》，中华书局 2017 年版。

344. 黄成撰，王世襄解说：《髹饰录解说》，生活·读书·新知三联书店 2013 年版。

345. 张岱撰，夏咸淳、程维荣校注：《陶庵梦忆 西湖梦寻》，上海古籍出版社 2001 年版。

346. 张岱撰，路伟、马涛点校：《琅嬛文集》，浙江古籍出版社 2016 年版。

347. 徐渭：《徐渭集》，中华书局 1983 年版。

348. 刘宗周撰，吴光主编：《刘宗周全集》，浙江古籍出版社 2007 年版。

349. 徐上瀛撰，徐樑编著：《溪山琴况》，中华书局 2013 年版。

350. 计成撰，陈植注释：《园治注释》，中国建筑工业出版社 1988 年版。

351. 董其昌撰，周远斌点校：《画禅室随笔》，山东画报出版社 2007 年版。

352. 谢榛撰，宛平点校：《四溟诗话》，人民文学出版社 1961 年版。

353. 李东阳撰，李庆立校注：《怀麓堂诗话》，人民文学出版社 2009 年版。

354. 胡应麟：《诗薮》，上海古籍出版社 1979 年版。

355. 汤显祖撰，徐朔方、杨笑梅校注：《汤显祖全集》，人民文学出版社 1982 年版。

356. 冯梦龙编：《古今小说》，上海古籍出版社 1987 年版。

357. 黄宗羲撰，沈善洪、吴光主编：《黄宗羲全集》，浙江古籍出版社 2005 年版。

358. 王夫之撰，船山全书编辑委员会编校：《船山全书》，岳麓书社 2011 年版。

359. 傅山撰，陈监先批校：《陈批霜红龛集》，山西古籍出版社 2007 年版。

360. 戴震撰，戴震研究会编：《戴震全集》，清华大学出版社 1991 年版。

361. 王夫之等撰，丁福保辑：《清诗话》，上海古籍出版社 2015 年版。

362. 顾炎武撰，黄汝成集释，栾保群、吕宗力点校：《日知录集释》，上海古籍出版社 2006 年版。

363. 顾炎武撰，华忱之点校：《顾亭林诗文集》，中华书局 1959 年版。

364. 李渔撰，萧欣桥、黄霖、单锦珩等整理：《李渔全集》，浙江古籍出版社 1991 年版。

365. 李渔撰，陈多注释：《李笠翁曲话》，湖南人民出版社 1980 年版。

366. 袁枚撰，王英志主编：《袁枚全集》，江苏古籍出版社 1993 年版。

367. 袁枚撰，顾学颉校点：《随园诗话》，人民文学出版社 1960 年版。

368. 章学诚撰，叶瑛注解：《文史通义校注》，中华书局 2014 年版。

369. 纪昀撰，韩希明译注：《阅微草堂笔记》，中华书局 2014 年版。

370. 刘熙载撰，陈文和、刘立人点校：《刘熙载集》，华东师范大学出版社 1993 年版。

371. 刘熙载撰，徐中玉、萧华荣校点：《刘熙载论六种》，巴蜀书社 1990 年版。

372. 许晓东编：《故宫经典·故宫玉器图典》，故宫出版社 2013 年版。

373. 龚自珍撰，王佩诤校：《龚自珍全集》，上海古籍出版社 1999 年版。

374. 龚自珍撰，刘逸生、周锡䪖笺注：《龚自珍编年诗注》，浙江古籍出版社 1995 年版。

375. 黄遵宪撰，陈铮编：《黄遵宪全集》，中华书局 2005 年版。

376. 方苞等撰，贾文昭编著：《桐城派文论选》，中华书局 2008 年版。

377. 叶燮撰，薛雪撰，沈德潜撰，霍松林等校注：《原诗 一瓢诗话 说诗晬语》，人民文学出版社 1998 年版。

378. 王夫之撰，戴鸿森笺注：《薑斋诗话笺注》，人民文学出版社 1981 年版。

379. 王士禛：《带经堂诗话》，人民文学出版社 1963 年版。

380. 王士禛：《王士禛全集》，齐鲁书社 2007 年版。

381. 陈廷斋撰，杜维沫校点：《白雨斋词话》，人民文学出版社 1998 年版。

382. 赵执信撰，翁方纲撰，陈迩冬校点：《谈龙录 石洲诗话》，人民文学出版社 1998 年版。

383. 况周颐、王国维：《蕙风词话 人间词话》，人民文学出版社 1998 年版。

384. 邹其昌、范雄华整理：《三才图会——设计文献选编》，上海大学出版社 2018 年版。

385. 梁启超：《清代学术概论》，东方出版社 1996 年版。

386. 马积高：《清代学术思想的变迁与文学》，湖南出版社 1996 年版。

387. 胡绳：《从鸦片战争到五四运动》，人民出版社 1998 年版。

388. 钱仲联编：《近代诗钞》，江苏古籍出版社 1993 年版。

389. 《中国近代文学大系》，上海书店出版社 2012 年版。

390. 魏源撰，夏剑钦编：《中国近代思想家文库·魏源卷》，中国人民大学出版社 2013 年版。

391. 钟叔河编：《走向世界丛书》，岳麓书社 2008 年版。

392. 康有为撰,姜义华等编:《康有为全集》,中国人民大学出版社 2007 年版。

393. 梁启超撰,林志钧编:《饮冰室合集》,中华书局 1989 年版。

394. 王国维撰,谢维扬、房鑫亮主编:《王国维全集》,浙江教育出版社 2010 年版。

395. 蔡元培撰,高平叔编:《蔡元培全集》,中华书局 1984 年版。

396. 鲁迅:《鲁迅全集》,人民文学出版社 2005 年版。

397. 弘一法师:《李叔同全集》,哈尔滨出版社 2014 年版。

398. 丰之恺:《丰之恺集》,东方出版社 2008 年版。

399. 八指头陀撰,梅季点辑:《八指头陀诗文集》,岳麓书社 1984 年版。

400. 刘梦溪主编:《中国现代学术经典·胡适卷》,河北教育出版社 1996 年版。

401. 刘梦溪主编:《中国现代学术经典·郭沫若卷》,河北教育出版社 1996 年版。

402. 刘梦溪主编:《中国现代学术经典·董作宾卷》,河北教育出版社 1996 年版。

403. 刘梦溪主编:《中国现代学术经典·李济卷》,河北教育出版社 1996 年版。

404. 章太炎:《国学讲演录》,华东师范大学出版社 1995 年版。

405. 熊十力:《返本开新——熊十力文选》,上海远东出版社 1997 年版。

406. 牟宗三撰,罗义俊编:《中西哲学之会通十四讲》,上海古籍出版社 2007 年版。

407. 牟宗三撰,罗义俊编:《中国哲学的特质》,上海古籍出版社 2007 年版。

408. 马一浮撰,吴光主编:《马一浮全集》,浙江古籍出版社 2013 年版。

409. 梁启超撰,舒芜校点:《饮冰室诗话》,人民文学出版社 1998 年版。

410. 傅斯年:《民族与古代中国史》,河北教育出版社 2002 年版。

411. 陈寅恪:《陈寅恪集》,生活·读书·新知三联书店 2009 年版。

412. 张竞生:《张竞生集》,生活·读书·新知三联书店 2021 年版。

413. 徐复观撰,徐武军等主编:《徐复观全集》,九州出版社 2014 年版。

414. 梁漱溟:《梁漱溟先生论儒佛道》,广西师范大学出版社 2004 年版。

415. [美]杜维明撰,段德智译,林同奇校:《论儒学的宗教性》,武汉大学出版社 1999 年版。

416. [美]成中英:《世纪之交——论中西哲学的会通与融合》,知识出版社 1991 年版。

417. 朱光潜:《朱光潜全集》,安徽教育出版社 1987 年版。

418. 宗白华撰,林同华主编:《宗白华全集》,安徽教育出版社 1994 年版。

419. 吴志翔:《20 世纪的中国美学》,武汉大学出版社 2009 年版。

跋

读者可能已经发现，本书没有对中华美学史进行分期。

分期有个依据问题，笔者曾考虑过以哲学发展阶段为依据，后来发现不行，中国的哲学有先秦诸子百家、两汉经学、魏晋玄学、隋唐佛学、宋明理学、清代朴学等发展阶段，这些发展阶段确实对美学有重要影响，美学史应该注重到这一点。但哲学对于美学的影响并不是决定性的，更不是全部。唐宋是中国美学鼎盛期，美学也受到当时的哲学包括佛教哲学、理学的影响，但这种影响并不是最重要的，唐宋最为优秀的美学成果恰恰是突破了佛学、理学而创造的。

既然不能以哲学发展阶段为美学分期的依据，能不能取美学自身的发展情况为依据呢？

发现也很难。学界一般认为，魏晋南北朝是美学自觉时期，这样说来，先秦、两汉的美学不可能评价太高，因为它不自觉。而事实上，先秦、两汉美学非常丰富，也很精彩，远超过魏晋南北朝。

最后，笔者想到是否可以以中华民族构建的过程来为中华美学分期。中华民族不只是汉族，还有诸多的少数民族，它们各有自己的族名，按周朝的说法，炎黄族（这就是汉族的来源，汉族是汉代以后说法）为夏，为华；少数民族为"西戎、北狄、东夷、南蛮"，统称"夷"。中华民族的构建集中在夏、"夷"关系的处理上，按历史进程，夏、"夷"关系大体上可以分为三个时期：

混沌期、分立期、融合期。

一是夏、"夷"混沌期:此为史前期,中华民族还没有生成,生活在中国大地上的诸多人群,还没有构建成一个个民族,只能说为一个个种群。这个时期的人类距动物阶段并不远,谈不上有宗教、哲学、政治、道德,但有爱美的本性,有原始的审美意识。出于对美的追求,他们创造了伟大的艺术,这种创造既是原有的审美意识的物态化,又是新的审美意识的创造与发展。审美意识是人类意识的母体,正是在审美意识中孕育出原始的宗教意识、原始的哲学意识、原始的道德意识和原始的政治意识等。由于没有文字,这个时期的美学思想不能以文献形式表达,而只能以器物的形式表达,史前的石器、彩陶、玉器无不是史前美学的显现。

夏、"夷"混沌期的美学成果主要为器物形态,在史前主要有彩陶和玉器。

二是夏、"夷"分立期:这一时期起于夏代而到魏晋南北朝。夏朝构建者大禹本是羌人,也就是说,就自然血统来说,并不是正统炎帝黄帝之后。但炎帝黄帝的血统又何尝纯正呢?他们也杂有别的民族的血统,因此,夏文化作为中华民族的主体文化还不能从自然血缘上来说,而应从文化血缘上来说。从文化血缘来说,夏文化比较明显地承续了史前的炎黄文化,这在《史记》中有所揭示。但是,夏文化的史料实在太少,地下考古还不足以支撑夏文化的存在,继起的商文化也是炎黄文化的发展,它倒是有比较充足的地下考古支撑。夏朝没有发现文字,商朝有甲骨文,但此种以刀为笔、骨甲为纸的书写实在太艰难,成果并不多。因此,夏商的美学成果仍然主要为器物,青铜器是夏商美学的最高成果。

周是中国历史上最为重要的一个朝代,无论是文献,还是地下考古,都充分地证明周文化为炎黄文化一脉。正是周文化,明确提出夏、"夷"之别。夏、"夷"之别既是种族之别,也是文化之别,主要是文化之别。基于夏、"夷"存在着诸多利益上的矛盾,他们之间的冲突与统一,就成为中华民族创建史中的主题。

夏、"夷"分立期,大致在魏晋南北朝结束。夏、"夷"分立期的中华美学,由于种种原因,学界注重的是夏美学,这种美学主要筑基于文献,内容是以儒家、道家为哲学基础的艺术美学,刘勰的《文心雕龙》是夏美学理论构建的最高成果。

三是夏、"夷"融合期。这一时期起自魏晋南北朝到近代,长达1000多年,它有几个重要的节点:

(1)魏晋南北朝。魏晋南北朝既是夏、"夷"分立时期的结束,又是夏、"夷"融合时期的开始。一个突出特点:汉族的国家——西晋内部发生动乱,中央政权掌控国家的能力急剧下降,中国北部、西部的"夷"趁机大规模地进入中原,他们灭掉了西晋,又彼此纷争,最后形成由北魏掌控中国北方的准一统的局面。北魏为鲜卑族,至魏孝文帝时代,大力推行汉化(夏化)政策,甚至连姓氏都从鲜卑族的拓跋改成汉族的元。

北魏为"夷"的夏化拉开了国家级别的序幕,此后,诸多与中原汉族政权争天下的"夷"政权都不同程度地实现夏化,如辽、金、西夏、元、清。

魏晋南北朝美学的最高成果是玄学美学,为夏美学,成果形式为文献。"夷"美学受到忽视,

其实,体现夏、"夷"(广义的"夷"包括一些外国如天竺、大食等)合一的佛教造像很重要,这种成果的形式主要为器物,记录北魏洛阳佛寺的《洛阳伽蓝记》是一部不应忽视的重要美学著作。

(2)唐朝。唐朝向周边的少数民族实施开放国策,除了不愿臣服的突厥被唐用武力驱逐出中华大地外,其他的少数民族均不同程度地接受了唐的统辖。唐实质上统一了中华大地。

唐朝的夏、"夷"融合与北魏的夏、"夷"融合有所不同。一是唐代的夏、"夷"融合,夏为主动,而北魏的夏、"夷"融合,"夷"为主动。二是规模不同,北魏的夏、"夷"融合其规模远小于唐朝。

唐朝美学的最高成果主要是诗和乐,诗为夏美学的突出体现;而乐则为夏美学和"夷"美学的统一,其杰出代表为《霓裳羽衣舞》。

(3)元朝。元朝是中国历史上第一个非汉族的中原政权,也就是说,不是夏而是"夷"统一了中国。虽然是"夷"统一了中国,但是,这个以"夷"

为皇帝的大帝国仍然是中华帝国，居于国家统治地位的意识形态不是"夷"文化而是夏文化。元朝是中华民族形成、近代意义上的中国形成最为重要的时期。

元朝的夏、"夷"融合，"夷"为主动，夏是被迫的。此种融合对夏来说，无异于一次凤凰涅槃，是痛苦的，也是伟大的。从这以后，夏、"夷"融为一体，成为华夏或中华了。元朝美学，很难再区分为夏美学、"夷"美学，只能统称为华夏美学或中华美学了。

元朝美学中，赵孟頫是不能忽视的，他的绘画、书法均具有时代创造性，是中华民族文化史上不可缺失的一环。不过，对于元朝来说，更重要的是戏曲，戏曲是群众性的娱乐活动，为综合艺术，当词发展成曲，最重要的意义不是内容和形式丰富了，而是平民化了。中国的戏曲是真正的大众艺术，不识字的人，通过看戏，听曲，也可以获得高层次的审美享受。中国的大众艺术虽然可以远推至史前，但真正的大众艺术则出现在元朝，这种艺术就是戏曲。所有的大众艺术，没有哪一种形式比得上戏曲这样为广大百姓喜闻乐见。也许正是从元朝开始，一种接地气的美学——平民美学登上了大雅之堂，可以与自先秦以来的贵族美学相抗衡了。

(4) 清朝。清朝是另一个"夷"族政权，皇帝为满人，但清朝同样是中华帝国，因为它的意识形态也是以夏文化为主体的，比之元朝，清政权在接受中华文化方面更为自觉，更为全面，更为彻底。清朝的皇帝都非常重视学习中华文化，他们几乎不承认自己是"夷"。事实上，就皇帝的中华文化水准来说，没有哪个朝代可以与清相抗衡。也许正因为如此，在清朝，对包括曾国藩、左宗棠、林则徐在内的汉族知识分子来说，并不认为他们为清朝服务有悖中华民族传统的道德。

清是最后一个中华帝国，中华民族的构建已经完成，中华传统文化发展也到了顶峰。顶峰，既是成熟的实现，又是衰落的开始，同时也是革新的萌动。王国维是这样一个时代转折关头的美学代表，他的《人间词话》是中国传统美学的最深刻的总结，《〈红楼梦〉评论》则是西方新美学在中国最早的开启。

从民族发展的角度这样来看中华美学，也许也是一条路子，自然，这条路子也不够完善。基于以上的思考，本书放弃分期这一传统的做法，就以朝代分篇，按照时间顺序阐述它们的美学思想。

巡礼中华美学史，不亚于长江全程游：从青藏高原深处的河谷草原诸多的细流、湖泊中觅出一条水路，先是涓涓，继是淙淙，再是哗哗，就这样，纳江容湖，纵横婉转，终成一条巨流，与礁石鏖战，惊涛裂岸，声震长空；与青山相亲，款款深情，依偎如梦。一路走来，赏不尽的精彩，看不完的绝景，听不完的壮歌。与长江全程游所不同的是，中华民族的美学故事，没有汇入大海日，它一直在创造着、演绎着、描绘着、反映着中华民族伟大的传奇，没有穷尽。

是书写完，虽然字数近 400 万，尚觉得许多应写而没有写，而且所写也有很多没有弄清楚，或者没有写清楚，总之遗憾多多，希望在重印时修订之，补充之，完善之。

是为跋。

陈 望 衡

2024 年 2 月 2 日晨于武汉大学天籁书屋